Pierre-Jacques Hamard

Contribution à l'étude du facteur de transcription ATF7

Pierre-Jacques Hamard

Contribution à l'étude du facteur de transcription ATF7

Mécanismes de régulation de l'activité du facteur de transcription eucaryote ATF7

Presses Académiques Francophones

Impressum / Mentions légales

Bibliografische Information der Deutschen Nationalbibliothek: Die Deutsche Nationalbibliothek verzeichnet diese Publikation in der Deutschen Nationalbibliografie; detaillierte bibliografische Daten sind im Internet über http://dnb.d-nb.de abrufbar.

Alle in diesem Buch genannten Marken und Produktnamen unterliegen warenzeichen-, marken- oder patentrechtlichem Schutz bzw. sind Warenzeichen oder eingetragene Warenzeichen der jeweiligen Inhaber. Die Wiedergabe von Marken, Produktnamen, Gebrauchsnamen, Handelsnamen, Warenbezeichnungen u.s.w. in diesem Werk berechtigt auch ohne besondere Kennzeichnung nicht zu der Annahme, dass solche Namen im Sinne der Warenzeichen- und Markenschutzgesetzgebung als frei zu betrachten wären und daher von jedermann benutzt werden dürften.

Information bibliographique publiée par la Deutsche Nationalbibliothek: La Deutsche Nationalbibliothek inscrit cette publication à la Deutsche Nationalbibliografie; des données bibliographiques détaillées sont disponibles sur internet à l'adresse http://dnb.d-nb.de.

Toutes marques et noms de produits mentionnés dans ce livre demeurent sous la protection des marques, des marques déposées et des brevets, et sont des marques ou des marques déposées de leurs détenteurs respectifs. L'utilisation des marques, noms de produits, noms communs, noms commerciaux, descriptions de produits, etc, même sans qu'ils soient mentionnés de façon particulière dans ce livre ne signifie en aucune façon que ces noms peuvent être utilisés sans restriction à l'égard de la législation pour la protection des marques et des marques déposées et pourraient donc être utilisés par quiconque.

Coverbild / Photo de couverture: www.ingimage.com

Verlag / Editeur:
Presses Académiques Francophones
ist ein Imprint der / est une marque déposée de
AV Akademikerverlag GmbH & Co. KG
Heinrich-Böcking-Str. 6-8, 66121 Saarbrücken, Deutschland / Allemagne
Email: info@presses-academiques.com

Herstellung: siehe letzte Seite /
Impression: voir la dernière page
ISBN: 978-3-8381-7709-0

À mes parents et à mes frères

REMERCIEMENTS

Je tiens à remercier le Professeur Claude Kedinger pour m'avoir accueilli dans son laboratoire, pour m'avoir permis d'y travailler en toute liberté et pour m'avoir soutenu dans chacune de mes démarches.

Je remercie les Dr Jean-Marie Blanchard, Jean-Marc Egly et Pierre Jalinot d'avoir accepté de juger mon travail.

Je remercie plus particulièrement le Dr Bruno Chatton, mon directeur de thèse, pour m'avoir accompagné dans la longue, enrichissante et parfois douloureuse expérience qu'est la thèse. Il aura su me laisser une grande liberté dans mon travail tout en étant toujours disponible dans les moments difficiles. En m'accordant sa confiance, il m'a permis de progresser tant scientifiquement qu'humainement. En devenant un ami plus qu'un chef, il m'a aidé à mieux appréhender et intégrer le monde très fermé de la recherche scientifique tout en me donnant la possibilité de développer ma personnalité de manière indépendante.

Merci beaucoup (et le mot est faible) à Charlotte pour son aide technique si précieuse, en particulier pendant mes deux dernières années de thèse. Charlotte, merci pour tout, tes petits mots, ton sens inné du rangement (ah !! le stock du stock de stock du sous-stock, indispensable le dimanche soir quand le tube est vide et qu'il faut finir la manip …), les « sorties CAES » (Canoë, Gérardmer, Musée d'Art Moderne, coucou à Jean-Claude en passant), …

Je tiens également à remercier mon ami le Professeur José Luis Bocco, compagnon de paillasse attentionné, sans qui ma motivation n'aurait probablement pas survécu à tous ces moments d'angoisse et de doute profond qui n'ont pas manqué de m'assaillir certains jours. José, merci beaucoup de m'avoir fait découvrir l'Argentine (bonjour à Rosanna et Nahuel), Iguazu, le maté, et la vitamine C avant de se coucher !! Merci pour ta patience, ta disponibilité, ton humour et ta motivation indéfectible. Certains pots de départ avant le retour vers l'Argentine natale resteront dans les annales … Mais ce n'est qu'un au revoir amigo, et compte sur moi pour venir te visiter très bientôt !!

Merci à tous les membres de l'UMR7100 qui m'ont apporté leur aide et leur soutien. Et plus spécialement la Vigneron's team : Marc (finalement les grands débats géopolitiques vont sûrement me manquer !!), Youra (« Good Work Pierre-Jacques, Good Work !! »), Adonis (« Papa Wemba ») et le dernier arrivé, Mister Bruno RRRinalllldi.

Je remercie chaleureusement les Drs Thomas Oelgeschläger et Michael Boyer-Guittaut, nos collaborateurs Londoniens, grâce à qui le projet SUMO s'est concrétisé et a pu aboutir.

Merci également à Claire, notre très efficace secrétaire, pour tous les problèmes qu'elle aura su résoudre en moins de temps qu'il ne faut pour le dire.

Merci enfin à toutes les personnes des services techniques de l'IGBMC pour leur savoir-faire, leur patience et leur disponibilité (Edouard, Serge, Marcel, Betty, Karim, merci pour tout).

Finalement, je tiens à remercier toutes celles et tous ceux qui m'ont accompagné depuis cinq ans, et sans qui je ne serais probablement pas le même aujourd'hui.

Merci à mes parents pour m'avoir soutenu pendant toutes ces années. Même à distance, votre aide s'est souvent avérée indispensable, tant matériellement que psychologiquement. Merci de m'avoir laissé croire à cette aventure, et d'y avoir cru aussi avec moi. Merci d'avoir supporté mes doutes, mes angoisses, mes errements, mes coups de gueule et mes coups de sang. Vous êtes ma base et ma boussole. Merci Marco, merci Jean, malgré la distance, je ne me suis jamais vraiment éloigné de vous. Je vous aime. Je n'oublie pas Cécile et Gwen, mes deux belles-sœurs, qui me supportent depuis quelques années maintenant. Merci aussi à mes grands-parents, Simone et Pierre, de qui cette thèse, et la vie plus généralement, m'ont éloigné. Vous restez dans mon cœur. Parrain, tu m'auras appris deux choses : la justice et l'opiniâtreté. J'espère en être le digne héritier.

Et, dans le désordre :

Stéphanie, qui m'a suivi d'Angers, ma ville natale, jusqu'à Strasbourg. Mes deux premières années en Alsace n'auraient pas eu la même saveur sans toi et je te dois beaucoup. Et même si nos chemins se sont séparés depuis, tu resteras longtemps dans mon cœur ... Je te souhaite tout le meilleur pour ton futur.
Mes frères de cœur, Manu, Thomas et Frédo. La sporadicité de mes visites ces cinq dernières années n'aura pas entamé notre Amitié, et j'espère bien perpétuer cet état de fait dans le futur. « On s'était dit RDV dans 10 ans ... ». Merci pour tout. Frédo et Malika, un gros bisou à la petite Margaux ; puisse le futur vous apporter tout le bonheur que vous méritez ... Gros bisous à Caro, notre future Toscan du Plantier (enfin c'est tout ce que je te souhaite !!).
Bertrand et Manu, mes premiers potes strasbourgeois. Bonne chance à toi Bertrand pour ta thèse et pour la suite, et bisous à Véro. Manu, un jour je prendrai le temps de venir à Lyon, promis. Merci d'avoir égayé mes premiers mois dans le labo. Sans toi, l'acclimatation au monde de la recherche et à l'alsace aurait eu un tout autre goût. Et comment oublier ton talent pour la caricature, les discussions politiques et les polémiques ... Bon courage pour la suite.
Bruno et Berna qui m'ont si souvent convié à leur table. Merci pour les balades dans les Vosges et la chasse aux champignons. Berna, merci pour toutes les joutes verbales particulièrement stimulantes.
Corinne, pour m'avoir supporté pendant la période la plus ingrate de mon séjour alsacien : la rédaction de ce présent manuscrit. Cela ne nous aura pas (trop) empêché de passer de très bons moments ensemble.

Serge, pour avoir accepté de partager notre appartement depuis 2 ans. Notre colocation fut idéale. Et donc inoubliable. Inoubliables, les soirées au 8, les afters au 8, les pâtes-bolo du dimanche soir, les soirées enfumées et les cours de guitare. Inoubliables les soirées à la laiterie, à refaire le monde autour d'un verre de Jack. Inoubliables toutes les autres soirées, ailleurs (le Y, le Off, le Dog, ...) et les afters jusqu'à pas d'heure ... Et puis où aurais-je pu aller sans tes talents de mécanicien ? Merci aussi pour toutes les rencontres dont tu fus l'instigateur : les deux autres mousquetaires d'abord. Ben et Farid. Grâce à qui j'ai repris goût à la guitare. Et avec qui j'ai passé quelques-unes des meilleures soirées de ma vie, et puis le voyage au Portugal !!(Farid, tu nous feras le DVD en 2059 ?). Marco, grâce à qui j'ai pu monter sur scène à la Laiterie (It was a pleasure my friend). Le Dynamo Laiterie, équipe de choc s'il en est, à l'origine de mon retour sur les stades. Et plus généralement, toute l'équipe de la Laiterie, pour m'avoir supporté dans leurs pattes durant de nombreuses soirées.

Julien, un autre (petit) frère de cœur, qui aura désespérément essayé de m'initier à la philosophie du skate ... sans y parvenir. Merci gamin pour Dieudonné, Bumcello, les musées, la Photo, tes photos, ta cuisine et tout le reste. Et n'oublie pas ce que je t'ai dit pour les filles ... Que la force soit avec toi jeune padawan !!

Émilie, pour avoir su m'écouter quand j'en avais besoin, Valérie pour la même raison et pour tes talents culinaires (et ton merveilleux baeckeofe !!), bisous à Yann et à Arthur. Et bon courage pour la fin de la thèse.

Tous les étudiants ou étudiantes qui ont eu le plaisir (souvent j'espère) ou la tristesse (pas trop souvent j'espère) de me côtoyer au labo : Adonis, Joseph, Geoffrey, Jessica, Denis, Thomas, Thomas, ... Et surtout Laure et Pauline, les deux étudiantes en DEA, que j'espère n'avoir pas trop désespéré, surtout les jours où ma motivation était défaillante ... Bon courage à toutes les deux pour votre thèse et bonne continuation.

Et enfin le FC Schwindratzheim, où j'ai pu re-pratiquer le football après 5 ans d'absence sur les pelouses. Non sans mal, mais avec beaucoup de plaisir malgré tout !! Merci Thomas pour m'avoir intronisé chez les bleus, bonne continuation et bon courage à toi pour la suite.

« En science comme ailleurs, l'inertie intellectuelle, la mode, le poids des institutions et l'autoritarisme sont toujours à craindre. »
[Hubert Reeves]

TABLE DES MATIERES

11

LISTE DES FIGURES ET TABLEAUX

13

INTRODUCTION

Chaque cellule des organismes eucaryotes contient la quasi-intégralité de son information génétique dans l'ADN de son noyau, le reste étant contenu dans l'ADN mitochondrial. Cette information est en permanence décodée et interprétée par la cellule en fonction de ses besoins et des stimulus auxquels elle est confrontée. La première étape de ce mécanisme s'appelle la transcription et elle consiste à synthétiser une molécule d'ARN à partir d'une portion d'ADN [que l'on appelle plus généralement « gène », même si cette notion reste floue (Snyder et Gerstein, 2003)] grâce à une enzyme particulière, l'ARN Polymérase ADN dépendante.

Chez les organismes eucaryotes, il existe trois ARN polymérases responsables de la transcription de l'ensemble des gènes d'une cellule. L'ARN polymérase I transcrit les gènes codant pour les ARN ribosomiques (ARNr), à l'exception de l'ARNr 5S. L'ARN polymérase II transcrit les gènes codant pour les protéines (en produisant une molécule intermédiaire entre l'ADN et la protéine, l'ARN messager ou ARNm), les petits ARN nucléaires (snRNA pour small nuclear RNA, à l'exception de l'ARN U6) et les micro-ARN (miRNA). Enfin, les ARN de transfert (ARNt) ainsi que l'ARNr 5S et l'ARN U6 sont synthétisés par l'ARN polymérase III. Chaque polymérase reconnaît un type de promoteur donné. Dans cette introduction, nous nous limiterons à la description des protagonistes et des modes de régulation de la machinerie transcriptionnelle des gènes codant pour les protéines (ou gènes de classe II).

La transcription des gènes de classe II chez les eucaryotes est un processus finement régulé, à la fois en *cis* (par des séquences spécifiques situées en amont de la portion d'ADN codante, et qu'on regroupe sous le terme de promoteur) et en *trans*, par un ensemble de protéines appelées facteurs de transcription qui vont se fixer sur ce promoteur (voir figure 1). On distingue 3 groupes de facteurs de transcription :

1) Les facteurs généraux de la transcription qui sont ubiquitaires et qui comportent, outre l'ARN polymérase II (ARN Pol II), une série de facteurs accessoires nécessaires à la bonne initiation de la transcription (GTFs pour general transcription factors). Ces facteurs se lient à des éléments particuliers de l'ADN du promoteur minimal des gènes de classe II (comme le motif TATA ou l'initiateur) permettant le recrutement spécifique de l'ARN Pol II.

2) Les régulateurs de la transcription qui se fixent sur des séquences spécifiques d'ADN (c'est-à-dire les activateurs ou les répresseurs de la transcription) dont nous développerons la description dans le second chapitre de cette introduction. C'est à cette catégorie qu'appartient ATF7, la protéine qui a constitué le point central de mon travail de thèse.

3) Enfin, les cofacteurs ou corégulateurs de la transcription (coactivateurs et corépresseurs) qui interagissent avec les facteurs du premier groupe afin de faciliter ou

de relayer leur effet sur la machinerie transcriptionnelle de base, soit en interagissant directement avec les GTFs, soit de manière indirecte en modifiant la structure de la chromatine, la forme compactée de l'ADN.

La transcription est également un mécanisme séquentiel dans lequel on distingue 3 grandes étapes : l'initiation, l'élongation, et enfin la terminaison.

La régulation de la transcription des gènes de classe II se fait à toutes les étapes du processus, mais le contrôle de l'initiation est l'une des plus fondamentales et dans cette introduction, nous nous intéresserons plus précisément à tous les facteurs impliqués dans cette étape clé.

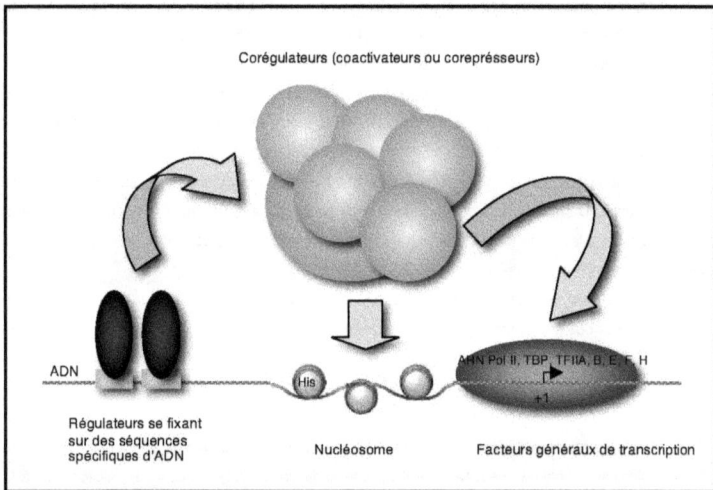

Figure 1 : Schéma résumant les principaux acteurs nécessaires à une initiation optimale de la transcription. Les corégulateurs (bleus) sont recrutés par les régulateurs (bleu foncé) liés à des séquences spécifiques du promoteur (jaune), pour remodeler la chromatine (rose) et/ou pour stimuler le recrutement ou l'activité des facteurs généraux de transcription (violet) pendant l'initiation de la transcription par l'ARN polymérase II.

I. <u>CHAPITRE 1 : L'INITIATION DE LA TRANSCRIPTION</u>

I.1. STRUCTURE DES GENES DE CLASSE II ET DE LEUR PROMOTEUR

I.1.1. <u>Structure des gènes de classe II</u>

Un gène de classe II est un segment d'ADN qui, après transcription en ARNm puis traduction, va donner lieu à une ou plusieurs protéines ; il débute au niveau du site d'initiation de la transcription et s'achève au niveau du site de terminaison. Chez les procaryotes, l'enchaînement des acides aminés dans les chaînes protéiques reflète exactement celui des codons de l'ARNm, celui-ci étant une copie strictement complémentaire de l'ADN. Cette colinéarité gène-protéine est rarement respectée chez les eucaryotes supérieurs. En effet, la plupart des gènes eucaryotiques de classe II contiennent des séquences non codantes, les introns, qui interrompent les séquences codantes appelées exons (voir figure 2a) ; on parle de gènes morcelés. Les introns (dont la longueur varie entre 50 et plusieurs dizaines de milliers de nucléotides) ne sont présents que dans les précurseurs des ARNm et sont excisés au cours de la transcription, contrairement aux anciens modèles où l'on pensait que cette étape de maturation avait lieu après la transcription complète du messager (Orphanides et Reinberg, 2002). L'ARNm subit également des étapes de maturation appelées modifications post-transcriptionnelles qui ont lieu en même temps que la transcription (Orphanides et Reinberg, 2002) : l'ARNm va être « coiffé » en 5' et polyadénylé en 3'. L'ARN est ensuite exporté vers le cytoplasme où il sera traduit en protéine.

I.1.2. <u>Structure des promoteurs de classe II</u>

Le promoteur des gènes de classe II est constitué de trois parties : le promoteur minimal, les éléments proximaux de régulation et les éléments distaux de régulation. Le promoteur minimal correspond à la région principale du promoteur située aux environs du site d'initiation de la transcription et à côté de laquelle sont situés les éléments proximaux de régulation. Les éléments distaux sont situés à des distances plus importantes du site d'initiation de la transcription, en amont ou en aval.

I.1.2.1. Le promoteur minimal

Le promoteur minimal, également appelé promoteur basal, est ainsi nommé car il est suffisant pour assurer spécifiquement un niveau minimal de transcription à partir du site spécifique d'initiation (également appelé site +1), même en l'absence des éléments de régulation et des facteurs susceptibles de s'y fixer (Weis et Reinberg, 1992; Smale, 1994). Les seules protéines nécessaires pour effectuer la transcription de base sont l'ARN Pol II ainsi que les autres facteurs généraux de transcription.

17

L'élément principal de la majorité des promoteurs de classe II est l'élément TATA [consensus TATA-a/t-A-a/t ; pour une revue, voir (Breathnach et Chambon, 1981)] situé environ à 25-30 nucléotides en amont de l'élément initiateur (Inr) riche en pyrimidines (consensus YYAN-t/a-YY ; les Y correspondent à des résidus C ou T, le N correspond à n'importe quelle base), lequel est localisé aux alentours du site d'initiation de la transcription (voir figure 2b). L'élément TATA et l'initiateur sont reconnus par les composants de la machinerie transcriptionnelle. Par définition, ces éléments sont suffisants pour une initiation correcte de la transcription par l'ARN Pol II.

Contrairement au premier modèle selon lequel les promoteurs des gènes de classe II contenaient tous une séquence TATA, on sait maintenant que de nombreux promoteurs ne possèdent pas une telle séquence, en particulier ceux qui contrôlent les gènes « d'entretien » (« house keeping genes », c'est-à-dire les gènes dont l'expression est ubiquitaire et constitutive),. Ces promoteurs sont appelés « TATA-less » ; ils permettent l'initiation de la transcription au niveau d'un site généralement riche en GC. En plus de l'élément TATA et de l'initiateur, certains promoteurs comportent l'élément DPE (pour Downstream Promoter Element) qui est conservé de la drosophile à l'homme mais n'a pas été identifié chez la levure (Kutach et Kadonaga, 2000). Il est localisé à environ 30 pb en aval du site d'initiation de la transcription et contient le motif a/g-G-a/t-c/t-G. Les promoteurs contenant un DPE possèdent généralement un Inr mais pas d'élément TATA. La distance séparant l'Inr du DPE est critique pour sa fonction.

Il existe également un élément appelé BRE (pour TFIIB Recognition Element), de séquence consensus (G/C)-(G/C)-(G/A)-C-G-C-C, localisé immédiatement en amont de l'élément TATA de certains promoteurs et qui augmente l'affinité de TFIIB pour le promoteur (Lagrange et coll., 1998).

I.1.2.2. Les éléments proximaux de régulation

Les éléments proximaux du promoteur sont situés entre 50 et quelques centaines de paires de bases en amont du site d'initiation (voir figure 2b). Des facteurs de transcription spécifiques (activateurs ou répresseurs) se lient à ces éléments, contribuant ainsi à la régulation de la transcription des gènes, et interagissent avec le complexe d'initiation de la transcription ou PIC (pre-initiation complex). Ces séquences augmentent ou diminuent le taux de transcription mais perdent rapidement leur efficacité si on les place à plusieurs centaines de nucléotides du site d'initiation (Ptashne et Gann, 1990). Parmi les séquences les mieux caractérisées, on trouve le motif CAAT et les motifs riches en GC reconnus respectivement par les facteurs CTF et Sp1 (Mermod et coll., 1989).

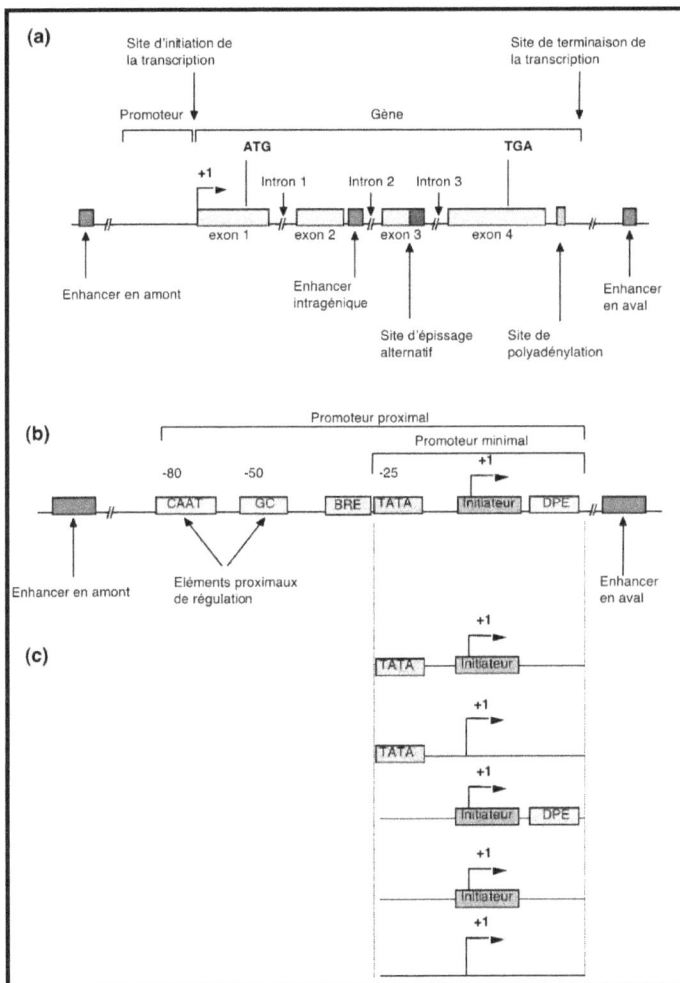

Figure 2 : Structure d'un gène et d'un promoteur de classe II. (a) La structure discontinue des gènes ainsi que les localisations possibles des zones régulatrices sont schématisées. La partie du gène qui va être traduite à partir de l'ARNm maturé est délimitée par un codon initiateur (ATG) et un codon stop (TGA, TAA ou TAG). **(b)** Le promoteur se définit comme la région de l'ADN qui dirige la transcription d'un gène. Dans les promoteurs de classe II, le promoteur minimal se compose généralement d'un élément TATA et/ou d'un élément initiateur (Inr). Un élément présent en aval du site d'initiation (Downstream Promoter Element ou DPE) peut également jouer un rôle de concert avec l'Inr pour initier la transcription. Il existe cependant des promoteurs qui ne contiennent aucun de ces éléments. En plus des éléments du promoteur minimal, le promoteur proximal contient des séquences régulatrices qui ont un effet soit activateur soit répresseur sur la transcription. Ce sont souvent des sites de fixation pour des facteurs de la famille SP (Région riche en GC) ou NFY (CAAT). L'élément BRE (TFIIB Responsive Element) présent dans 12% des promoteurs à boîte TATA est reconnu spécifiquement par le facteur TFIIB. Les séquences régulatrices distales situées à plusieurs centaines voire milliers de bases, en amont ou en aval du promoteur minimal sont constituées d'éléments enhancer ou silencer suivant leur effet positif ou négatif sur la transcription. **(c)** Les différentes combinaisons possibles des éléments constituant le promoteur minimal sont représentées.

I.1.2.3. Les éléments distaux de régulation

Les éléments distaux du promoteur peuvent être situés jusqu'à quelques milliers de paires de bases en amont ou en aval du site +1 (voir figures 2a et 2b) (Ptashne, 1988). Ils sont appelés « enhancers » ou « silencers » selon qu'ils activent ou inhibent la transcription. Ils permettent la régulation de la transcription d'un gène indépendamment de l'orientation, de la position (amont ou aval) et de la distance qui les sépare du site d'initiation de la transcription (Muller et coll., 1988) : ces séquences distales peuvent être déplacées sans perturber leur effet sur la transcription. Celles-ci sont composées d'un arrangement variable de multiples sites de fixation pour des facteurs de transcription (Hertel et coll., 1997), les différents facteurs liés interagissant entre eux pour former un complexe actif en transcription que l'on a nommé « enhanceosome » dans le cas d'activateurs de la transcription (Tjian et Maniatis, 1994). Dans de nombreux cas, ces séquences régulatrices assurent la spécificité cellulaire et l'induction de l'expression des gènes (Tjian, 1996).

I.2. LES FACTEURS GENERAUX DE LA TRANSCRIPTION

Malgré sa grande complexité (12 sous-unités), l'ARN Pol II nécessite la présence de facteurs additionnels pour activer efficacement et spécifiquement la transcription d'un promoteur minimal, même le plus fort. Historiquement, 6 facteurs additionnels ont été identifiés et nommés à l'aide d'une lettre, en fonction de la fraction chromatographique dans laquelle se situait leur activité : TFIIA, TFIIB, TFIID, TFIIE, TFIIF et TFIIH (TFII pour « transcription factor of RNA polymerase II »). Avec l'ARN Pol II, ils constituent les facteurs généraux de transcription ; ils ont été purifiés à partir de plusieurs organismes [homme, rat, drosophile et levure (Conaway et Conaway, 1993; Zawel et Reinberg, 1993, 1995; Burley et Roeder, 1996)]. Bien que ces facteurs soient complexes et composés pour la plupart de plusieurs sous-unités (correspondant à un total de plus de 40 chaînes peptidiques ; voir tableau 1), ils sont extrêmement bien conservés de la levure à l'homme.

Facteurs		Nombre de sous-unités	MM (kDa)	Fonction
TFIID <	TBP	1	38	Reconnaît le promoteur minimal (boîte TATA) ; recrute TFIIB
	TAFs	14	15-250	Reconnaissent le promoteur minimal ; fonctions régulatrices positives et négatives
TFIIA		3	12, 19, 35	Stabilise TBP ; stabilise les interactions ADN-TAF ; fonctions anti-répressives
TFIIB		1	35	Recrute le complexe ARN Pol II – TFIIF ; permet la sélection du site d'initiation par l'ARN Pol II
TFIIF		2	30, 74	Place l'ARN Pol II sur le promoteur ; déstabilise les interactions non spécifiques de l'ARN Pol II sur l'ADN
ARN Pol II		12	10-220	Synthèse de l'ARN ; recrute TFIIE
TFIIE		2	34, 57	Recrute TFIIH : module les activités hélicase, ATPase et kinases de TFIIH ; facilite la fusion du promoteur
TFIIH		10	8-89	Ouverture du promoteur due à l'activité hélicase ; échappement du promoteur due à l'activité CTD kinase

Tableau 1 : Les facteurs généraux de transcription humains. Le nombre de sous-unités et la fonction des différents facteurs généraux sont présentés. Les masses moléculaires (MM) des différentes sous-unités sont indiquées en kilodaltons (kDa). D'après (Martinez, 2002).

Historiquement TFIIA a été identifié comme un GTF (Matsui et coll., 1980; Reinberg et coll., 1987). Plus récemment, certaines études ont établi que TFIIA n'était pas indispensable pour l'initiation de la transcription relayée par TBP, mais pouvait stimuler la transcription relayée par TFIID (Sayre et coll., 1992; Sun et coll., 1994). De même, la TBP est suffisante pour reconnaître le promoteur et déclencher l'assemblage des autres GTFs en un complexe de préinitiation (PIC) stable et fonctionnel qui va activer une transcription de base (Buratowski et coll., 1988). On considère donc à présent TFIIA et les TAFs comme des corégulateurs et nous détaillerons leur description dans le paragraphe I.4.1 consacré aux cofacteurs généraux.

I.2.1. L'ARN Polymérase II

L'ARN Pol II est un complexe multiprotéique de 12 sous-unités, nommées Rpb1 à Rpb12 (Rpb pour « RNA polymerase B subunit ») (tableau 2). Elle fut initialement purifiée en utilisant un système de transcription in vitro avec un ADN sans promoteur (Lee et Young, 2000). Cette enzyme possède à elle seule l'activité de synthèse de l'ARN in vitro, mais ne peut reconnaître un promoteur sans les facteurs généraux de la transcription. Les 12 gènes de l'ARN Pol II ont été clonés et montrent pour certains une remarquable conservation fonctionnelle entre la levure et l'homme. En effet, plusieurs séquences humaines peuvent se substituer à leur homologue de levure. De nombreuses interactions entre les différentes sous-unités Rpb humaines (hRpb) ont été détaillées, montrant l'importance de la paire Rbp3/Rpb5 dans l'organisation du complexe enzymatique (Acker et coll., 1997). L'ARN Pol II eucaryote partage de nombreuses caractéristiques avec son homologue bactérien. Le complexe bactérien est composé du facteur σ, de 3 composants « cœur » structurés en un tétramère ββ'α2 et d'un quatrième facteur ω. Les unités Rpb1 et Rpb2 sont homologues aux protéines β' et β respectivement. Rpb3, Rpb11 et Rpb6 montrent aussi une faible homologie avec les sous-unités α et ω respectivement. Ces sous-unités (Rpb1, 2, 3, 6 et 11), orthologues de l'enzyme bactérienne, sont largement responsables de l'activité catalytique de l'ARN Pol II.

Sous-unités	Taille (AA)	MM (Da)	Localisation chromosomique	Homologues de levure	Similarités (%)
hRPB1	1970	217 205	17p13	RPB1	55
hRPB2	1174	133 896	4q12	RPB2	61
hRPB3	275	31 405	16q13-21	RPB3	45
hRPB4	142	16 337	2q21	RPB4	31
hRPB5	210	24 553	19p13.3	RPB5	45
hRPB6	127	14 478	22q13.1-2	RPB6	60
hRPB7	172	19 294	11q13.1	RPB7	43
hRPB8	150	17 143	3q28	RPB8	33
hRPB9	125	14 523	19q12 7p12-13	RPB9	39
hRPB11	117	13 293	7q11.23 7q22	RPB11	38
hRPB10a	58	7 004	8q22	RPC10	73
hRPB10b	67	7 645	11p15	RPB10	47

Tableau 2 : Les sous-unités des ARN polymérase II humaines et de levure. Les douze sous-unités de l'ARN Pol II humaine et leurs sous-unités homologues chez la levure (*S. cerevisiae*) sont présentées. La taille en acides aminés (AA) et la masse moléculaire (MM) des différentes sous-unités sont indiquées en daltons (Da). Le taux de similarité (exprimé en pour-cent) fait état de la conservation des résidus entre ces deux espèces.

I.2.1.1. Structure de l'ARN Pol II

Des travaux récents ont permis de résoudre la structure cristallographique de l'ARN Pol II de levure (*S. cerevisiae*), grâce à laquelle on a pu mieux comprendre le fonctionnement de cette enzyme. Ces travaux ont d'abord porté sur l'ARN Pol II libre moins deux sous-unités (Rpb4 et Rpb7) (Fu et coll., 1999; Cramer et coll., 2000; Cramer et coll., 2001) (figure 3), puis l'ARN Pol II en phase d'élongation (avec le facteur TFIIS) (Poglitsch et coll., 1999; Gnatt et coll., 2001), et enfin très récemment sur l'ARN Pol II complète (Armache et coll., 2003; Bushnell et Kornberg, 2003; Kettenberger et coll., 2004; Armache et coll., 2005) (figure 4).

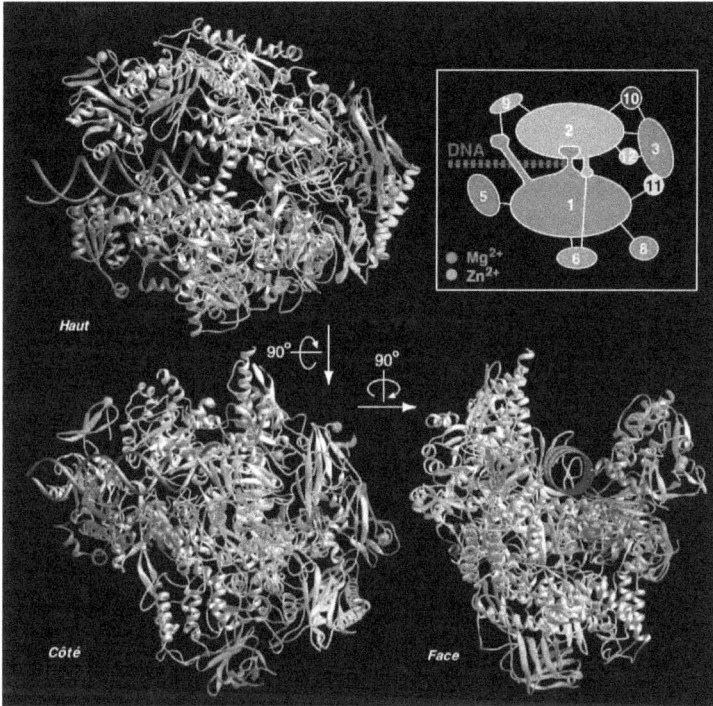

Figure 3 : Structure cristallographique de l'ARN Pol II de levure. Ce modèle ne comprend pas les sous-unités Rpb4 et Rpb7. Les 3 vues correspondent à des rotations de 90° les unes par rapport aux autres. La molécule d'ADN n'était pas présente dans le cristal et a été rajoutée sur le modèle. Les 8 atomes de zinc (sphères bleues) et l'atome de magnésium du site actif (sphère rose) sont également représentés. L'encadré en haut à droite donne le code couleur utilisé pour les différentes sous-unités. D'après (Cramer et coll., 2000).

Cette structure montre comment les 10 sous-unités (sans Rpb4 et 7) de l'ARN Pol II s'organisent autour du brin d'ADN. La comparaison de cette structure avec l'enzyme bactérienne a révélé d'étonnantes similitudes au sein du coeur de l'enzyme ; elle a aussi pu confirmer les homologies entre les sous-unités bactériennes ($\alpha\beta\beta'\omega$) et eucaryotes (Rpb1, 2, 3, 6 et 11) (Cramer, 2002). De plus, cette structure a permis de montrer pour la première fois que :

1) l'hybride ADN/ARN s'étend sur 9 paires de bases

2) l'ADN est ouvert au plus de 4 paires de bases en aval de l'extrémité 3' de l'ARN

3) l'ARN non hybridé à l'ADN sort près du CTD de l'ARN Pol II.

Cette structure a permis de mieux comprendre le mécanisme d'action de l'ARN Pol II. En effet, les sous-unités Rpb1 et 2 sont situées au centre du complexe d'élongation formant une crypte autour de l'ADN pour mieux le lier ; les autres sous-unités, plus petites, sont arrangées autour de la surface de l'enzyme. La structure de l'ARN Pol II libre montre une région en forme de pince (voir figure 4) d'environ 50 kDa composée des sous-unités Rpb1, 2 et 3. Cette pince, ouverte dans la forme libre de l'enzyme, se referme autour de l'hybride ADN/ARN dans l'ARN Pol II lors de l'élongation. Une hélice α dite de « pontage » (pour bridging helix) traverse la crypte formée par Rpb1 et 2. Des acides aminés de cette hélice se retrouvent en contact direct avec la base codante du brin transcrit de l'ADN formant une structure de type « fermeture-éclair ». Un changement de conformation de cette hélice lors de l'élongation pourrait promouvoir la translocation de l'ARN Pol II. Un inhibiteur spécifique de la synthèse de l'ARN [l'α-amanitine (Kedinger et coll., 1970)] lie les acides aminés, en contact avec la base codante de l'ADN, de cette hélice (Bushnell et coll., 2002). De plus, les sous-unités Rpb1, 2, 6 et 9 forment deux mâchoires parfaitement positionnées pour guider l'ADN dans le site catalytique. Enfin, la sortie de l'ARN près du CTD de Rpb1 permettrait le couplage transcription-maturation, sachant que différents facteurs de maturation interagissent avec le CTD (Orphanides et Reinberg, 2002).

Il faut noter que la structure de l'ARN Pol II a initialement été déterminée sans les sous-unités Rpb4 et Rpb7. Par la suite, la structure de l'ARN Pol II complète a été résolue (Armache et coll., 2003; Bushnell et Kornberg, 2003) (figure 4). Cela a permis de mettre en évidence la localisation de ces 2 sous-unités dans la structure globale de l'ARN Pol II : ce sous-complexe forme une protrusion au niveau de la face « amont » du complexe, c'est-à-dire la face en contact avec les facteurs d'initiation. Il s'attache au reste de l'enzyme par des contacts entre Rpb7 et Rpb6. La proximité de ce sous-complexe avec le CTD de l'ARN Pol II est cohérente avec une étude ayant montré une interaction entre Rpb4 et une phosphatase spécifique du CTD, Fcp1 (Kimura et coll., 2002). La cristallisation du sous-complexe Rpb4/Rpb7 à une résolution de 2,3 Å a permis depuis d'affiner la structure globale de l'ARN Pol II à 3,8 Å (Armache et coll., 2005).

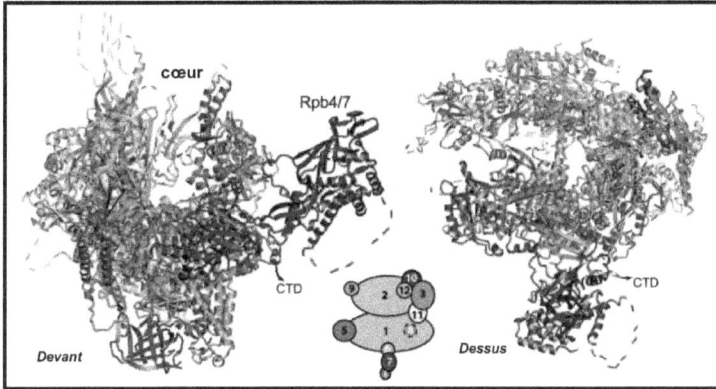

Figure 4 : Modèle de la structure de l'ARN Pol II complète. Le code couleur des 12 sous-unités Rpb1-Rpb12 est donné dans le schéma central. Les lignes en pointillés représentent des boucles non structurées. Les 8 ions zinc sont représentés par des sphères bleues et l'ion magnésium du site actif par une sphère rose. La position du dimère Rpb4/7, du domaine carboxy-terminal (CTD) et du « cœur » sont indiqués. D'après (Armache et coll., 2005).

I.2.1.2. Le CTD : structure et fonction

Le domaine carboxy-terminal de la plus grande sous-unité de l'ARN Pol II, Rpb1, a une structure particulière : il comporte, chez l'homme, 52 répétitions d'un heptapeptide de séquence consensus (Tyr1-Ser2-Pro3-Thr4-Ser5-Pro6-Ser7 ou YSPTSPS) (Allison et coll., 1985). Il est conservé de la levure à l'homme et n'existe pas dans les ARN Pol I ou III. Le CTD est hautement phosphorylé (sur la Tyr1 et les Ser2-Ser5) et déphosphorylé lors des différentes étapes de la transcription. L'intervention combinée de CTD kinases et CTD phosphatases module le passage de l'étape d'initiation de la transcription (état non-phosphorylé, forme IIO) à l'étape d'élongation (état phosphorylé, forme IIA) (Lee et Young, 2000). Deux kinases du CTD ont été identifiées : Cdk7, une sous-unité du complexe TFIIH (voir paragraphe I.2.6) et Cdk8, un composant du médiateur (voir paragraphe I.4.1.2.3). De plus, l'étude de mutants de délétion dans ce domaine a permis de mettre en évidence son rôle au niveau de l'épissage des ARN prémessagers, de la maturation de l'extrémité 3' et de la terminaison de la transcription (Lee et Young, 2000), expliquant ainsi le couplage entre maturation et transcription (Orphanides et Reinberg, 2002).

I.2.2. La protéine TBP et le facteur TFIID

Le facteur de transcription TFIID est composé de la protéine TBP (« TATA-box binding protein ») et de treize à quinze facteurs associés nommés TAFs pour « TBP-associated factors ». Lors de la formation du complexe de préinitiation, TFIID est recruté sur l'ADN par l'interaction de TBP avec l'élément TATA (voir figure 2 et paragraphe I.3.1) (Parker et Topol, 1984; Nakajima et coll., 1988). *In vitro*, TBP est nécessaire et suffisante pour la transcription de base à partir de promoteurs contenant un élément TATA (les TAFs ne sont nécessaires à la transcription de base qu'en l'absence de cet élément). Cependant, pour permettre l'activation de la transcription, TBP doit être associée aux TAFs. Ces protéines sont des co-activateurs, interagissant avec de nombreux activateurs transcriptionnels, recrutant TFIID sur les promoteurs sans séquence TATA, reconnaissant des séquences spécifiques au niveau du promoteur et certains facteurs généraux de transcription, et intervenant dans le réarrangement de la chromatine au niveau du promoteur (voir paragraphe I.4.1.2 et tableaux 4 et 5).

Plusieurs études utilisant des mutants de TBP ont permis d'établir avec précision les différents domaines importants dans les fonctions de la protéine.

Par exemple, la mutagenèse aléatoire du gène SPT15 codant pour TBP de levure a permis d'identifier certains résidus important pour la fixation à l'ADN (Reddy et Hahn, 1991). Une autre étude basée sur la mutagenèse de TBP a permis d'identifier un dérivé de TBP dont la spécificité de fixation à l'élément TATA était altérée. Ce dérivé a été appelé TBPspm3 (pour TBP single punctual mutation 3, c'est-à-dire un variant de TBP portant 3 mutations ponctuelles) et reconnaît spécifiquement un élément TATA modifié, l'élément TGTAAA (Strubin et Struhl, 1992). Ce variant est fréquemment utilisé dans les études sur la transcription spécifique : dans un système de gène rapporteur (par exemple le gène de la luciférase) on mute le promoteur contrôlant ce gène au niveau de l'élément TATA (changé en TGTA) qui n'est alors plus reconnu par la TBP endogène mais uniquement par sa forme mutée. Le gène rapporteur transfecté n'est dès lors plus activable que par des complexes TFIID néoformés ayant intégré TBP-spm3 (Lavigne et coll., 1999). Nous avons utilisé ce système lors notre étude sur les relations fonctionnelles entre ATF7 et hsTAF12 (voir partie résultats, publication 1) (Hamard et coll., 2005).

D'autre part, la protéine TBP est une protéine bipartite, avec une région amino-terminale variable et un domaine carboxy-terminal très conservé. Le domaine amino-terminal présente une importante variabilité de séquence et de taille en fonction des espèces (Figure 5A). Le domaine carboxy-terminal est conservé à près de 80% entre la levure et l'homme. Il adopte une structure en «selle de cheval» (Figure 5D) avec une face concave hydrophobe interagissant avec l'ADN et une face convexe qui interagit avec TFIIA, TFIIB et d'autres facteurs comme TAF1 (Burley, 1996; Burley et Roeder, 1996; Liu et coll., 1998b; Kamada et coll., 2001). Sa forte conservation et sa présence dans les complexes d'initiation des trois ARN polymérases ont fait de TBP le «facteur de transcription universel».

26

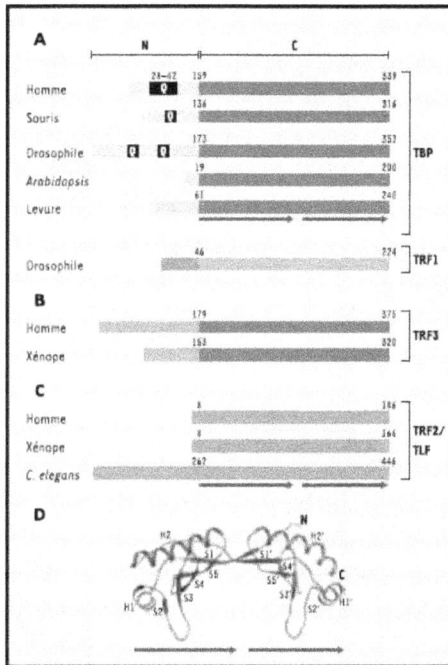

Figure 5 : Organisation et structure de la famille des TBP (TATA binding proteins). A. Organisation de TBP de différentes espèces. Le domaine amino-terminal est représenté en jaune et la présence des répétitions des résidus glutamines (Q) en noir. Le polymorphisme allélique humain (28-42 glutamines) est indiqué. L'alignement entre TRF1 (TBP-related factor 1) et la famille TBP est présenté. Le premier acide aminé du domaine conservé est indiqué pour chacun des TBP. B, C. Alignement entre TRF3, TRF2/TLF (TBP-like factor) et la famille TBP. La répétition directe qui forme la structure en selle de cheval du domaine conservé est indiquée par les flèches. D. Représentation de la structure en selle de cheval du domaine carboxy-terminal conservé de TBP, déterminée par cristallographie aux rayons X. H1, H1', H2 et H2' représentent les hélices α ; S1-S5 et S1'-S5' les feuillets β. D'après (Davidson et coll., 2004).

Cependant la découverte récente de protéines apparentées à TBP a remis en cause ce caractère universel de TBP. En effet, trois protéines appelées TRF1 (TBP-related factor 1) (Crowley et coll., 1993; Hansen et coll., 1997), TLF (TBP-like factor)/TRF2 (Dantonel et coll., 1999; Moore et coll., 1999; Rabenstein et coll., 1999; Teichmann et coll., 1999) et TRF3 (Persengiev et coll., 2003) ont été identifiées et caractérisées. La similarité entre ces protéines est limitée au domaine carboxy-terminal conservé (Figure 5A-C). TRF2 présente 60% de similarité et 40% d'identité avec TBP, mais TRF1 et TRF3 sont encore plus proches de TBP. Dans tous ces facteurs, les sites d'interaction de TFIIA et de TFIIB sont conservés et TRF1 et TRF3 se fixent sur les séquences TATA. En revanche, TRF2 ne se lie pas aux éléments TATA (Dantonel et coll., 1999) et aucun site de fixation de TRF2 n'est actuellement connu.

Ces facteurs ont différents rôles dans la cellule. TRF1 n'existe que chez la drosophile où il est exprimé pendant l'embryogenèse puis, de façon spécifique, dans le système nerveux central et les cellules germinales chez l'adulte (Hansen et coll., 1997; Holmes et Tjian, 2000). Chez les mammifères TRF2 est une protéine spécialisée dans la spermatogénèse (Martianov et coll., 2001; Martianov et coll., 2002) tandis que chez la drosophile elle est essentielle à l'embryogenèse (Hochheimer et coll., 2002). Le rôle de TRF3 est moins clair, mais il est possible qu'il puisse se substituer à TBP car le domaine carboxy-terminal de TRF3 possède une forte similarité avec TBP, et TRF3 se fixe sur les éléments TATA (Persengiev et coll., 2003).

I.2.3. Le facteur de transcription TFIIB

TFIIB est une protéine d'environ 35 kDa qui contient deux domaines fonctionnels. L'étude de la structure de TFIIB a permis d'avoir une idée plus précise de l'organisation fonctionnelle de la protéine. Le domaine carboxy-terminal conservé interagit avec TBP et contient un motif hélice-boucle-hélice qui se lie aux séquences 5' et 3' bordant l'élément TATA (Nikolov et coll., 1995; Tsai et Sigler, 2000). Certains promoteurs minimaux eucaryotiques contiennent un élément de reconnaissance de TFIIB (BRE voir paragraphe I.1.2.1) situé juste en amont de l'élément TATA et ce BRE peut stabiliser les interactions entre TBP et TFIIB sur l'ADN (Lagrange et coll., 1998). Le domaine amino-terminal de TFIIB contient un motif ruban à zinc (Zinc Ribbon Motif) qui se lie à l'ARN Pol II et à TFIIF, permettant son entrée dans le complexe de préinitiation. Les parties amino-terminale et carboxy-terminale de TFIIB sont séparées par un domaine de liaison flexible qui contient un domaine conservé (Charged Cluster Domain ou CDD) à côté du motif ruban à zinc. Ce CDD agit comme un interrupteur moléculaire régulant les changements de conformation de TFIIB qui affectent la sélection du site d'initiation, la reconnaissance du promoteur et l'activation de la transcription. En effet plusieurs études montrent que TFIIB subit un changement conformationnel quand il s'assemble avec TBP et l'ADN, formant un complexe TB-ADN (TBP-TFIIB-ADN) mais également lorsqu'il interagit avec un activateur (Roberts et Green, 1994; Hayashi et coll., 1998; Fairley et coll., 2002). Ce changement de conformation semble affecter l'activation transcriptionnelle de façon variable selon le promoteur.

I.2.4. Le facteur de transcription TFIIF

Ce facteur interagit physiquement avec l'ARN Pol II et stabilise le complexe ternaire ADN-TBP-TFIIB. Il permet aux facteurs TFIIE et TFIIH de rentrer dans le complexe de préinitiation. C'est un hétérotétramère constitué de deux grosses sous-unités TFIIFα/RAP74 et deux petites sous-unités TFIIFß/RAP30 (RAP pour « RNA polymerase II-associated protein ») (Woychik et Hampsey, 2002). En plus de son rôle dans l'initiation de la transcription, TFIIF est capable d'augmenter la vitesse d'élongation de la transcription (Orphanides et coll., 1996).

I.2.5. Le facteur de transcription TFIIE

Comme TFIIF, TFIIE est un hétérotétramère contenant deux grosses sous-unités TFIIEα et deux petites sous-unités TFIIEβ. TFIIE affecte les évènements tardifs de l'assemblage du complexe de préinitiation : il entre dans le PIC après l'ARN Pol II, grâce à sa sous-unité Rpb9 (Van Mullem et coll., 2002), et avant TFIIH. Il interagit avec la forme non phosphorylée de l'ARN Pol II, les deux sous-unités de TFIIF et avec TFIIH (Hampsey, 1998). TFIIE possède en outre la capacité de stimuler les activités ATPase et kinase du facteur TFIIH (Lu et coll., 1992). C'est la sous-unité CAK de ce dernier qui est capable de phosphoryler la sous-unité α de TFIIE (Rossignol et coll., 1997).

I.2.6. Le facteur de transcription TFIIH

Lors de la purification du facteur TFIIH à partir de cellules humaines, il s'est avéré que trois de ses sous-unités (cdk7, cycline H et MAT1) pouvaient soit exister sous la forme d'un complexe ternaire appelé CAK (pour *cdk-activating kinase)*, soit être associées aux autres sous-unités de TFIIH pour former un complexe à 9 sous-unités. TFIIH est donc composé de deux sous-complexes fonctionnels (Figure 6) : le complexe CAK et le coeur de TFIIH, composé de 5 sous-unités (XPB, p62, p52, p44 et p32). La sous-unité restante, XPD, peut être associée soit au coeur soit au CAK et joue probablement un rôle de pontage entre ces deux sous-complexes (Drapkin et coll., 1996; Reardon et coll., 1996; Rossignol et coll., 1997). Une dixième sous-unité (TFB5 ou TTDA) qui permet la stabilisation du complexe a récemment été découverte (Giglia-Mari et coll., 2004; Ranish et coll., 2004).

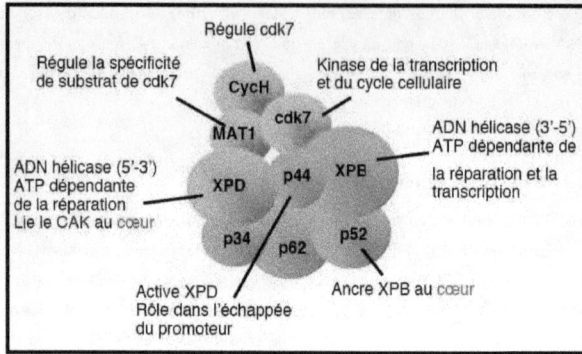

Figure 6 : Le complexe TFIIH, composition et fonctions de ses sous-unités.
Représentation schématique du complexe, mettant en évidence les deux sous-complexes fonctionnels : le CAK (cdk-activating kinase, en bleu) et le coeur (en rouge), ainsi que la sous-unité XPD liant ces deux sous-complexes. La sous-unité TFB5 n'est pas représentée. D'après (Egly, 2001).

TFIIH a initialement été caractérisé comme facteur général de transcription. La sous-unité XPB est une hélicase ATP-dépendante impliquée dans l'ouverture du promoteur autour du site d'initiation permettant à l'ARN Pol II de lire le brin codant (Dvir et coll., 2001; Egly, 2001). TFIIH présente également une activité kinase définie à l'origine comme dépendante d'une cycline impliquée dans la régulation du cycle cellulaire. Il avait donc été postulé que TFIIH pouvait jouer un rôle dans ces processus de régulation. Depuis, d'autres études ont montré que les polypeptides MAT1, Cycline H et CDK7/MO15 forment un complexe kinase tripartite, le complexe CAK (« cdk activating kinase »), capable de phosphoryler le domaine CTD de l'ARN Pol II (Coin et Egly, 1998). Cette phosphorylation entraîne le démarrage de la transcription et permet l'échappement du promoteur. Le complexe CAK existe également sous forme libre et il est alors capable d'activer d'autres complexes CDK/cycline contrôlant la progression du cycle cellulaire (Rossignol et coll., 1997). En revanche lorsque le complexe CAK est, avec l'assistance des sous-unités XPB et XPD, intégré à TFIIH, il perd cette activité et phosphoryle préférentiellement le CTD de l'ARN Pol II et la sous-unité α du facteur TFIIE. XPD permet quant à lui d'ancrer le CAK au TFIIH « cœur » grâce à l'interaction avec p44 (Coin et coll., 1998) mais n'est pas indispensable à la réaction de transcription.

Par la suite, il s'est avéré que ce complexe avait d'autres fonctions. Certaines de ses sous-unités sont impliquées dans le système de réparation de l'ADN par excision-resynthèse de nucléotides (système NER, « nucleotide excision repair ») et pourraient aussi intervenir dans la régulation du cycle cellulaire (Coin et Egly, 1998; Egly, 2001) (voir tableau 3).

Homme	Levure	Motifs	Fonction
XPB (p89)	*SSL2* (p105)	Hélicase / Liaison à l'ATP	Hélicase 3'→ 5'
XPD (p80)	*RAD3* (p85)	Hélicase / Liaison à l'ATP	Hélicase 5'→ 3'
p62 (p62)	*TFB1* (p75)	-	-
p52 (p52)	*TFB2* (p55)	-	Ancrage de XPB
p44 (p44)	*SSL1* (p50)	Zinc finger	Liaison à l'ADN, activation de XPD
p34 (p34)	*TFB4* (p37)	Ring finger	-
MAT1 (p32)	*TFB3* (p38)	Ring finger	Assemblage de la CDK
Cyclin H (p38)	*CCL1* (p45 + p47)	Boîtes cyclines	Cycline de CDK7/MO15 et Kin28
CDK7/MO15 (p40)	*KIN28* (p32)	Motif CDK	Protéine kinase du CTD
TTDA/GTF2H5 (p8)	TFB5	-	Stabilisation du complexe

Tableau 3 : Structure multiprotéique du facteur de transcription TFIIH chez l'homme et chez la levure. Les noms en italique correspondent au nom des gènes des sous-unités du facteur TFIIH alors que ceux entre parenthèses correspondent aux noms des protéines correspondantes. Chez l'homme, par extension, on utilise le nom des gènes pour désigner les protéines. Seule la fonction des sous-unités p62 et p34 est pour le moment inconnue.

Les deux hélicases p89 et p80 sont les produits des gènes *XPB* et *XPD* (*xeroderma pigmentosum* groupe B et D, encore appelés *ERCC3* et *ERCC2*, respectivement) ; des mutations dans ces gènes sont à l'origine de plusieurs maladies génétiques rares comme *xeroderma pigmentosum* (XP), le syndrome de Cockayne (CS) et la trichothiodystrophie (TTD). Des mutations dans les gènes codant pour ces sous-unités ont été caractérisées chez des patients atteints par ces trois syndromes (Vermeulen et coll., 1994). Ces deux sous-unités XPB et XPD, assistées de p52 (Jawhari et coll., 2002) et p44 (Seroz et coll., 2000) respectivement, sont impliquées dans le mécanisme de réparation de type NER, mécanisme impliqué dans l'établissement de ces trois pathologies (des déficiences dans le système de réparation sont observées chez les patients atteints par ces trois symptômes). Plusieurs études ont permis de mieux comprendre quelles étaient les causes moléculaires de ces maladies. Par exemple certaines mutations de XPD retrouvées chez des patients XP, inhibent l'activité de l'hélicase ce qui explique le défaut de réparation de type NER et donc la prédisposition au cancer chez ces patients (Dubaele et coll., 2003). L'interprétation des phénotypes causés par des mutations dans les sous-unités de TFIIH a récemment été compliquée par la découverte du rôle essentiel que TFIIH joue dans la transcription des gènes de classe I par l'ARN Pol I (Iben et coll., 2002).

Une autre étude récente a montré que TFIIH pouvait également être la cible de protéines du virus de la fièvre de la vallée du rift, un virus mortel causant des fièvres hémorragiques chez l'homme. Les protéines NSs du virus sont capables de bloquer l'assemblage de TFIIH en séquestrant les sous-unités XPB et p44 dans des structures filamenteuses dans le noyau de la cellule hôte (Le May et coll., 2004).

I.3. Le complexe de preinitiation

I.3.1. Assemblage séquentiel du complexe de préinitiation

Les premières expériences menées *in vitro* laissaient à penser que le complexe de préinitiation (PIC) se formait de manière ordonnée et séquentielle sur le promoteur. Les différentes étapes de cet assemblage sont résumées ci-après [pour une revue détaillée, voir (Lemon et Tjian, 2000)] et schématisées sur la figure 7. Les étapes conduisant à la transcription par l'ARN Pol II définies biochimiquement incluent :

1) La formation d'un complexe stable entre TFIID, TFIIA et TFIIB (DAB) capable de reconnaître et de se fixer à l'élément TATA du promoteur.

2) La formation d'un complexe encore plus stable et fermé contenant DAB, l'ARN Pol II hypophosphorylée et TFIIF.

3) La formation d'un complexe stable, ouvert et activé après l'addition de TFIIE et TFIIH qui stimule l'ouverture ATP-dépendante du promoteur.

4) L'échappement du promoteur et la néosynthèse d'ARNm après hyperphosphorylation du CTD de l'ARN Pol II [pour une revue voir (Orphanides et coll., 1996)].

Ce modèle est cohérent avec les différentes étapes définies biochimiquement et observées *in vitro*, mais après la découverte d'interactions directes ou indirectes entre des activateurs et les constituants de la machinerie transcriptionnelle de base affectant la formation du complexe et la transcription (Chi et coll., 1995), il semble évident que cette machinerie est éminemment plus complexe que prévue et qu'elle pourrait contenir en fait plus de 40 polypeptides. Quand on combine les GTFs avec la profusion de cofacteurs additionnels découverts depuis (voir paragraphe I.4), l'assemblage que représente le complexe d'initiation pourrait être extraordinairement grand (voir figures 7, 8 et 9). Or il semble peu probable que les régulateurs soient capables de recruter et d'organiser un tel complexe dans des temps adéquats, pour chaque promoteur de la cellule. De plus, la concentration cellulaire de beaucoup de ces facteurs est limitée, comparée au nombre de gènes à transcrire et les affinités observées entre ces différents composants et l'ADN cible, particulièrement dans le contexte chromatinien, sont faibles (Beato et Eisfeld, 1997). Enfin, tous les régulateurs spécifiques d'une séquence d'ADN n'interagissent pas avec les composants de la machinerie transcriptionnelle et vice-versa.

Le modèle d'assemblage par étapes présente donc un certain nombre d'imperfections et d'autres modèles ont été proposés pour tenter de trouver une plus grande cohérence avec les évènements se déroulant réellement dans la cellule.

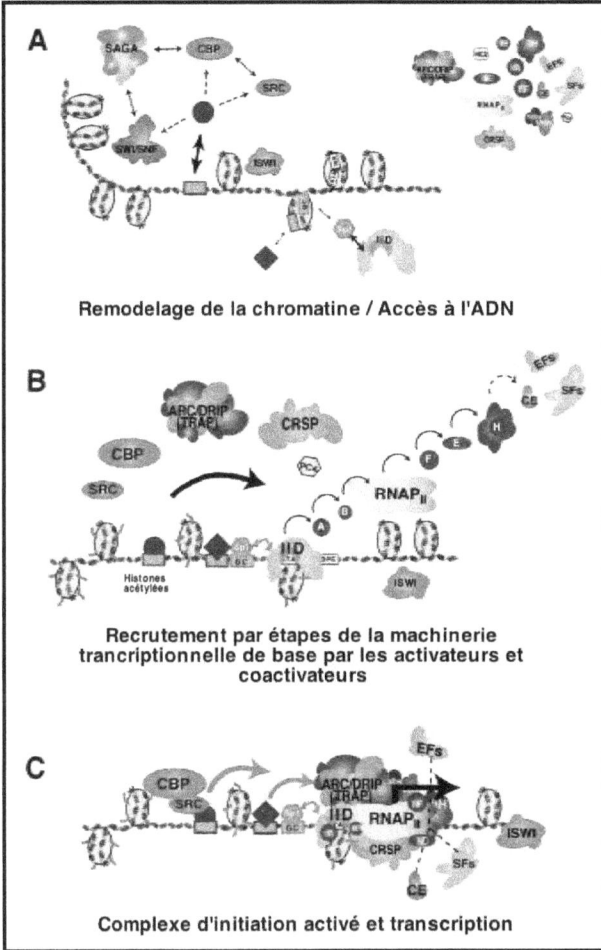

A

Remodelage de la chromatine / Accès à l'ADN

B

Recrutement par étapes de la machinerie trancriptionnelle de base par les activateurs et coactivateurs

C

Complexe d'initiation activé et transcription

Figure 7 : Modèle d'assemblage par étapes du PIC. (A) Description des événements coopératifs de remodelage de la chromatine (à gauche) induits par les facteurs ATP-dépendants (violet) et les facteurs HAT (rouge et orange) qui interagissent entre eux (flèches en pointillés) et avec certains régulateurs (cercle bleu) qui ont accès (flèche noire) à des séquences d'ADN spécifiques. La machinerie de base ainsi que quelques cofacteurs qui interviennent dans les étapes suivantes sont représentés à droite. (B) Ces évènements de remodelage permettent au nucléosome de glisser sur l'ADN et d'être acétylé (lignes grises), démasquant ainsi des séquences cibles de GTFs ou d'autres régulateurs (carré bleu et Sp1, hexagone vert). Un grand nombre d'études ont montré que les régulateurs et leurs

33

corégulateurs pouvaient interagir (flèche noire) avec des éléments de la machinerie de base. En outre la reconstitution *in vitro* de l'initiation de la transcription a montré qu'elle nécessitait un assemblage séquentiel (petites flèches noires) des différents GTFs suivant des étapes bien définies biochimiquement. **(C)** L'activation de la transcription (flèche noire) nécessite l'assemblage d'un complexe oligomérique de grande taille et probablement de multiples signaux concertés provenant de plusieurs régulateurs (flèches rouges). L'association de facteurs impliqués dans les étapes subséquentes [par exemple l'enzyme de capping (CE, en rouge), les facteurs d'élongation (EFs en bleu clair, et les facteurs de l'épissage alternatif (SFs, orange)] nécessite d'autres signaux comme l'hyperphosphorylation de l'ARN Pol II (jaune hachuré violet à droite) puisque tous ces évènements sont connectés (voir la revue de (Orphanides et Reinberg, 2002) sur la théorie unifiée de l'expression génétique, selon laquelle chaque évènement de l'expression génétique (de la transcription à la traduction), est une subdivision d'un processus continu. D'après (Lemon et Tjian, 2000).

I.3.2. L'holoenzyme

Dans le modèle présenté ci-dessus (figure 7), la formation du PIC se fait pas à pas. Ce modèle a été bâti sur des expériences faites avec des GTFs isolés par chromatographie et présents en solution. Ce modèle à été remis en cause après la découverte d'un complexe appelé « l'holoenzyme de l'ARN polymérase II », suggérant que la majorité de la machinerie transcriptionnelle pouvait se fixer sur un promoteur en une seule étape (voir figure 8). Ce complexe contient l'ARN Pol II, une partie des facteurs généraux, les protéines SRB du médiateur (« suppressor of RNA polymerase B », c'est-à-dire des suppresseurs de mutations présentes au niveau du domaine CTD de l'ARN Pol II, initialement nommée ARN Pol B) et quelques autres composants (Parvin et Young, 1998). Malgré la grande hétérogénéité des préparations d'holoenzymes décrites dans plusieurs études, une propriété constante était l'absence de TFIID. Il faut donc imaginer ce modèle en deux étapes minimales : tout d'abord, le recrutement de TFIID au niveau du promoteur, puis l'holoenzyme.

34

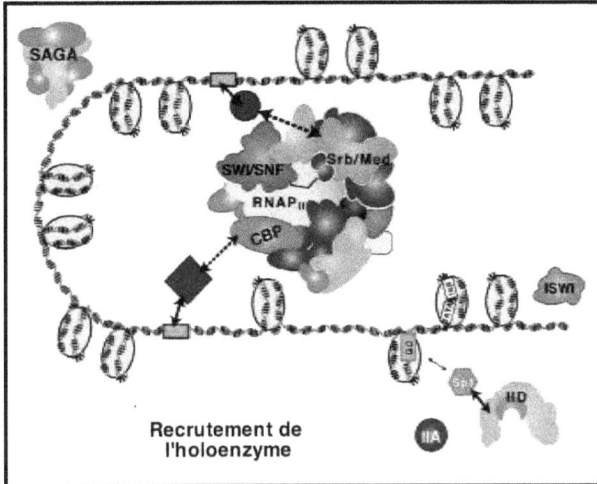

Figure 8 : Le modèle du préassemblage du PIC, ou modèle de l'holoenzyme. Description du recrutement de l'holoenzyme (c'est-à-dire un complexe contenant des facteurs de remodelage de la chromatine, de multiples corégulateurs, l'ARN Pol II, les GTFs et les facteurs de maturation de l'ARN) via des interactions coopératives avec plusieurs régulateurs. Ce complexe holoenzyme ne contient pas TBP, les TAFs ou TFIIA. Avec un tel modèle, il est donc nécessaire d'envisager une étape préliminaire de recrutement de TFIID ou SAGA, avant celui de l'holoenzyme. D'après (Lemon et Tjian, 2000).

Comme le modèle de l'assemblage par étapes, le modèle de l'holoenzyme a souffert de la découverte de la multitude de cofacteurs impliqués dans la transcription par l'ARN Pol II. De plus les complexes ARN Pol II en élongation sont différents des complexes d'initiation (Reines et coll., 1999). Donc si un holocomplexe préformé était responsable de l'initiation, il faudrait ensuite imaginer un système de recyclage des composants spécifiques de l'initiation dans de nouvelles holoenzymes, ou bien alors un cycle dégradation / synthèse de novo / réassemblage. Compte tenu du fait que les polymérases eucaryotiques sont des enzymes processives, un tel scénario nécessiterait le recrutement d'holoenzymes additionnelles au niveau de chaque promoteur à chaque événement de réinitiation, ce qui apparaît incohérent avec le nombre beaucoup plus élevé de molécules d'ARN Pol II par rapport aux autres composants du PIC dans les cellules (Kimura et coll., 1999).

I.3.3. Modèle prenant en compte la compartimentation du noyau

Compte tenu de l'avancée des connaissances dans le domaine de la transcription, les deux modèles évoqués plus haut ne suffisent pas à expliquer l'ensemble des découvertes réalisées dans ce domaine depuis ces dix dernières années (Lemon et Tjian, 2000).

35

Un modèle satisfaisant a pu être élaboré suite à des études dans la levure qui ont permis de déterminer que l'occupation des séquences en amont du site d'initiation (Upstream sequences, équivalentes au promoteur chez les eucaryotes supérieurs) par des régulateurs spécifiques d'une séquence d'ADN, précède des évènements de remodelage de la chromatine relayés par les complexes SWI/SNF et SAGA, qui acétylent localement les histones. Ces évènements de remodelage permettent alors à des régulateurs secondaires de se fixer sur l'ADN (Cosma et coll., 1999; Krebs et coll., 1999). Ces résultats suggèrent qu'il existe des sites de liaison spécialisés au sein de la chromatine qui sont accessibles à des régulateurs « primaires », lesquels vont recruter les complexes responsables du remodelage de la chromatine, indispensable à la fixation de régulateurs « secondaires » sur leur site cible. Ce sont ces régulateurs secondaires qui vont permettre le recrutement de la machinerie transcriptionnelle de base ainsi que les cofacteurs nécessaires à l'initiation correcte de la transcription (voir figure 9A et B).

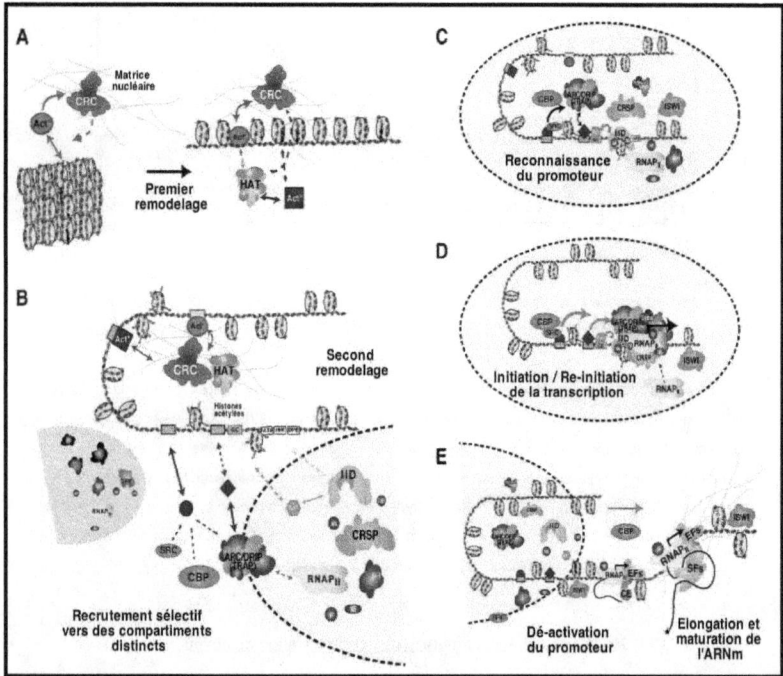

Figure 9 : Modèle hypothétique intégrant remodelage de la chromatine, compartimentation du noyau et transcription. (A) Evénements de remodelage de la chromatine qui ont probablement lieu avec les fibres chromatiniennes de 30 nm (gauche) et 10 nm (droite), après une étape de dépliement de la chromatine à plus grande échelle (non représenté). Les activateurs primaires (Act', rose) pourraient recruter des complexes de remodelage de la chromatine (CRC, violet) associés à la matrice nucléaire (fibres grises) permettant à des activateurs secondaires (Act'', carré bleu) d'accéder à leurs séquences cibles. L'ouverture de telles séquences cibles pourrait permettre à ces activateurs de recruter d'autres activités de remodelage de la chromatine, dont les histones acétyltransférases (HAT, rouge et orange). **(B)** Ce second remodelage permettrait à d'autres activateurs de se fixer sur leurs séquences cibles (cercle et losange bleu). L'acétylation des histones autour des éléments du promoteur pourrait constituer un signal de reconnaissance du promoteur par des facteurs sélectifs comme TFIID. Par suite, les interactions coopératives entre les régulateurs et les corégulateurs et éventuellement la mobilisation de la matrice nucléaire pourraient entraîner une association directe entre un promoteur activé et une « usine » à transcription ou un compartiment précis du noyau. Selon ce modèle, en fonction des séquences du promoteur minimal et proximal, le PIC serait recruté sélectivement vers un compartiment contenant TFIID et Sp1 (en bas à droite, en jaune) par opposition à un compartiment contenant TRF (en bas à gauche, en vert) par exemple. **(C)** Après le recrutement sélectif vers tel ou tel compartiment, les interactions coopératives entre les régulateurs et les corégulateurs pourraient initier la liaison des GTFs au promoteur et induire la formation d'un PIC actif. **(D)** L'initiation de la transcription (flèche noire) et la réinitiation (représentée par l'entrée de molécules d'ARN Pol II supplémentaires) pourraient être dirigées par de multiples signaux concertés provenant de plusieurs régulateurs (flèches rouges). **(E)** Le désassemblage du PIC et le transfert de l'ADN matrice de « l'usine » à transcription vers d'autres compartiments fonctionnels pourraient faciliter l'élongation et la maturation de l'ARNm. Des facteurs comme CBP/p300 pourraient servir de lien (flèche rouge) entre les différentes étapes de la réaction de transcription, en agissant comme protéines chaperonnes entre les « usines » à transcription et les compartiments spécialisés dans la maturation de l'ARNm (non représenté). D'après (Lemon et Tjian, 2000).

Cependant, d'autres études ont montré que la fixation d'un régulateur sur l'ADN et le recrutement d'ARN Pol II au niveau du promoteur n'était pas toujours suffisante à l'activation de la transcription chez les eucaryotes (Nissen et Yamamoto, 2000). Pour considérer la régulation des gènes dans le contexte chromatinien et établir un modèle plus proche de la réalité, il a fallu établir un lien entre l'ensemble du processus transcriptionnel tel qu'on le connaît aujourd'hui et la structure hautement organisée qu'est le noyau d'une cellule eucaryote.

En effet, le noyau est une structure tridimensionnelle qui contient, outre les chromosomes, un réseau fibreux encore appelé matrice nucléaire et composé de ribonucléoprotéines, de lamine, d'actine, et d'une myriade d'autres protéines encore inconnues. Il apparaît que les gènes actifs transcriptionnellement se trouvent soit au centre du noyau, soit à proximité des complexes des pores nucléaires (Misteli, 2004). En fait la position d'un gène à l'intérieur du noyau va affecter grandement son activation transcriptionnelle. Ceci a conduit à l'hypothèse « d'usines » transcriptionnelles au sein du noyau, vers lesquelles serait redirigé le gène à transcrire, constituant ainsi un nouveau degré de régulation de la transcription. Ces « usines » pourraient contenir un sous-ensemble de GTFs spécifiques : il a en effet été montré récemment que TRF2, un homologue de TBP, était principalement localisé dans le nucléole alors que TBP est plutôt nucléoplasmique (Kieffer-Kwon et coll., 2004). En fonction de la spécificité de leur promoteur, deux gènes différents pourraient donc être activés à différents endroits du noyau (Figure 9B).

I.4. LES COFACTEURS OU COREGULATEURS DE LA TRANSCRIPTION

Malgré la complexité de la machinerie transcriptionnelle de base décrite plus haut, les régulateurs se fixant sur des séquences spécifiques d'ADN (voir Chapitre 2) sont généralement incapables de moduler efficacement le taux de transcription de leurs gènes cibles dans des systèmes de transcription reconstitués *in vitro* avec des GTF et l'ARN Pol II purifiés. Ils nécessitent en plus une variété de cofacteurs, identifiés depuis les 10 dernières années dans de nombreux laboratoires [pour une revue voir (Roeder, 1998; Burke et Baniahmad, 2000; Naar et coll., 2001)].

On peut classer ces cofacteurs en 2 groupes :

1) Les cofacteurs généraux, qui sont associés ou font partie de la machinerie transcriptionnelle de base.

2) Les cofacteurs associés aux régulateurs, qui sont recrutés par des facteurs se liant à des séquences spécifiques d'ADN et qui sont bien souvent porteurs d'activités enzymatique de remodelage de la chromatine.

I.4.1. Les cofacteurs généraux

Les cofacteurs généraux peuvent être divisés en 2 sous-groupes (Roeder, 1998) :

1) Les cofacteurs généraux positifs ou négatifs qui incluent les cofacteurs positifs PC1, PC2, PC3, PC4, p52, p75, PC5 et PC6, les cofacteurs négatifs NC1 et NC2 ainsi que les protéines d'architecture HMG1 et HMG2.

2) Les cofacteurs associés aux facteurs généraux qui incluent TFIIA, les TAFs et le Médiateur.

I.4.1.1. Les cofacteurs généraux positifs et négatifs

Ces petits cofacteurs sont capables de se lier à l'ADN de manière non spécifique ce qui pourrait contribuer à leur fonction coactivatrice ou corépressive en facilitant l'assemblage ou la stabilité du PIC et/ou en favorisant une architecture nucléoprotéique spécifique au niveau du promoteur (Roeder, 1998). Un des cofacteurs positifs les mieux caractérisés, PC4, est ainsi capable d'établir de multiples contacts avec des activateurs spécifiques, TFIIA, l'ARN Pol II et l'ADN, facilitant ainsi la formation du PIC (Malik et coll., 1998). PC2 pourrait quant à lui être en fait une sous-unité du médiateur (voir paragraphe I.4.1.2.3) (Malik et coll., 2000).

Le cofacteur négatif le mieux connu, NC2, est un hétérodimère de 2 protéines NC2α et β contenant des motifs de repliement de type histone (voir paragraphe I.4.1.2.2) homologues à H2A et H2B respectivement. Ce facteur présente la particularité d'avoir à la fois des fonctions coactivatrices [via l'élément DPE de certains promoteurs sans motif TATA (Kamada et coll., 2001)] et des fonctions corepressives en interagissant avec un répresseur spécifique lié à l'ADN (Ikeda et coll., 1998). NC2 forme un complexe avec TBP qui est capable de se lier aux promoteurs sans motif TATA, empêchant l'assemblage de TFIIA et TFIIB sur ces promoteurs et induisant par conséquent l'inhibition de la transcription (Gilfillan et coll., 2005).

I.4.1.2. Les cofacteurs associés aux facteurs généraux

I.4.1.2.1. TFIIA

Contrairement aux conclusions des premières expériences menées sur ce facteur, il est maintenant clairement établi que ce complexe n'est pas nécessaire à la transcription de base ; l'addition de TFIIA dans un système reconstitué contenant la protéine TBP (tous les deux recombinants) ne provoque aucune modification sensible de l'activité transcriptionnelle. En revanche, il stimule la transcription dans un système reconstitué contenant des fractions purifiées du facteur TFIID. Ces effets résultent probablement du déplacement d'inhibiteurs de la transcription par TFIIA (Kaiser et Meisterernst, 1996). En dehors de son rôle dérépresseur de la transcription, TFIIA est capable de relayer l'activité transcriptionnelle de certains régulateurs se fixant sur des séquences spécifiques d'ADN (Kobayashi et coll., 1995). Il est en outre capable d'interagir avec certains TAFs (Burley et Roeder, 1996; Kraemer et coll., 2001).

I.4.1.2.2. TAFs

Au cours de l'étude de TFIID, il avait été postulé que des cofacteurs étaient associés à TBP, plusieurs expériences ayant mis en évidence que seul TFIID et pas TBP pouvait relayer l'activation transcriptionnelle d'un activateur spécifique dans des systèmes de transcription reconstitués *in vitro* (Roeder, 1996; Verrijzer et Tjian, 1996). Il a été démontré par la suite que ces cofacteurs étaient en fait les TAFs, qui sont fortement associés à TBP chez la drosophile et chez l'homme, alors que cette association apparaît moins forte chez la levure [pour une revue voir (Burley et Roeder, 1996; Gangloff et coll., 2000§2178; Green, 2000)]. Les TAFs sont conservés de la levure à l'homme et ont été dénommés dans un premier temps en fonction de leurs masses moléculaires apparentes. Dans un souci de clarté et pour permettre aux chercheurs travaillant sur différents organismes modèles de simplifier leurs échanges, une nouvelle nomenclature a été mise en place [voir tableau 4 et (Tora, 2002)].

Nouveau nom	H. sapiens (hs)	D. melanogaster (dm)	C. elegans (ce)		S. cerevisiae (sc)	S. pombe (sp)
			Ancien nom	Nouveau nom		
TAF1	TAFII250	TAFII230	taf-1 (W04A8.7)	taf-1	Taf145/130	TAFII111
TAF2	TAFII150	TAFII150	taf-2 (Y37F11B.4)	taf-2	Taf150 or TSM1	(T38673)
TAF3	TAFII140	TAFII155 or BIP2	(C11G6.1)	taf-3	Taf47	
TAF4	TAFII130/135	TAFII110	taf-5 (R119.6)	taf-4	Taf48 or MPT1	(T50183)
TAF4b	TAFII105	No Hitter				
TAF5	TAFII100	TAFII80	taf-4 (F30F8.8)	taf-5	Taf90	TAFII72
TAF5b						TAFII73
TAF5L	PAF65β	Cannonball				
TAF6	TAFII80	TAFII60	taf-3.1 (W09B6.2)	taf-6.1	Taf60	(CAA20756)
TAF6L	PAF65α	(AAF52013)	taf-3.2 (Y37E11AL.8)	taf-6.2		
TAF7	TAFII55	(AAF54162)	taf-8.1 (F54F7.1)	taf-7.1	Taf67	TAFII62/PTR6
TAF7L	TAF2Q		taf-8.2 (Y111B2A.16)	taf-7.2		
TAF8	TAFII43	Prodos	(ZK1320.12)	taf-8	Taf65	(T40895)
TAF9	TAFII32/31	TAFII40	taf-10 (T12D8.7)	taf-9	Taf17	(S62536)
TAF9L	TAFII31L (AAG09711)					
TAF10	TAFII30	TAFII24	taf-11 (K03B4.3)	taf-10	Taf25	(T39928)
TAF10b		TAFII16				
TAF11	TAFII28	TAFII30β	taf-7.1 (F48D6.1)	taf-11.1	Taf40	(CAA93543)
TAF11L			taf-7.2 (K10D3.3)	taf-11.2		
TAF12	TAFII20/15	TAFII30α	taf-9 (Y56A4.3)	taf-12	Taf61/68	(T37702)
TAF13	TAFII18	(AAF53875)	taf-6 (C14A4.10)	taf-13	Taf19 or FUN81	(CAA19300)
TAF14					Taf30	
TAF15	TAFII68					

Tableau 4 : Nouvelle nomenclature des TAFs avec les orthologues et paralogues connus correspondants. Seuls les TAFs de *C. elegans* conservent leur ancienne nomenclature (*taf-1* au lieu de TAF1 par exemple) mais en adoptant les nouveaux numéros (*taf-9* au lieu de *taf-10* ou *taf-10* au lieu de *taf-11* par exemple). D'après (Tora, 2002).

Chaque TAF est porteur de caractéristiques spécifiques qui sont résumées dans le tableau 5.

TAF1	Histone Acétyltransférase (H3>H4>H2A, TFIIE)
	Activité de conjugaison de l'ubiquitine (H1)
	Kinase (TFIIF>TFIIE=TFIIA)
	Deux bromodomaines qui se lient à la queue amino-terminale diacétylée de l'histone H4
	Contacts avec TBP et plusieurs TAFs
	Inhibe l'interaction TBP - motif TATA
	Une boîte HMG
	Liaison au promoteur minimal
	Impliqué dans la progression du cycle cellulaire (G1/S)
TAF2	Liaison au promoteur minimal avec TAF1 (Inr et DPE)
	Impliqué dans la progression du cycle cellulaire (G2/M)
TAF3	HFD (Histone Fold Domain ou domaine de repliement de type histone) → interaction avec TAF10
	Contient un motif en doigts PHD (PHD finger)
TAF4	HFD de type H2A → interaction avec TAF12
	Régions riches en glutamine de type Sp1
	Contacts avec TFIIA et des activateurs
TAF5	Répétitions de type WD40
	Contacts avec TAF6, TAF9, TBP et TFIIF (sous-unité RAP30)
	Impliqué dans la progression du cycle cellulaire (G2/M)
TAF6	HFD de type H4 → interaction avec TAF9
	dTAF6 se lie au DPE
	Contacts avec TFIIEα, TFIIF (sous-unité RAP74) et TBP
	Contacts avec des activateurs
TAF7	Contacts avec des activateurs
TAF8	Interaction avec TAF2
TAF9	HFD de type H3 → interaction avec TAF6
	Liaison au DPE
	Contacts avec des activateurs, N-CoR et TFIIB
TAF10	HFD → interaction avec TAF3
	Contacts avec des activateurs et TBP
TAF11	HFD → interaction avec TAF13
TAF12	HFD de type H2B → interaction avec TAF4
	Contacts avec TBP
TAF13	HFD → interaction avec TAF11
TAF14	?
TAF15	Homologie avec les protéines EWS et TLS/FUS
	Plusieurs motifs en doigts à zinc (Zinc Finger)
	Liaison à l'ARN ou l'ADN simple brin, à l'ARN Pol II, à TAF5, TAF7

Tableau 5 : Caractéristiques structurales et fonctionnelles des TAFs humains. Les TAFs qui interagissent avec des activateurs sont détaillés dans le tableau 7. ? indique que l'orthologue humain de TAF14 est inconnu. D'après (Martinez, 2002).

Dans la cellule eucaryote, il existe plusieurs complexes multiprotéiques contenant des TAFs outre TFIID : ces complexes sont similaires au complexe SAGA de levure (SPT-ADA-GCN5-acetyltransferase), et chez l'homme on distingue les complexes STAGA (SPT3-TAF9-GCN5L-acetyltransferase), PCAF (p300/CREB-Binding Protein associated factor) et TFTC (TBP-free TAF-containing complex) [voir tableau 6 et (Martinez, 2002; Timmers et Tora, 2005)].

Caractéristiques conservées ↓	Levure		Homme			
	SAGA	TFIID	STAGA	PCAF	TFTC	TFIID
HAT et bromodomaine	GCN5	scTAF1	GCN5L	PCAF	GCN5L	hsTAF1
2 HFD, interaction avec TBP	SPT3	scTAF11 et scTAF13	hSPT3	hSPT3	hSPT3	hsTAF11 et hsTAF13
HFD	SPT7	scTAF3	SPT7L (STAF65γ)	?	hsTAF3	hsTAF3
Interaction avec TBP	SPT8	-	?	?	?	-
Intégrité du complexe	ADA5	-	?	?	?	-
Interaction avec activateurs	ADA3	-	hADA3	hADA3	hADA3	-
Interaction avec activateurs	ADA2	-	hADA2	hADA2	-	-
HFD de type H2A	ADA1	scTAF4	hADA1 (STAF42)	?	hsTAF4	hsTAF4
Répétitions WD40	scTAF5	scTAF5	hsTAF5L	hsTAF5L	hsTAF5L et hsTAF5	hsTAF5
HFD de type H2B	scTAF12	scTAF12	hsTAF12	hsTAF12	hsTAF12	hsTAF12
HFD de type H4	scTAF6	scTAF6	hsTAF6L	hsTAF6L	hsTAF6	hsTAF6
HFD de type H3	scTAF9	scTAF9	hsTAF9	hsTAF9	hsTAF9	hsTAF9
HFD	scTAF10	scTAF10	hsTAF10	hsTAF10	hsTAF10	hsTAF10
Interaction avec activateurs	-	scTAF7	-	?	hsTAF7	hsTAF7
HFD et interaction avec TAF2	-	scTAF8	?	?	?	hsTAF8
Interaction avec Inr	-	scTAF2	-	-	hsTAF2	hsTAF2
Interaction avec activateurs, protéine de type ATM	Tra-1	-	TRRAP	TRRAP	TRRAP	-
Traitement du pre-mRNA	?	?	SAP130	?	SAP130	CPSF160
Ubiquitine protéase	Ubp8	-	?	?	?	-
Ancrage de Ubp8	Sgf11	-	?	?	?	-
?	Sgf29	-	?	?	?	-
?	Sgf73	-	hsATX7	hsATX7	hsATX7	-
Machinerie d'export de l'ARNm	Sus1	-	?	?	?	-
Liaison au motif TATA	-	TBP	-	-	-	TBP

Tableau 6 : Composition des différents complexes contenant des TAFs chez l'homme et la levure. ? indique que la sous-unité correspondante est inconnue. – indique l'absence de la sous-unité correspondante. Les différentes couleurs indiquent les interactions par paire des sous-unités contenant des motifs de repliement de type histone (HFD). D'après (Martinez, 2002).

Dans des systèmes purifiés *in vitro*, les TAFs associés à TFIID sont essentiels pour l'activation transcriptionnelle relayée par de nombreux activateurs spécifiques avec lesquels ils interagissent directement. Le tableau 7 présente les différents TAFs jouant le rôle de cofacteurs pour différents activateurs.

TAFs	HFD	Activateurs	Références
1	-	c-Jun	(Lively et coll., 2001; Lively et coll., 2004)
2	-	-	-
3	OUI	-	-
4	OUI	Sp1, E1A, CREB, NFATp, ATF7	(Gill et coll., 1994; Mazzarelli et coll., 1997; Felinski et Quinn, 2001; Kim et coll., 2001; Hamard et coll., 2005)
4b	OUI	NF-kB	(Yamit-Hezi et coll., 2000)
5	-	-	-
6	OUI	p53	(Farmer et coll., 1996)
7	-	c-Jun, YY1, Sp1, E1A, USF, CTF, HIV-Tat	(Chiang et Roeder, 1995; Austen et coll., 1997; Munz et coll., 2003)
8	OUI	-	-
9	OUI	VP16, p53, e(y)2	(Goodrich et coll., 1993; Farmer et coll., 1996; Georgieva et coll., 2001)
10	OUI	ER	(Jacq et coll., 1994)
11	OUI	RXR, Tax, VDR, TRα	(May et coll., 1996; Caron et coll., 1997; Mengus et coll., 2000)
12	OUI	ATF7	(Hamard et coll., 2005)
13	OUI	-	-
14	-	-	-
15	-	-	-

Tableau 7 : Certains TAFs sont des cofacteurs d'activateurs spécifiques de la transcription. Les TAFs sont numérotés de 1 à 15 en accord avec la nouvelle nomenclature (Tora, 2002). Les TAFs qui contiennent un motif de repliement de type histone (Histone Fold Domain ou HFD) sont indiqués.

Nous avons notamment démontré dans notre laboratoire que hsTAF12 est un coactivateur spécifique d'ATF7 (voir Partie 2 : Résultats).

Contrairement à ce qui avait été montré *in vitro* en utilisant des systèmes de transcription reconstitués, plusieurs études ont permis d'établir depuis que l'inactivation ou la déplétion d'un ou de plusieurs TAFs *in vivo* n'affectait pas le niveau global d'activation transcriptionnelle de nombreux gènes de levure (Apone et coll., 1996; Moqtaderi et coll., 1996; Walker et coll., 1996). Des analyses sur l'intégralité du génome de la levure indiquent également que chaque TAF affecte seulement l'expression d'un certain pourcentage des gènes et les mêmes observations ont été faites chez les eucaryotes supérieurs (Green, 2000). Les TAFs étant les sous-unités de plusieurs complexes multiprotéiques dans la cellule (voir tableau 6), ces complexes ont des rôles redondants dans la transcription globale (Lee et coll., 2000). En fait il semblerait qu'environ 30% du génome soit dépendant des TAFs spécifiques de TFIID alors qu'environ 12% du génome serait affecté par les TAFs spécifiques des complexes de type SAGA. Par contre, il semble qu'environ 70% du génome soit dépendant d'un ou de plusieurs TAFs communs aux 2 complexes.

Une autre caractéristique intéressante des TAFs est la présence dans la séquence de certains d'entre eux de motifs de repliement de type histone (histone fold domain ou HFD, voir tableau 6). Les histones sont des protéines basiques qui s'associent sous forme octamérique à l'ADN pour former des nucléosomes, qui permettent un premier niveau de condensation de la chromatine dans le noyau des cellules eucaryotes. Les histones H2A et H2B s'organisent en hétérodimère (H2A-H2B) et H3 et H4 en un hétérotétramère $(H3-H4)_2$. L'association de deux hétérodimères (H2A-H2B) avec l'hétérotétramère $(H3-H4)_2$ génère un octamère compact $[2(H2A-H2B)\cdot(H3-H4)_2]$. Les interactions entre histones se font principalement grâce au domaine structural commun aux quatre histones qu'est le HFD. L'analyse des séquences peptidiques des différents TAFs et l'identification d'interactions physiques par le système double hybride dans la levure ainsi que par la technique de coexpression dans la bactérie *E. coli*, ont montré que le domaine HFD est fréquemment présent dans ces protéines, puisque sur 15 TAFs, 9 possèdent ce motif conservé au cours de l'évolution [voir tableau 6 et (Gangloff et coll., 2001)].

Ce motif joue un rôle important dans la structure des complexes contenant les TAFs (Hoffmann et coll., 1996; Xie et coll., 1996) mais également dans leur fonction (Hamard et coll., 2005). Comme les histones forment une structure de type octamérique au sein du nucléosome, il avait été postulé qu'une telle structure existerait au sein des complexes contenant les TAFs et notamment TFIID (Hoffmann et coll., 1996). Une étude récente a confirmé cette hypothèse (Selleck et coll., 2001). Le rôle de cette structure octamérique est encore inconnu même si elle pourrait faciliter la liaison de TFIID au promoteur (Shao et coll., 2005).

Des expériences d'immunomarquage et de cryomicroscopie électronique ont permis d'établir la localisation des TAFs contenant des HFD (Leurent et coll., 2002) et les autres TAFs (Leurent et coll., 2004) dans la structure de TFIID (voir figure 10).

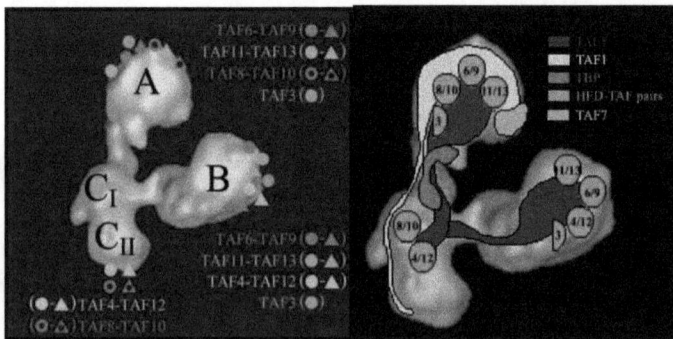

Figure 10 : Localisation des différents TAFs dans le modèle 3D de TFIID. À gauche seuls les différents TAFs contenant des HFD sont représentés ; à droite, en plus de ces derniers, TBP, TAF7, TAF5 et TAF1 sont représentés. D'après (Leurent et coll., 2002; Leurent et coll., 2004).

Le complexe TFIID contient deux copies de TAF5 qui contribue aux 2 domaines de liaison entre les lobes A, B et C. Ce TAF a donc un rôle important dans l'architecture globale de TFIID. La partie amino-terminale de TAF1 se situe dans le lobe C alors que l'activité histone acétyltransférase est retrouvée près de TAF7 dans le lobe A. Ceci est cohérent avec le modèle d'auto-inhibition selon lequel la partie amino-terminale de TAF1 interagit avec TBP et diminue sa liaison au motif TATA des promoteurs (Kokubo et coll., 1998). De la même manière, TBP est retrouvé dans le domaine de liaison entre les lobes A et C, c'est-à-dire dans une zone lui permettant à la fois d'interagir avec l'ADN mais également avec d'autres protéines, comme beaucoup de travaux l'ont suggéré.

I.4.1.2.3. Médiateur

Le complexe médiateur a été originellement caractérisé chez la levure par des analyses génétiques et biochimiques. Le médiateur de levure est un complexe multiprotéique de plus de 20 polypeptides, incluant les protéines de la famille SRB et MED, et qui s'associe de manière réversible avec le CTD non phosphorylé de la grande sous-unité de l'ARN Polymérase II. Le médiateur et l'ARN Pol II forment une holoenzyme (voir paragraphe I.3.2) qui est capable de relayer l'activation transcriptionnelle d'activateurs spécifiques même en l'absence de TAFs (Kim et coll., 1994; Koleske et Young, 1994). Récemment plusieurs études ont mis en évidence la quasi totalité des paralogues et orthologues des sous-unités du médiateur de levure (Malik et Roeder, 2000). Il a donc été proposé une nouvelle nomenclature pour l'ensemble de ces sous-unités [voir annexe et (Bourbon et coll., 2004)].

Des résultats de microscopie électronique ont révélé une similitude significative dans la structure 3D du médiateur de levure et des complexes Médiateur/TRAP/SMCC chez les mammifères (Dotson et coll., 2000). Chez la levure comme chez les eucaryotes supérieurs, le médiateur est composé de plusieurs modules qui peuvent se dissocier des composants de base lors d'une purification biochimique. Le facteur général positif PC2 (voir paragraphe I.4.1.1) s'est avéré être finalement une sous-unité probable du complexe médiateur/TRAP/SMCC humain (Malik et coll., 2000). En fait, il est très vraisemblable que différentes formes du médiateur coexistent dans la cellule et que le médiateur sensu stricto soit en interaction dynamique avec plusieurs modules en fonction de différents stimulus (Malik et Roeder, 2000).

Comme les TAFs, certaines sous-unités du médiateur sont capables d'interagir avec les GTFs comme l'ARN Pol II et avec des régulateurs spécifiques, lesquels vont stabiliser les interactions GTF-Médiateur et faciliter ainsi l'initiation de la transcription (Malik et Roeder, 2000). Une étude récente a également montré que le médiateur de levure était capable de se lier aux nucléosomes et d'acétyler l'histone H3, facilitant ainsi l'initiation de la transcription en décompactant la chromatine (Lorch et coll., 2000). D'autres résultats indiquent qu'une sous-unité du médiateur de levure (SRB10) phosphoryle l'activateur spécifique GCN4, ce qui constitue un signal de dégradation via le système Ubiquitine/Protéasome (Chi et coll., 2001). Ceci démontre que le médiateur peut également réguler négativement la transcription.

I.4.2. Les cofacteurs associés aux régulateurs ou corégulateurs

Les cofacteurs associés aux régulateurs, qu'on appellera par la suite corégulateurs, ont été identifiés biochimiquement et/ou génétiquement grâce à leurs interactions fonctionnelles et/ou physiques avec des régulateurs de la transcription spécifiques d'une séquence d'ADN (voir Chapitre 2). Ces corégulateurs sont recrutés au niveau du promoteur via leurs interactions spécifiques avec les domaines activateurs ou répresseurs des régulateurs spécifiques. On peut diviser la grande variété de corégulateurs identifiés à ce jour en deux catégories :

1) Les adaptateurs, qui sont souvent des protéines uniques qui vont faire le pont entre les régulateurs et la machinerie transcriptionnelle de base.

2) Les modificateurs de la chromatine qui sont soit des protéines uniques soit des complexes multiprotéiques avec des activités catalytiques qui altèrent la structure de la chromatine et qui sont recrutés au niveau du promoteur soit par des interactions directes avec les régulateurs, soit via les adaptateurs mentionnés ci-dessus.

I.4.2.1. Adaptateurs

Cette catégorie englobe des protéines qui ont soit des fonctions coactivatrices soit des fonctions corépressives. Parmi les adaptateurs coactivateurs on peut citer le coactivateur spécifique des lymphocytes B, OCA-B/OBF-1, la protéine VP16 du virus de l'herpès, la protéine humaine HCF et celle de drosophile Notch [pour une revue voir (Roeder, 1998; Lemon et Tjian, 2000)]. OCA-B est recruté par l'activateur Oct-1 lié à sa séquence d'ADN cible au niveau des promoteurs des immunoglobulines et le complexe ainsi formé requiert les cofacteurs généraux PC4 et PC2 pour activer la transcription.

Parmi les adaptateurs corépresseurs, on peut citer le complexe de levure Ssn6-Tup1, les corépresseurs des récepteurs nucléaires N-CoR1 et N-CoR2/SMRT, la protéine Groucho de drosophile, le suppresseur de tumeur Rb, ou les corépresseurs de Smad, Ski et TGIF (Lemon et Tjian, 2000; Gaston et Jayaraman, 2003). Les modes d'action des corépresseurs sont variés : soit ils bloquent le domaine activateur des régulateurs (Inhibition de E2F par Rb), soit ils recrutent des complexes contenant des histones déacétylases (HDAC, voir paragraphe suivant) comme le recrutement de Sin3-HDAC par N-Cor/SMRT et Rb, soit en interagissant directement avec des composants de la machinerie transcriptionnelle de base ou des histones (Burke et Baniahmad, 2000; Smith et Johnson, 2000).

46

I.4.2.2. Modificateurs de la chromatine

Les corégulateurs modificateurs de la chromatine sont des protéines ou des complexes multiprotéiques ayant des activités catalytiques qui modifient la structure de la chromatine et vont soit augmenter (corépresseurs) ou diminuer (coactivateurs) la nature répressive de la chromatine. En effet, la compaction de l'ADN eucaryotique par les histones dans les nucléosomes et autres structures chromatiniennes super ordonnées va avoir pour effet d'affecter (généralement négativement) les interactions protéines/ADN et va donc constituer un obstacle majeur à la transcription. Les régulateurs séquence-spécifiques vont donc activer la transcription en recrutant deux types différents de corégulateurs modificateurs de la chromatine :

1) Les complexes remodelant les nucléosomes dépendants de l'ATP, qui vont altérer l'association des histones du nucléosome avec l'ADN et faciliter le glissement et/ou le déplacement de l'octamère en utilisant l'énergie de l'hydrolyse de l'ATP.

2) Les histones acétyltransférases (HATs) et déacétylases (HDACs), qui contrôlent le niveau d'acétylation de résidus spécifiques au niveau des queues des histones de l'octamère et vont donc influencer leurs interactions avec l'ADN, les autres nucléosomes et/ou d'autres protéines régulatrices.

I.4.2.2.1. Complexes remodelant les nucléosomes dépendants de l'ATP

Tous les complexes remodelant la chromatine et dépendants de l'ATP contiennent une sous-unité avec une activité ATPase qui appartient à la super famille des protéines SNF2. En se basant sur cette sous-unité, il est possible de classer ces complexes en deux principaux groupes, le groupe SWI2/SNF2 et le groupe « imitation » SWI (ISWI) (Eisen et coll., 1995). Un troisième groupe de complexes dépendants de l'ATP comportant une activité déacétylase en plus de l'activité ATPase a également été décrit : le groupe Mi-2 [voir figure 11 et (Vignali et coll., 2000)].

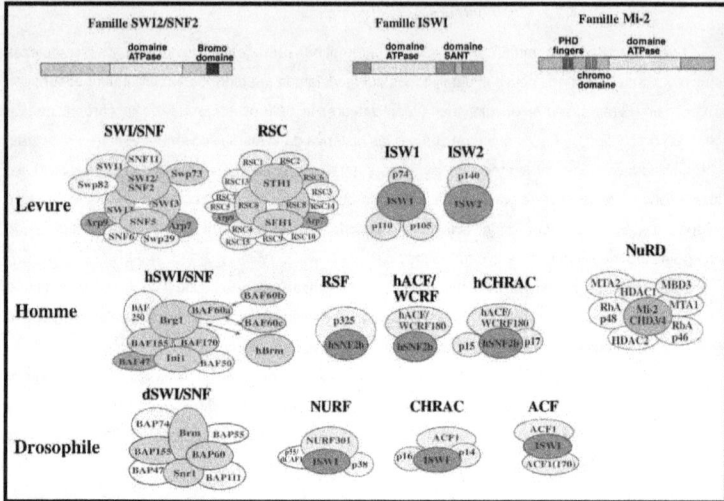

Figure 11 : Diversité des complexes remodelant la chromatine et dépendants de l'ATP. En haut, sont représentées les 3 sous-unités ATPases caractérisant les 3 familles de complexes de remodelage. Les sous-unités ATPases de la famille SWI/SNF sont représentés en violet, celles de la famille ISWI en orange, et celle de la famille Mi-2, en vert. Sont également indiquées les autres sous-unités connues de chaque complexe identifié chez la levure, l'homme et la drosophile. D'après (Narlikar et coll., 2002).

Le groupe SWI2/SNF2

Tous les complexes de ce groupe incluent une sous-unité hautement conservée qui appartient à la famille des protéines SWI2/SNF2. Cette famille a été définie en regroupant toutes les protéines présentant une homologie avec l'activateur transcriptionnel de levure SNF2 (Eisen et coll., 1995). Les protéines de cette famille sont impliquées dans des processus cellulaires variés comme la régulation de la transcription, la recombinaison et différents types de réparation de l'ADN (Vignali et coll., 2000).

Le groupe ISWI

La sous-unité ATPase de ce groupe est la protéine ISWI qui présente une homologie avec SWI2/SNF2 mais seulement dans la région du domaine ATPase (environ 50% d'homologie) (Elfring et coll., 1994). Les complexes qui contiennent ISWI sont plus petits et comportent moins de sous-unités que ceux du groupe SWI2/SNF2. Il existe des homologues d'ISWI dans tous les eucaryotes étudiés ce qui suggère que ces protéines ont des fonctions importantes conservées à travers l'évolution (Vignali et coll., 2000). Le complexe humain hCHRAC est constitué, outre hACF et hSNF2, de deux protéines contenant un HFD (p15 et p17) (Poot et coll., 2000), qui améliorent le glissement du nucléosome sur l'ADN (Kukimoto et coll., 2004).

48

Le groupe Mi-2

Ce groupe comprend les complexes humains NURD, NuRD et NRD identifiés par plusieurs groupes mais probablement identiques, les différences de composition observées étant vraisemblablement dues aux techniques de purification (Tong et coll., 1998; Xue et coll., 1998; Zhang et coll., 1998). Ce complexe a également été identifié dans les extraits d'œufs de xénope (Wade et coll., 1998). Tous ces complexes contiennent des sous-unités ayant des activités ATPases (Mi-2) et déacétylases (HDAC), ainsi que des protéines contenant un domaine de liaison aux méthyl-CpG (MBD3 pour Methyl-CpG-Binding Domain-containing protein 3) [pour une revue voir (Bowen et coll., 2004)]. D'un point de vue fonctionnel, on associe généralement les complexes remodelant la chromatine à une dérépression de la transcription alors que les déacétylases sont associées à la répression. Il a donc été proposé que l'activité remodelante ATP-dépendante pourrait faciliter la déacétylation des histones. De plus la présence des protéines MBD suggère que ces activités seraient spécifiquement dirigées vers les régions méthylées du génome (Vignali et coll., 2000).

Le mécanisme d'action de ces complexes peut se résumer en 3 étapes : fixation du complexe sur l'ADN et les nucléosomes, déstabilisation du nucléosome dépendante de l'ATP, remodelage de la chromatine.

Contrairement aux complexes du groupe ISWI, dont la fixation aux nucléosomes est plutôt liée aux queues des histones (Georgel et coll., 1997), les complexes SWI2/SNF2 se lient à l'ADN et aux nucléosomes avec une grande affinité (Quinn et coll., 1996) (Figure 12A).

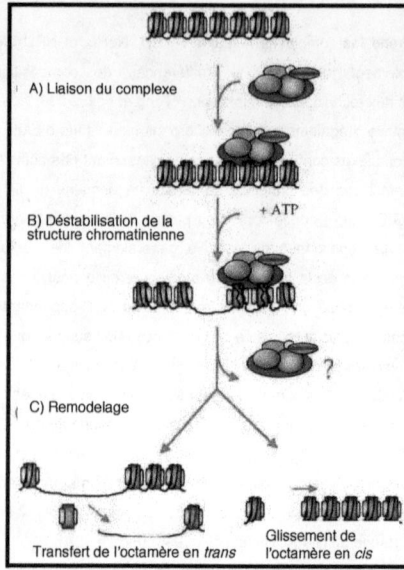

Figure 12 : Modèle d'action des complexes SWI2/SNF2 et RSC dans le remodelage de la chromatine. Voir le texte pour la description. D'après (Vignali et coll., 2000).

Ces complexes vont ensuite altérer les contacts entre les histones et l'ADN en déstabilisant l'enroulement de l'ADN à la surface de l'octamère d'histone (Figure 12B). Le mécanisme précis n'est pas encore connu, mais ceci a pour conséquence d'améliorer l'accès de l'ADN nucléosomal aux protéines qui se lient à l'ADN et donc potentiellement aux régulateurs spécifiques d'une séquence d'ADN. Il est également intéressant de noter que les complexes SWI2/SNF2 ou RSC sont capable de catalyser la réaction inverse, c'est-à-dire le retour du nucléosome à son état original (Lorch et coll., 1998; Schnitzler et coll., 1998) : ils catalysent donc l'interconversion entre deux conformations du nucléosome.

La troisième étape est le remodelage de la chromatine à proprement parler. Il peut être considéré comme une conséquence de la déstabilisation des nucléosomes et va entraîner un mouvement des histones soit en *trans* soit en *cis* (Figure 12C). Le déplacement en *trans* des nucléosomes, c'est-à-dire d'une région d'ADN vers une autre, a été montrée pour les complexes RSC et SWI/SNF (Lorch et coll., 1999). La fixation de facteurs de transcription au niveau de la région remodelée par les complexes facilite ce mouvement en *trans*. Le déplacement des nucléosomes en cis, c'est-à-dire leur glissement le long de l'ADN, a été montré pour les complexes de type SWI2/SNF2 et de type ISWI ou NURF (Hamiche et coll., 1999; Langst et coll., 1999; Whitehouse et coll., 1999). Le remodelage de la chromatine a des conséquences différentes selon le promoteur envisagé et peut mener soit à l'activation soit à la répression de la transcription.

I.4.2.2.2. Histone acétyltransférases (HATs) et déacétylases (HDACs)

Ces deux groupes de protéines vont réguler le niveau d'acétylation des histones du nucléosome et donc de repliement de la chromatine. En effet plus la chromatine est acétylée, plus elle est décondensée et vice-versa. De nombreux complexes corégulateurs contiennent des sous-unités qui possèdent une activité histone acétylase ou déacétylase.

I.4.2.2.2.1. Histones acétyltransférases

On peut classer les différentes protéines ayant une activité HAT en 5 grandes familles comme indiqué dans le tableau 8 ci-après.

Groupes d'HAT	HAT (et complexes associés)	Histones acétylées par des HAT recombinantes	Histones acétylées par des complexes HAT	Interactions avec d'autres HATs
GNAT	Gcn5 (SAGA, ADA, A2)	H3 >> H4	H3, H2B	p300 ; CBP
	PCAF (PCAF)	H3 >> H4	H3, H4	p300 ; CBP
	Hat1 (HatB)	H4 >> H2A	H4, H2A[a]	
	Elp3 (élongateur)	H2A, H2B, H3, H4		
	Hpa2	H3 > H4		
MYST	Esa1 (NuA4)	H4 >> H3, H2A	H2A, H4	
	MOF (MSL)	H4 >> H3, H2A	H4	
	Sas2	Inconnu		
	Sas3 (NuA3)	Inconnu	H3	
	MORF	H4 > H3		
	Tip60	H4 >> H3, H2A		
	Hbo1 (ORC)		H3, H4	
p300/CBP	p300	H2A, H2B, H3, H4		PCAF; GCN5
	CBP	H2A, H2B, H3, H4		PCAF; GCN5
Facteurs de transcription généraux	TAF1 (TFIID)	H3 >> H2A		
	TFIIIC[b]		H3, H4 > H2A	
	Nut1 (médiateur)		H3 >> H4	
Cofacteurs de récepteurs nucléaires	NCoA-3	H3 > H4		p300 ; CBP ; PCAF
	NCoA-1	H3 > H4		p300 ; CBP ; PCAF

Tableau 8 : Caractéristiques des différentes familles d'HAT. [a]L'acétylation de H2A n'a été rapportée que pour la protéine Hat1 humaine. [b]TFIIIC comporterait plus de 3 protéines avec une activité HAT. Les signes > et >> indiquent les substrats préférentiels des HATs. D'après (Roth et coll., 2001).

Il existe un autre classement des activités HAT basé sur leur origine cellulaire supposée et leur fonction : les HATs cytoplasmiques de type B catalysent l'acétylation liée au transport des histones néosynthétisées du cytoplasme vers le noyau où elles sont associées à l'ADN venant d'être répliqué. Les HATs nucléaires de type A catalysent l'acétylation liée à la transcription (Roth et coll., 2001). Mais seule la protéine Hat1 de levure qui appartient au type B a été étudiée (Parthun et coll., 1996) et la majorité des études réalisées sur les HATs portent sur les HATs de type A.

La famille GNAT (pour Gcn5-related N-acetyltransferase) regroupe toutes les protéines ayant une activité HAT et dont le domaine HAT est très conservé et homologue à celui de la protéine Gcn5 de levure (Neuwald et Landsman, 1997). Cette protéine est l'une des HATs les plus étudiées *in vitro* et *in vivo* et sert de base à l'étude des autres HATs, notamment pour déterminer des domaines conservés d'une HAT à une autre. Gcn5 et PCAF font partie des complexes SAGA ou de type SAGA (voir plus bas). Outre le domaine HAT, on retrouve fréquemment dans ces protéines un bromodomaine qui permet de diriger les HATs vers la chromatine (Roth et coll., 2001).

La famille MYST (pour MOZ, Ybf2/sas3, Sas2 et Tip60, 4 de ses membres) regroupe des protéines qui contiennent également un domaine HAT homologue à Gcn5. Elles comportent en plus, pour la plupart d'entre elles, des domaines en doigts à zinc (Zinc Finger ou ZnF), ainsi que des homéodomaines de plantes (Plant homeoDomain ou PhD) et des chromodomaines. Il semble que ces domaines supplémentaires soient importants pour l'activité HAT des protéines, comme cela a été démontré pour la protéine Sas3 (Takechi et Nakayama, 1999). En outre les chromodomaines, qui sont des domaines d'interaction protéine-protéine souvent retrouvés dans les protéines associées à l'hétérochromatine (Jones et coll., 2000), pourraient rediriger les protéines de la famille MYST vers la chromatine, comme cela a été proposé pour les bromodomaines trouvés dans les autres HATs.

La famille p300/CBP correspond simplement à ces deux protéines, largement étudiées pour leur rôle dans la régulation de la transcription (Chan et La Thangue, 2001) et isolées indépendamment comme des facteurs interagissant avec la protéine E1A d'adénovirus pour p300 (Eckner et coll., 1994), ou la forme phosphorylée du régulateur spécifique CREB pour CBP (Chrivia et coll., 1993). Ces deux protéines très homologues et largement interchangeables dans leurs fonctions (Chan et La Thangue, 2001) ont, outre leur rôle de HAT, un rôle d'adaptateur entre un grand nombre de régulateurs spécifiques et la machinerie transcriptionnelle de base (Shikama et coll., 1997) ainsi qu'un rôle de protéine d'échafaudage permettant l'assemblage de différents cofacteurs en complexes coactivateurs multiprotéiques (Xu et coll., 1999).

Les deux autres familles regroupent des cofacteurs de récepteurs nucléaires (NCoA-1 et NCoA-3) et des facteurs généraux de transcription (TFIIIC) ou des cofacteurs associés (Nut1, TAF1). Une étude a également montré qu'un régulateur spécifique de la transcription de la famille bZIP (voir chapitre 2), ATF2, avait une activité HAT régulée par phosphorylation (Kawasaki et coll., 2000).

Beaucoup de HATs identifiées à ce jour se trouvent associées à d'autres protéines au sein de complexes multiprotéiques, dont le plus connu est le complexe SAGA de levure. Le complexe SAGA (pour Spt-Ada-Gcn5-Acetyltransferase) est un complexe multiprotéique corégulateur de 1,8 MDa, composé de différentes classes de protéines :

1) Les protéines ADA (Ada1, Ada2, Ada3, Gcn5 et Ada5) qui ont été isolées par criblage génétique comme partenaires d'interaction avec l'activateur spécifique Gcn4 et le domaine activateur de la protéine VP16 du virus Herpes.

2) Des protéines apparentées à TBP, les protéines SPT (Spt3, Spt7, Spt8 et Spt20) initialement identifiées comme suppresseurs de défauts dans l'initiation de la transcription dûs à des insertions du transposon Ty

3) Un ensemble de TAFs (scTAF5, scTAF6, scTAF9, scTAF10 et scTAF12)

4) Et une protéine apparentée à la famille des kinases ATM, Tra1 (Carrozza et coll., 2003; Timmers et Tora, 2005).

Gcn5 est la sous-unité catalytique (Grant et coll., 1997) et elle est régulée par Ada2 et Ada3 (Sterner et coll., 1999). Spt7, Spt20, scTAF12 et Ada1 sont nécessaires à l'intégrité du complexe. Une mutation dans Spt3 a été identifiée comme suppresseur d'un mutant TBP (Eisenmann et coll., 1992). De plus, le complexe SAGA interagit avec TBP, interaction qui nécessite les sous-unités Spt8 et Ada3 mais est indépendante de Spt3 (Sterner et coll., 1999). Tra1, la sous-unité apparentée à ATM, est la cible de plusieurs activateurs, dont Gcn4, VP16 et Gal4 (Brown et coll., 2001; Bhaumik et coll., 2004). En plus de toutes ces sous-unités, de nouvelles protéines faisant partie du complexe ont récemment été identifiées : Ubp8, une protéase spécifique de l'ubiquitine ; Sgf11, nécessaire à l'ancrage de Ubp8 au complexe ; Sgf29 et Sgf73 dont la fonction est encore inconnue ; et Sus1, une protéine qui fait également partie de la machinerie d'export de l'ARNm liée aux complexes des pores nucléaires (Sanders et coll., 2002; Powell et coll., 2004; Rodriguez-Navarro et coll., 2004). Il existerait également dans SAGA trois hétérodimères formés par des sous-unités contenant des HFDs : scTAF6 / scTAF9, scTAF10 / Spt7, et scTAF12 / Ada1 (Gangloff et coll., 2001).

Un variant du complexe SAGA, appelé SALSA ou SLIK, qui contient une forme tronquée de Spt7 et ne contient pas Spt8, a récemment été purifié mais sa fonction reste inconnue (Pray-Grant et coll., 2002; Sterner et coll., 2002).

Plusieurs complexes orthologues contenant une activité HAT de type Gcn5 ont été identifiés de la drosophile à l'humain (voir tableau 6). Tous ces complexes contiennent Gcn5, des protéines Ada, Spt, TAF ou de type TAF (TAFx like ou TAFxL, où x est le numéro du TAF), et la protéine orthologue de Tra1, TRRAP (Martinez, 2002). Une étude récente a montré que la protéine humaine hsATX7 (Ataxin 7, l'orthologue humain de Sgf73, est une protéine impliquée dans une maladie neurodégénérative appelée ataxie) était une sous-unité de STAGA et de TFTC (Helmlinger et coll., 2004).

Bien qu'encore partiellement caractérisés, tous ces complexes (STAGA, PCAF et TFTC) présentent des compositions légèrement différentes, et des fonctions probablement redondantes mais également spécifiques. Ils sont tous capables d'acétyler préférentiellement l'histone H3, soit sous forme libre, soit sous forme nucléosomale, et d'activer la transcription. TFTC est également capable de diriger l'assemblage du PIC en absence de TFIID sur de l'ADN nu (Martinez, 2002). Deux études indépendantes ont également suggéré que les complexes TFTC/STAGA pourrait jouer un rôle dans la réparation de l'ADN (Brand et coll., 2001; Martinez et coll., 2001).

Enfin, la structure tridimensionnelle de SAGA à une résolution d'environ 30 Å a récemment été caractérisée et a permis de mettre en évidence son organisation en plusieurs domaines, ainsi que la localisation des différentes sous-unités dans ces domaines (voir figure 13) (Brand et coll., 1999; Wu et coll., 2004).

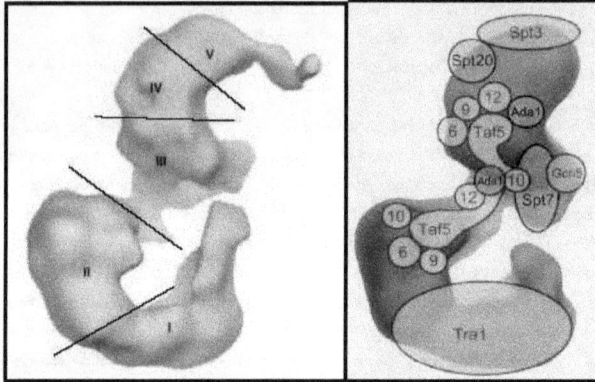

Figure 13 : Le modèle 3D du complexe SAGA. À droite, représentation en trois dimensions du complexe SAGA contenant 5 domaines, dont le domaine flexible (domaine III), séparés par des barres noires. Ce complexe mesure environ 18 X 28 nm. À gauche, représentation schématique de la localisation des différentes sous-unités composant les 5 domaines. Les sous-unités TAFs sont représentées en jaune et, à l'exception de TAF5, leur nom correspond à leur nombre dans la nomenclature unifiée des TAFs (voir tableau 4). La forme allongée de TAF5 et les positions de TAF9 et TAF12 sont déduites de la structure du complexe TFIID (voir figure 10), en supposant que la position et la stoechiométrie des TAFs dans les deux complexes soient conservées. Les sous-unités architecturales spécifiques de SAGA contenant un HFD sont indiquées en violet alors que les sous-unités impliquées dans différents aspects de la régulation transcriptionnelle sont représentées en orange. D'après (Wu et coll., 2004; Timmers et Tora, 2005).

I.4.2.2.2.2. Histones déacétylases

Il existe 3 classes d'histones déacétylases chez les mammifères [voir tableau 9 et (Marks et coll., 2003)].

Classe	Enzyme*	Taille (acides aminés)	Locus (chromosomes humains)
I (Rpd3-like)	HDAC1	482	1p34
	HDAC2	488	6q21
	HDAC3	428	5q31
	HDAC8	377	xq13
II (Hda1-like)	HDAC4	1084	2q37.2
	HDAC5	1122	17q21
	HDAC6	1215	Xp11.23
	HDAC7	855	12q13.1
	HDAC9	1011	7p21–p15
	HDAC10	>700	22q13.31
III (Sir2-like)	SIRT1	747	10q21.3
	SIRT2	373	19q13
	SIRT3	399	11p15.5
	SIRT4	314	12q24.31
	SIRT5	310	6p23
	SIRT6	355	19p13.3
	SIRT7	400	17q25
*HDAC11 a une homologie à la fois avec la classe I et avec la classe II.			

Tableau 9 : Les différentes classes d'HDACs humaines. Les 3 classes ainsi que les enzymes les composant sont indiquées. Les 3ème et 4ème colonnes indiquent la taille des protéines en acides aminés ainsi que la localisation de leur gène sur les chromosomes humains. D'après (Marks et coll., 2003).

Les déacétylases de classe I (HDACs 1, 2, 3 et 8) ont une homologie dans leurs sites catalytiques. Les déacétylases de classe II incluent HDACs 4, 5, 6, 7, 9 et 10 ; HDACs 4, 5, 7 et 9 ont une homologie dans deux régions distinctes : le domaine catalytique carboxy-terminal et le domaine régulateur amino-terminal. HDAC11 contient des résidus conservés dans le domaine catalytique des classes I et II. HDAC 6 et 10 ont deux régions d'homologie avec le site catalytique de classe II. La troisième classe correspond à la famille des HDACs NAD dépendantes (Nicotinamide Adenine Dinucléotide) ou sirtuines (Frye, 2000).

De nombreuses études ont montré que les HDACs n'avaient pas des fonctions redondantes. Le taux d'expression des HDACs 1, 2, 3, 5, 6, 7 et 10 est approximativement le même dans les tissus normaux alors que HDAC4 n'est exprimé que dans les tissus musculaires de l'embryon et non de l'adulte chez l'homme (de Ruijter et coll., 2003). Les HDACs de classe I sont localisées exclusivement dans le noyau alors que les HDACs de classe II peuvent faire la navette entre noyau et cytoplasme suite à certains stimulus (de Ruijter et coll., 2003). HDACs 1 et 3 peuvent déacétyler les 4 histones du nucléosome, mais avec des degrés d'efficacité variables tandis que HDAC6 a une meilleure activité de déacétylation sur les lysines 5 et 8 de l'histone 4 (Marks et coll., 2003).

Les HDACs ne se lient pas directement à l'ADN, mais sont recrutées au niveau de l'ADN par l'intermédiaire de complexes protéiques variés. Par exemple HDAC1 et 2 font partie du complexe NuRD (voir paragraphe I.4.2.2.1) et du complexe Sin3-HDAC, et la queue amino-terminale des HDACs 4, 5 et 7 interagit avec MEF2, un facteur de transcription impliqué dans la différentiation musculaire (McKinsey et coll., 2001). De récentes études ont établi un lien entre une nouvelle modification post-traductionnelle, la SUMOylation (voir chapitre II), l'inhibition de la transcription et les HDACs : par exemple, l'inhibition de la transcription observée avec la forme SUMOylée de p300 est due au recrutement de HDAC6 (Girdwood et coll., 2003). Le même résultat a été observé avec Elk, un activateur spécifique de la transcription, et HDAC2 (Yang et Sharrocks, 2004).

Il y a quelques années, on a découvert plusieurs petites molécules capables d'inhiber les HDACs des classes I et II. Ces inhibiteurs de HDACs ou HDACi induisent l'arrêt de la croissance, la différentiation et/ou l'apoptose des cellules cancéreuses *in vitro* et *in vivo* sur des animaux portant des tumeurs. Des essais cliniques avec plusieurs de ces agents ont montré que certains HDACi avaient une activité anti-tumorale contre des cancers variés et à des doses qui sont bien tolérées par les patients [pour une revue voir (Marks et coll., 2004)].

I.4.2.2.3. Chromatine et méthylation

La méthylation joue un rôle important dans la régulation de l'expression génétique. En effet, cette modification touche à la fois l'ADN, en formant des îlots méthyl-CpG, et les queues des histones [pour une revue voir (Zhang et Reinberg, 2001; Kouzarides, 2002)].

On distingue 2 grandes familles d'histones méthyltransférases (HMT) : la famille des protéines méthyltransférases à arginine (Protein Arginine MéthylTransférases ou PRMTs) qui catalysent la méthylation des résidus arginine des queues des histones et la famille des protéines SET qui catalysent la méthylation des résidus lysine.

Les PRMTs catalysent le transfert de groupements méthyl du SAM (S-adenosyl-L-methionine) vers le groupement guanidium des résidus arginine de leurs protéines cible. Les différents membres de cette famille partagent un domaine « cœur » conservé, mais ont peu d'homologie par ailleurs (voir figure 15). Ces enzymes se divisent en deux groupes suivant qu'elles catalysent une diméthylation symétrique ou asymétrique (voir figure 14).

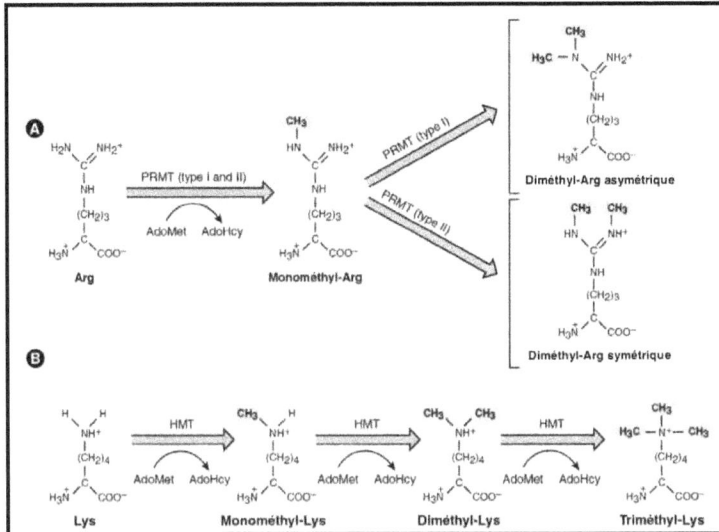

Figure 14 : Méthylation de l'arginine et de la lysine. A) Structure moléculaire de l'arginine, de la mono- et di-méthylarginine. Les PRMTs de type I et II catalysent la diméthylation asymétrique et symétrique respectivement. **B)** Structure moléculaire de la lysine, de la mono-, di- et tri-méthyl-lysine. Il n'est pas clairement établi que la même HMT soit capable de donner les trois types de méthyl-lysine. D'après (Zhang et Reinberg, 2001).

Les PRMTs sont capables de méthyler une grande variété de substrats autres que les histones [pour une revue voir (McBride et Silver, 2001)]. Parmi les PRMTs ayant une activité HMT, on trouve les PRMTs de type I PRMT1 (Lin et coll., 1996) et PRMT4/CARM1 (Chen et coll., 1999) ainsi que la seule PRMT identifiée de type II PRMT5 (Branscombe et coll., 2001). Aucune étude n'a pour le moment permis de mettre en évidence une activité HMT pour PRMT2. Une étude récente a néanmoins montré que PRMT2 était un coactivateur du récepteur aux oestrogènes (Qi et coll., 2002). De la même manière, PRMT6 et PRMT7, deux méthyltransférases récemment identifiées, ne présentent pas d'activité HMT (Frankel et coll., 2002; Miranda et coll., 2004). PRMT3 (Tang et coll., 1998) est quant à elle spécifique des protéines ribosomales, et affecte leur taux d'expression dans la cellule (Bachand et Silver, 2004).

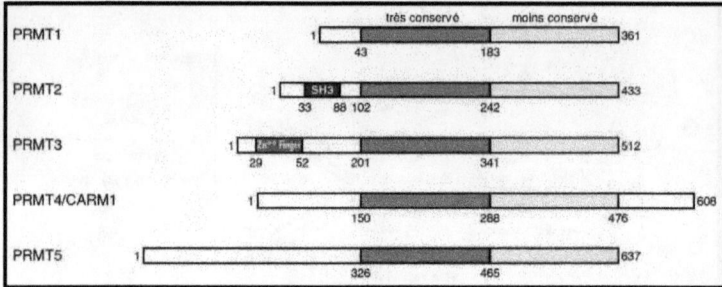

Figure 15 : Représentation schématique des quatre protéines PRMT chez les mammifères. La région « cœur » conservée est représentée en rouge (très conservée) et jaune (moins conservée). Les numéros indiquent les acides aminés. La localisation du domaine SH3 de PRMT2 et du zinc finger de PRMT3 sont également représentées. Les deux PRMT récemment caractérisées PRMT6 et PRMT7 ne sont pas représentées. D'après (Zhang et Reinberg, 2001).

La méthylation des arginines des histones semble être liée à l'activation de la transcription. PRMT1 est la HMT majoritairement spécifique de l'histone H4, et la méthylation de l'arginine 3 de H4 facilite son acétylation subséquente par p300, induisant la décompaction de la chromatine et donc l'augmentation potentielle de l'activité transcriptionnelle (Wang et coll., 2001). De même, PRMT4/CARM1 méthyle préférentiellement l'histone H3 sur plusieurs arginines et agit en synergie avec p300 pour augmenter l'activation transcriptionnelle relayée par les récepteurs aux oestrogènes (Koh et coll., 2001; Schurter et coll., 2001).

Les protéines de la famille SET contiennent toutes un domaine conservé initialement identifié chez les protéines SU(VAR)3-9, Enhancer of Zeste et Trithorax de drosophile (Zhang et Reinberg, 2001). Un grand nombre de protéines impliquées dans des processus variés contiennent ce motif, mais nous nous intéresserons seulement aux protéines ayant à la fois un domaine SET et une activité HMT. Ces protéines catalysent la formation de mono-, di- ou tri-méthyl-lysine au niveau des queues des histones H3 (K4, K9 et K27) et H4 (K20). Les protéines à domaines SET peuvent être classées en plusieurs sous-familles (voir figure 16).

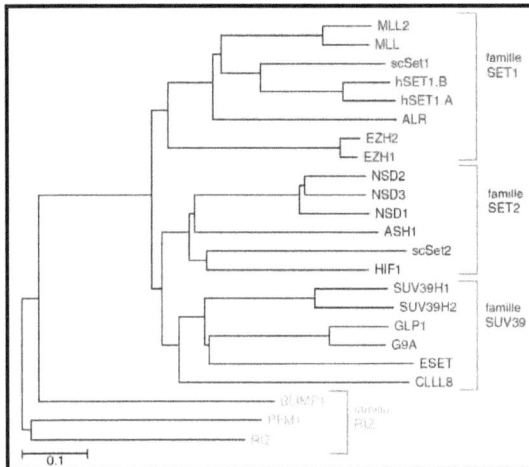

Figure 16 : Dendrogramme montrant les relations entre certaines protéines à domaine SET les mieux caractérisées. La comparaison est basée sur l'homologie de leur domaine SET. Le programme ClustalW a été utilisé pour réaliser la figure. À droite, les quatre familles définies par les homologies de séquences sont indiquées. D'après (Kouzarides, 2002).

La méthylation de la lysine 9 de l'histone H3 par SUV39 permet à la protéine de l'hétérochromatine (HP1) de s'associer au nucléosome (Bannister et coll., 2001; Lachner et coll., 2001), induisant le « silencing » de la chromatine, c'est-à-dire un état de la chromatine où la transcription est très faible comparée à la chromatine à l'état inactif ou actif. Ces trois états révèlent en fait plusieurs stades de compaction de la chromatine, la chromatine « silencée » étant la plus compacte et la moins active transcriptionnellement. Le recrutement de HP1 se fait également au niveau du promoteur comme cela a été montré pour les trois facteurs de transcription E2F (Nielsen et coll., 2001; Vandel et coll., 2001), KRAB (Ryan et coll., 1999) ou Ikaros (Brown et coll., 1997; Koipally et coll., 1999) (voir figure 17). Ces trois facteurs sont associés, directement (comme Ikaros) ou indirectement via des corépresseurs (comme E2F et Rb ou KRAB et KAP1/TIF1), à des HDAC qui déacétylent la lysine 9 des histones H3, permettant sa méthylation et par suite le recrutement de HP1.

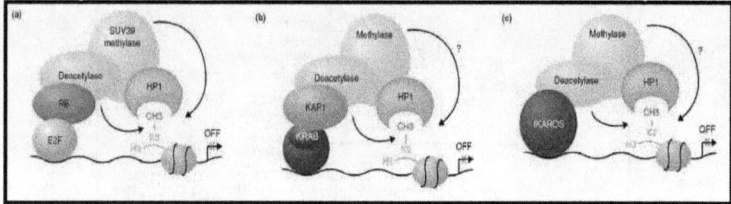

Figure 17 : Exemples de répresseurs transcriptionnels utilisant la méthylation de la lysine 9 de l'histone H3. En (a), la protéine RB est liée à HP1 et à la HMT SUV39 tandis que Ikaros et KRAB sont liés à HP1 laissant la possibilité qu'une HMT spécifique de la lysine 9 leur soit également associés. D'après (Kouzarides, 2002).

La méthylation est une réaction qui affecte également l'ADN, entraînant une inhibition de la transcription [pour une revue voir (Bird, 2002)]. Plusieurs études récentes ont mis en évidence un lien entre méthylation de l'ADN et méthylation des histones dans la répression de la transcription. Une protéine homologue à SUV39 chez Neurospora qui méthyle la lysine 9 de l'histone H3 est nécessaire à la méthylation subséquente de l'ADN (Tamaru et Selker, 2001). De même, la protéine MeCP2, qui se lie aux îlots CpG de l'ADN (Methyl-CpG-binding Protein 2), facilite la méthylation de la lysine 9 de l'histone H3, renforçant la fonction répressive de la méthylation de l'ADN (Fuks et coll., 2003). D'autres protéines sont capables de se lier aux groupements méthyl de l'ADN grâce à leur domaine MBD (Methyl-Binding Domain). Ces protéines à MBD recrutent des HDAC ou des complexes de remodelage de la chromatine comme MBD2, qui, associé à NuRD (voir paragraphe I.4.2.2.1), forme le complexe MeCP1 (Bird, 2002). De plus plusieurs HMTs elles-mêmes contiennent des MBD : c'est le cas pour CLLL8, ESET et MLL. Les protéines contenant un chromodomaine sont également capables de se lier aux histones méthylées et pourraient recruter des méthyltransférases spécifiques de l'ADN (DNA Methyl Transferase ou DNMT). Plusieurs modèles liant la méthylation de l'ADN et des queues des histones sont donc envisageables (Zhang et Reinberg, 2001) (voir figure 18).

60

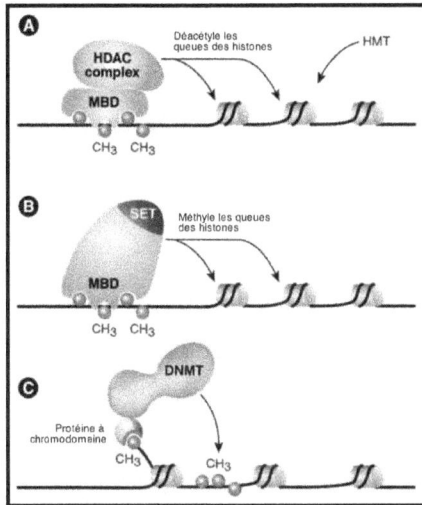

Figure 18 : Modèles reliant la méthylation de l'ADN, la déacétylation et la méthylation des histones. A) Les protéines se liant aux méthyl-CpG recrutent des complexes HDAC qui déacétylent les queues des histones, laissant la possibilité aux HMTs de les méthyler. B) Les protéines contenant à la fois les domaines MBD et SET peuvent se lier à l'ADN méthylé et directement méthyler les histones hypoacétylées dans certaines régions de la chromatine. C) Les queues méthylées des histones peuvent recruter des protéines à chromodomaine qui elles-mêmes recrutent des DNMT induisant un « silencing » de l'ADN à long terme. D'après (Zhang et Reinberg, 2001).

Contrairement à la lysine 9, la méthylation de la lysine 4 de l'histone H3 est liée à l'activation de la transcription comme cela a été mis en évidence avec l'étude du locus mat chez *S. pombe* (Litt et coll., 2001; Noma et coll., 2001). Grâce à des expériences d'immunoprécipitation de chromatine (Chromatin ImmunoPrecipitation ou ChIP) avec des anticorps spécifiques de la lysine 9 et de la lysine 4 de l'histone H3, les auteurs ont montré que la lysine 9 méthylée se trouvait dans la région hétérochromatique du locus, alors que la lysine 4 méthylée était présente au niveau de sa région euchromatique, mettant ainsi en évidence le rôle de la méthylation de la lysine 4 dans l'activation de la transcription.

I.4.2.2.4. Autres modifications des histones et « code histone »

Les histones sont aussi modifiées par phosphorylation et ubiquitination (voir figure 19). Des études récentes ont même montré que l'histone H4 pourrait être SUMOylée [voir Chapitre 2 et (Shiio et Eisenman, 2003)] ce qui induirait le recrutement d'histones déacétylases et de la protéine de l'hétérochromatine HP1, et donc la compaction de la chromatine. Plus récemment, une nouvelle modification post-traductionnelle affectant les queues des histones a été mise en évidence, la déimination. Ce processus permet de convertir une arginine en citrulline, et cette conversion antagonise sa méthylation, inhibant ainsi l'induction de la transcription (Cuthbert et coll., 2004).

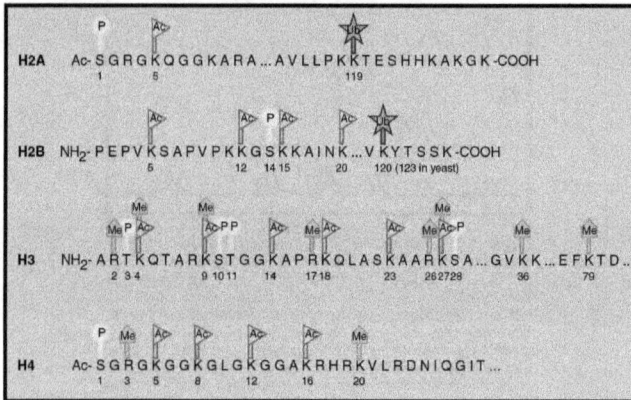

Figure 19 : **Modifications post-traductionnelles affectant les queues amino-terminales des histones H2A, H2B, H3 et H4.** Les différentes couleurs représentent les modifications post-traductionnelles connues. Les queues des histones peuvent être méthylées sur des résidus lysines et arginines (pentagones verts), phosphorylées sur des résidus sérines ou thréonines (cercles jaunes), ubiquitinées (étoiles bleues) et acétylées (triangles rouges) sur des résidus lysines. Le résidu cible de SUMO dans H4 n'est pas connu et n'est donc pas représenté. D'après (Peterson et Laniel, 2004).

De plus, un concept récent a introduit l'idée de « code histone », selon laquelle les différentes modifications que subissent les histones pourraient s'influencer mutuellement (voir figure 20).

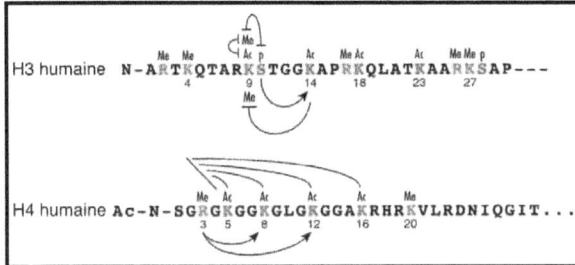

Figure 20 : Influences entre différentes modifications post-traductionnelles affectant les queues amino-terminales des histones H3 et H4. Les résidus acétylés (Ac), méthylés (Me) et phosphorylés (P) sont indiqués. Les effets positifs (flèches noires) et négatifs (barres noires) sont indiqués. D'après (Zhang et Reinberg, 2001).

Par exemple, plusieurs HATs comme GCN5, PCAF et p300 « préfèrent » une histone H3 phosphorylée sur la sérine 10 comme substrat (Cheung et coll., 2000; Lo et coll., 2000). La phosphorylation de la sérine 10 de l'histone H3 facilite l'acétylation de sa lysine 14 par GCN5, mais elle joue également un rôle important dans méthylation de la lysine 9 par SUV39. En effet, elle inhibe cette dernière, et vice versa (Rea et coll., 2000). De la même manière, l'arginine 3 de l'histone H4 peut être méthylée par PRMT1, ce qui facilite l'acétylation des lysines 8 et 12 par p300 (Strahl et coll., 2001; Wang et coll., 2001).

L'hypothèse de code histone prédit que les combinaisons de modifications affectant les histones seraient lues et reconnues par des domaines protéiques spécifiques (comme les bromodomaines et les chromodomaines présents dans certains cofacteurs tels que TAF1) qui seraient alors le point de départ d'autres évènements de régulation de la transcription en aval (Strahl et Allis, 2000; Jenuwein et Allis, 2001; Turner, 2002).

II. <u>CHAPITRE 2 : LA REGULATION DE L'EXPRESSION GENETIQUE</u>

Comme nous l'avons vu dans le chapitre I, l'initiation de la transcription est un mécanisme finement régulé, par une grande quantité de facteurs de transcription, assistés par une non moins grande quantité de cofacteurs. Néanmoins, ce tableau très complexe ne serait pas complet sans la troisième catégorie de facteurs de transcription, c'est-à-dire les régulateurs spécifiques d'une séquence d'ADN, qui vont jouer le rôle « d'interrupteurs » au niveau des promoteurs des gènes à transcrire.

II.1. LES REGULATEURS DE LA TRANSCRIPTION

Les régulateurs de la transcription intègrent les informations des séquences promotrices et des voies de transduction du signal afin de contrôler le niveau d'expression des gènes. Ces protéines sont organisées en modules, comprenant pour la plupart, un domaine de liaison à l'ADN et un domaine d'activation (*in vitro*, ces domaines peuvent souvent être échangés entre facteurs tout en restant fonctionnels). Cette organisation en modules indépendants suggère que l'augmentation de la complexité de la régulation de l'expression des gènes au cours de l'évolution est la résultante de la duplication et de la divergence des gènes préexistants, mais aussi de l'échange entre gènes d'exons codant pour des domaines fonctionnels indépendants (Harrison, 1991).

Il existe un grand nombre de régulateurs de la transcription spécifiques d'une séquence d'ADN. On peut citer par exemple la famille des facteurs homéotiques, impliqués dans le développement [pour une revue voir (Stein et coll., 1996)], la famille des récepteurs nucléaires, régulateurs qui sont les cibles ultimes des voies de transduction des hormones [pour une revue voir (Aranda et Pascual, 2001; Ruau et coll., 2004)], ou la famille des facteurs à motif b-ZIP (« <u>b</u>asic region and leucin-<u>zip</u>per », une région basique suivie d'un domaine « leucine-zipper »).

De même, il existe de nombreuses voies de transduction de signal dont l'étape ultime est l'activation de ces régulateurs. Deux voies très étudiées conduisent à l'activation des régulateurs se fixant sur les éléments CRE (« <u>c</u>AMP-<u>r</u>esponse <u>e</u>lement ») et TRE (« <u>T</u>PA <u>r</u>esponsive <u>e</u>lement ») présents au niveau de certains promoteurs. Bien que ces 2 systèmes d'activation aient initialement été caractérisés comme des voies distinctes, de nombreuses études ont montré depuis qu'elles étaient interconnectées (Masquilier et Sassone-Corsi, 1992). La majorité des facteurs de transcription qui interagissent avec ces éléments CRE et TRE font partie de la famille des facteurs à motif b-ZIP. Étant donné qu'ATF7 est un régulateur appartenant à cette famille, je n'aborderai que celle-ci dans les paragraphes suivants, et ne détaillerai que la famille ATF2/ATF7.

II.1.1. La famille b-ZIP

Les régulateurs de la transcription appartenant à la famille b-ZIP sont des protéines exclusivement eucaryotiques qui se lient à des séquences spécifiques d'ADN double brin sous forme d'homodimères ou d'hétérodimères afin d'activer ou de réprimer la transcription de leurs gènes cibles (Hurst, 1995).

Les premières protéines b-ZIP ont été clonées dans les années 80 : l'hétérodimère AP-1 (c-Fos et c-Jun) (Bohmann et coll., 1987), l'homodimère CREB (Montminy et Bilezikjian, 1987) et l'homodimère C/EBP (Johnson et coll., 1987; Landschulz et coll., 1988a). De nombreuses autres protéines b-ZIP, parfois identiques mais baptisées différemment aboutissant à une nomenclature souvent confuse, ont ensuite été caractérisées. De plus, la classification initiale en plusieurs familles était souvent basée sur les caractéristiques de liaison à l'ADN, induisant le regroupement de protéines ayant des propriétés de dimérisation différentes. La récente publication du génome humain (Lander et coll., 2001; Venter et coll., 2001) a permis d'identifier un total de 53 gènes contenant un motif b-ZIP et une autre classification basée sur les propriétés de dimérisation a alors permis de regrouper les protéines b-ZIP en 12 familles, elles-mêmes regroupées en 3 grands groupes (tableau 10):

1) les protéines qui s'homodimérisent préférentiellement (PAR, CREB, Oasis et ATF6)
2) celles qui peuvent à la fois hétérodimériser et s'homodimériser (C/EBP, ATF4, ATF2, Jun, et les petits MAFs)
3) celles qui s'hétérodimérisent avec d'autres familles (Fos, CNC, et les grands MAFs)

Groupes	Familles et protéines	Autres noms	Chromosome
Homodimères	**PAR**		
	TEF		22
	TEF paralogue		22
	DBP	DABP	19
	HLF		17
	NFIL3	NFIL3A, E4BP4	9
	CREB		
	CREB	CREB1	2
	ATF1		12
	CREM	HCREM-1, ICER1	10
	Oasis		
	Oasis	BBF-2	11
	CREB-H		19
	CREB3	LZIP, Luman	9
	ATF6		
	ATF6		1
	CREBL1		6
	XBP1	TREB5	22
Homo et hétérodimères	**C/EBP**		
	CEBPA	CEBP	19
	CEBPB	NFIL6, IL6DBP, LAP, TCF5	20
	CEBPD	CRP3	8
	CEBPE	CRP1	14
	CAA60698	HP8 peptide	10
	CEBPG	GCSF	19
	CHOP10	DDIT3, GADD153, GA15	12
	ATF4		
	ATF4	CREB2, TAXREB67	22
	ATF4 paralogue		17
	ATF5	ATFX	19
	ATF2		
	ATF2	CREBP1, (CRE82)	2
	ATF7	ATFA	12
	CRE-BPa	CREB5	7
	JUN		
	JUND		19
	JUN	AP1	1
	JUNB		19
	S-MAF		
	MAFK	NFE2U, p18	7
	MAFG		17
	MAFF		22
Hétérodimères	**FOS**		
	c-FOS	FOS	14
	FOSB		19
	FRA1	FOSL1	11
	FRA2	FOSL2	2
	ATF3	LRF-1, LRG-21, CRG-5	1
	JDP2		14
	JDP1	p21SNFT, SNFT	1
	BATF	SFA-2	14
	CNC		
	BACH1		21
	NRF1	NFE2L1, TCF11, LCR-F1	17
	NFE2	p45	12
	BACH2		6
	NRF2	NFE2L2	2
	NFE2L3	NRF3	7
	NFE2L3 paralogue		18
	L-MAF		
	NRL		14
	MAF-B	MAFB, KRML	20
	C-MAF	MAF	16
	HCF	ZF, C1, VCAF, CFF	11

II.1.2. La structure b-ZIP

L'alignement de séquences de protéines b-ZIP a permis d'identifier le motif b-ZIP comme étant une longue hélice α bipartite de 60 à 80 acides aminés. La partie amino-terminale contient deux groupes d'acides aminés basiques responsables de la reconnaissance d'une séquence spécifique de l'ADN, tandis que la partie carboxy-terminale contient une séquence amphipathique de longueur variable avec une leucine tous les 7 résidus (figure 21) (Vinson et coll., 2002). Cette séquence amphipathique, qui a été appelée « leucine zipper » (Landschulz et coll., 1988b) (ou crémaillère à leucine), permet l'homo ou l'hétérodimérisation des protéines b-ZIP. Les motifs leucine zipper courts ont une séquence moins flexible que les motifs longs. Par conséquent, dans les motifs courts, chaque acide aminé doit être optimisé pour la stabilité de la dimérisation, alors que dans les motifs longs, certains acides aminés moins indispensables pour la stabilité, peuvent favoriser l'interaction avec un partenaire particulier.

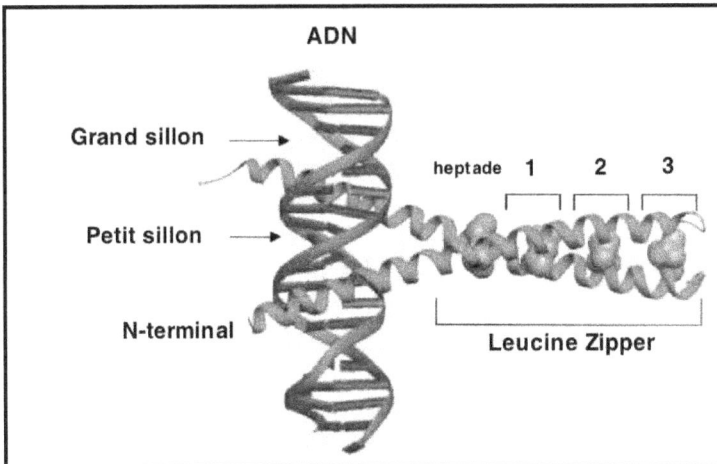

Figure 21 : Structure cristallographique de l'homodimère de levure GCN4 (hélices bleues) lié à l'ADN (hélices rouges). La partie amino-terminale du motif b-ZIP (région basique) se lie à l'ADN au niveau du grand sillon. Les leucines invariantes présentes tous les deux tours dans la partie carboxy-terminale du motif b-ZIP (leucine zipper) sont indiquées en gris. D'après (Vinson et coll., 2002).

La liaison du motif b-ZIP à l'ADN stabilise la région basique en induisant un changement de conformation de telle sorte qu'elle devienne le prolongement du domaine « leucine zipper ». Plusieurs protéines b-ZIP, comme les petites et les grandes protéines MAF, contiennent des éléments de liaison à l'ADN supplémentaires, ce qui augmente le nombre de bases qui peuvent être liées.

Le domaine de dimérisation forme une structure en double enroulement parallèle qui consiste en 4 à 5 heptades. Une heptade est composée de deux tours d'α-hélice, c'est-à-dire de 7 acides aminés qu'on nomme de a à g. Les acides aminés en position a, d, e et g régulent l'oligomérisation, la stabilité de la dimérisation, ainsi que stabilité (Figure 22). Les acides aminés a et d sont sur la même surface de l'hélice α et sont généralement hydrophobes. Les acides aminés a et d d'un monomère interagissent avec leurs complémentaires a' et d' de l'autre monomère (le « ' » réfère à la seconde hélice α du dimère). Cette interaction crée un cœur hydrophobe essentiel à la stabilité du dimère. Les acides aminés g et e sont généralement des acides aminés chargés entre lesquels vont s'établir des liaisons électrostatiques. Ces liaisons peuvent être soit attractives ou répulsives, permettant ainsi de réguler l'homo ou l'hétérodimérisation.

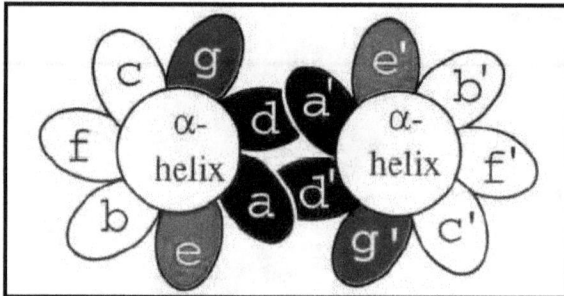

Figure 22 : Schéma de la dimérisation des domaines « leucine zipper » de deux protéines b-ZIP. Le schéma représente un motif leucine zipper vu de dessus, avec les 7 leucines représentées par des ellipses. Les positions a et d sont en noir. Dans cet exemple, les positions basiques sont bleues (g et g') tandis que les positions acides (e et e') sont rouges. D'après (Vinson et coll., 2002).

II.1.3. La famille ATF2/ATF7

ATF2 est le premier membre de cette famille à avoir été cloné. Les deux autres membres de cette famille, ATF7 et CRE-BPa (« CRE binding protein a »), présentent tous deux des structures primaires très semblables à celle d'ATF2.

II.1.3.1. Présentation des facteurs de transcription ATF7 et ATF2

Le facteur de transcription ATF7 a été caractérisé par sa capacité à se fixer sur les séquences ATF/CRE de différents promoteurs précoces d'adénovirus et de certains gènes cellulaires activés par l'AMPc (Gaire et coll., 1990). Il a d'abord été appelé ATFa mais dans le but de simplifier la nomenclature des facteurs ATF, le nom d'ATF7 lui a récemment été attribué (Hamard et coll., 2005). Trois isoformes ATF7-1, ATF7-2 et ATF7-3 (anciennement ATFa1, ATFa2 et ATFa3), produites à partir d'ARNm distincts résultant de l'épissage alternatif d'un précurseur commun, ont été isolées dans notre groupe (Chatton et coll., 1994; Goetz et coll., 1996). Ces trois protéines ne diffèrent entre elles que par la présence ou non de courts segments de 11 (riche en résidus basiques) et 21 acides aminés (riche en résidus serine et proline) dans la partie amino-terminale. Une quatrième isoforme, codant pour un polypeptide beaucoup plus court (ATF7-0, anciennement ATFa0) a été mise en évidence par un autre groupe (Pescini et coll., 1994) (voir figure 23). Cette isoforme serait un « inhibiteur dominant », se dimérisant avec les autres isoformes d'ATF7 ou avec d'autres protéines b-ZIP, les empêchant ainsi d'activer leurs gènes cibles.

Comme pour ATF7, le gène ATF2 [initialement cloné sous le nom de CRE-BP1 ; (Maekawa et coll., 1989)], code (au moins chez la souris) pour plusieurs isoformes, CRE-BP1, CRE-BP2 et CRE-BP3 (Georgopoulos et coll., 1992). CRE-BP1 est la seule des trois à être transcrite dans tous les tissus et est exprimée au minimum 5 fois plus fortement que les autres. C'est cette forme qui est la plus étudiée et qui est appelée ATF2 chez l'homme. Les deux facteurs ATF7 et ATF2 se comportent dans la majorité des cas de façon très similaire. Néanmoins, contrairement à ATF2 pour lequel une activité stimulatrice propre a été caractérisée (Matsuda et coll., 1991), nous n'avons jamais détecté une quelconque activité transcriptionnelle des protéines ATF7 sur le promoteur E2a de l'adénovirus (Chatton et coll., 1993), ni même en utilisant un système de promoteur rapporteur dans des cellules transitoirement transfectées.

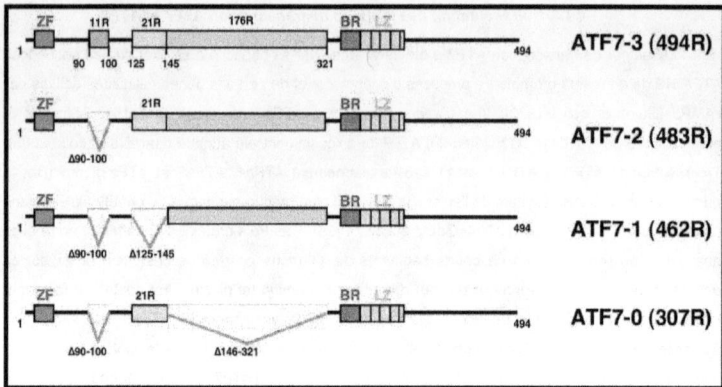

Figure 23 : Structure des quatre isoformes du facteur ATF7. Le gène ATF7 donne lieu, après épissage alternatif de son ARNm, à quatre isoformes, ATF7-0, ATF7-1, ATF7-2 et ATF7-3. ATF7-3 correspond à la forme la plus longue de ce facteur. Toutes ces isoformes ont été isolées à partir de cellules HeLa. Elles possèdent toutes, au niveau de leur extrémité amino-terminale, un motif « zinc-finger » (ZF) capable de lier un atome de zinc, et dans leur moitié carboxy-terminale, un domaine b-ZIP constitué d'une région basique (BR) et d'un motif « leucine-zipper » (LZ). Elles diffèrent entre elles par la présence ou non de trois régions de 11, 21 et 176 résidus (respectivement en gris, jaune et vert).

En revanche, nous avons pu mettre en évidence dans ce système que la région amino-terminale d'ATF7 contenait un domaine potentiel d'activation de la transcription masqué dans la protéine native, mais actif lorsque l'extrémité carboxy-terminale de la protéine est tronquée (Chatton et coll., 1993; Chatton et coll., 1994). De plus les facteurs ATF2 et ATF7 sont tous deux capables de relayer l'activation de la transcription par la protéine E1A (289R) de l'adénovirus en la recrutant sur le promoteur de gènes cibles (Liu et Green, 1990b; Chatton et coll., 1993).

Les séquences protéiques des facteurs ATF7 et ATF2 sont très proches au niveau des régions b-ZIP ainsi qu'au niveau de la région amino-terminale (87% de résidus conservés au niveau des 100 premiers résidus ; voir figure 24). Cette région amino-terminale comporte un motif « zinc-finger » de type C2H2 important pour l'interaction avec d'autres protéines. Mis à part une séquence de 13 acides aminés située en aval de la région « leucine-zipper » et identique chez les deux facteurs, les autres parties présentent un taux moyen de similarité compris entre 40 et 50% (Gaire et coll., 1990). Le taux d'expression des protéines ATF7 varie d'un type cellulaire à un autre. Elles sont faiblement exprimées dans les cellules HeLa, l'abondance relative des ARNm codant pour les facteurs apparentés ATF7, ATF1, CREB et ATF2 étant respectivement de 1, 20, 20 et 5, indiquant que les facteurs ATF7 pourraient être limitants dans certaines voies d'activation dans ces cellules (Goetz et coll., 1996). En revanche les protéines ATF7 sont fortement exprimées dans certaines lignées de cellules lymphocytaires (voir partie résultats) (Hamard et coll., 2005).

70

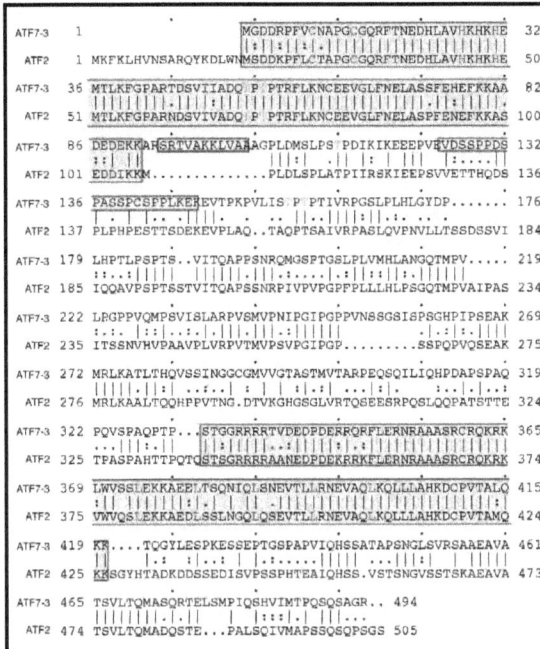

```
ATF7-3     1                        MGDDRPFVCNAPGCGQRFTNEDHLAVHKHKHE    32
                                    : : | : | : | . |.| ||||||||||||||||
ATF2       1  MKFKLHVNSARQYKDLWNMSDDKPFLCTAPGCGQRFTNEDHLAVHKHKHE    50

ATF7-3    36  MTLKFGPARTDSVIIADQ P PTRFLKNCEEVGLFNELASSFEHEFKKAA    82
              ||||||||||||||.|||||||||||||||||||||.|||||.||||||
ATF2      51  MTLKFGPARNDSVIVADQ P PTRFLKNCEEVGLFNELASPFENEFKKAS   100

ATF7-3    86  DEDEKKAHSRTVAKKLVAHAGPLDMSLPS PDIKIKEEEPVEVDSSPPDS   132
              :: | |                 ||||  | :  | |||| | :....||
ATF2     101  EDDIKKM.............PLDLSPLATPIIRSKIEEPSVVETTHQDS   136

ATF7-3   136  FASSPCSFPLKEREVTPKPVLIS P PTIVRPGSLPLHLGYDP.......   176
              . | . | .. | |  .     | . . | | | | | : . | . . . . .
ATF2     137  PLPHPESTTSDEKEVPLAQ..TAQPTSAIVRPASLQVPNVLLTSSDSSVI   184

ATF7-3   179  LHPTLPSPTS..VITQAPPSNRQMGSPTGSLPLVMHLANGQTMPV.....   219
              ::..:||||| | | | .|||.|||...:..|:||:||::|||||
ATF2     185  IQQQAVPSPTSSTVITQAPSSNRPIVPVPGPFPLLLHLPSGQTMPVAIPAS   234

ATF7-3   222  LEGPPVQMPSVISLARPVSMVPNIPGIPGPPVNSSGSIGPSGHPIPSEAK   269
              :..:. |:::.|.:.||||.||| |.|||||||||
ATF2     235  ITSSNVHVPAAVPLVRPVTMVPSVPGIPGP........SSPQPVQSEAK   275

ATF7-3   272  MRLKATLTHQVSSINGGCGMVVGTASTMVTARPEQSQILIQHPDAPSPAQ   319
              |||||.| | .|  ..:..| : | | | . | . :| .... | | .| . | .. | .
ATF2     276  MRLKAALTQQHPPVTNG.DTVKGHGSGLVRTQSEESRPQSLQQPATSTTE   324

ATF7-3   322  PQVSPAQPTP..STGGRRRRTVDEDPDERRQRFLERNRAAASRCRQKRK   365
              ...||||:.| |||||||..:|||||.::||||||||||||||||
ATF2     325  TPASPAHTTPQTQSTSGRRRRAANEDPDEKRRKFLERNRAAASRCRQKRK   374

ATF7-3   369  LWVSSLEKKAEELTSQNIQLSNEVTLLRNEVAQLKQLLLAHKDCPVTALQ   415
              ||||||||||||:|||||||||||||||||||||||||||||||||||
ATF2     375  VWVQSLEKKAEDLSSLNGQLQSEVTLLRNEVAQLKQLLLAHKDCPVTAMQ   424

ATF7-3   419  KR....TQGYLESPKESSEPTGSPAPVIQHSSATAPSNGLSVRSAAEAVA   461
              ||     | .:   :| . .: |  | .:.....|||| ...||:| |||||
ATF2     425  KKSGYHTADKDDSSEDISVPSSPHTEAIQHSS.VSTSNGVSSTSKAEAVA   473

ATF7-3   465  TSVLTQMASQRTELSMPIQSHVIMTPQSQSAGR..  494
              |||||||.-.|.|     |:::|.| |||...
ATF2     474  TSVLTQMADQSTE...PALSQIVMAPSSQSQPSGS  505
```

Figure 24 : Alignement des séquences peptidiques des protéines ATF7-3 et ATF2. Les domaines grisés correspondent aux régions les mieux conservées entre les deux protéines. La première de ces régions contient le motif « zinc-finger » [dont les résidus cystéine (C) et histidine (H) sont indiqués en rouge]. La seconde contient la région b-ZIP ; les résidus leucine (L) formant le motif « leucine-zipper » sont indiqués en rouge. Les résidus thréonine (T) représentés en bleu correspondent aux sites potentiels de phosphorylation par des MAPK (voir paragraphe II.2.1 et suivants) dans la région amino-terminale. Les résidus sur fond bleu correspondent aux peptides de 11 et 21 résidus absents de la protéine ATF7-1. Les barres verticales correspondent aux résidus identiques tandis que les points et doubles points correspondent à des résidus conservés

II.1.3.2. ATF7 est activé par la protéine E1A d'adénovirus

Le gène E1A de l'adénovirus humain de type 5 (Ad5) code pour 5 transcrits dont les 2 majeurs donnent lieu à des protéines de 289 et 243 résidus [les protéines 289R et 243R (issues respectivement de la traduction des messagers 13S et 12S)] correspondant à la traduction des premiers produits viraux synthétisés après infection. Ces 2 protéines sont identiques, excepté le fait que la protéine de 289 résidus contient une séquence additionnelle de 46 acides aminés appelée région unique (voir figure 25). La comparaison des protéines E1A de différents sérotypes a permis de mettre en évidence 3 régions conservées nommées CR1, CR2 et CR3 [« conserved region » ; (van Ormondt et coll., 1980; Kimelman et coll., 1985)]. La protéine E1A est une protéine multifonctionnelle dont les effets sont pléiotropiques. Cette protéine module l'activité transcriptionnelle de ses gènes cibles, soit directement, soit par l'intermédiaire de facteurs fixés sur leurs promoteurs (Nevins, 1992). E1A est impliquée dans des processus aussi divers que la prolifération, la tumorigénisation et la différenciation des cellules. Dans le cas de l'Ad5, la région CR3 coïncide quasiment avec la région unique présente chez la protéine 289R, et c'est elle qui est responsable de ses fonctions d'activation (Shenk et Flint, 1991; Bayley et Mymryk, 1994).

Dans les cellules infectées, le premier objectif de la protéine E1A est d'activer la transcription des gènes viraux et de reprogrammer l'expression des gènes cellulaires afin de préparer un environnement optimal à la réplication du virus. E1A peut activer ou réprimer la transcription, faire progresser le cycle cellulaire, bloquer la différenciation, immortaliser des cellules et, en association avec un second oncogène, les transformer. Les domaines des protéines E1A responsables de ces activités sont schématisés dans la figure 25.

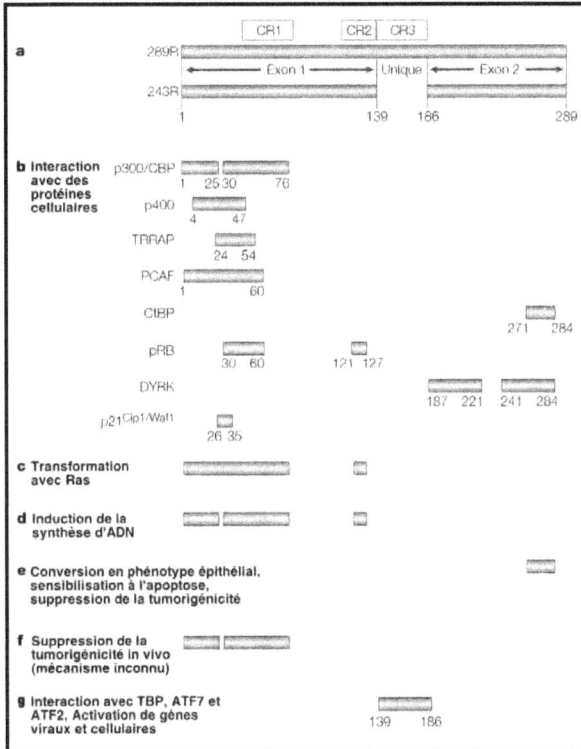

Figure 25 : Carte des produits du gène E1A de l'Adénovirus et des régions nécessaires pour ses activités. **a :** les protéines de 289 et 243 résidus ainsi que les 3 régions conservées entre les différents sérotypes de l'Adénovirus (CR pour conserved regions) sont représentées. **b :** Régions d'interaction avec des protéines cellulaires (sauf pour CR3, voir g). Les régions en vert sont de moindre importance. **c :** Région requise pour la transformation avec Ras activé dans les cellules de rein de rat. Cette région est également nécessaire à la répression de l'expression de gènes de différentiation et de suppression de la tumorigénicité dans les cellules tumorales humaines, et ceci par un mécanisme encore inconnu. **d :** Région requise pour l'induction de la synthèse d'ADN (les régions minimales requises sont soit les deux régions en vert soit la région en violet). **e :** Région requise pour la conversion en phénotype épithélial, la sensibilisation à l'apoptose et la suppression de la tumorigénicité. **f :** Région requise pour la suppression de la tumorigénicité *in vivo*. **g :** Région requise pour l'interaction avec TBP, ATF7 et ATF2. D'après (Frisch et Mymryk, 2002).

73

II.1.3.2.1. Fonctions de la protéine E1A

Selon les sérotypes, la protéine E1A peut être un oncogène ; elle est alors capable d'immortaliser des cellules primaires de souris. Elle ne présente aucune spécificité de liaison à l'ADN, mais interagit avec des protéines impliquées dans le contrôle de l'expression des gènes. Des expériences d'immunoprécipitation de la protéine E1A ont permis de mettre en évidence plusieurs partenaires cellulaires. Parmi ces protéines, on trouve CBP (CREB binding protein) et la protéine apparentée p300, pRb (la protéine du rétinoblastome) et les protéines apparentées p130 et p107, p60/cycline A, p33, BS69 et CtBP. L'interaction entre E1A et ces protéines altère ou inhibe leur fonction normale dans la cellule, permettant ainsi de modifier le profil d'expression des gènes [pour une revue voir (Gallimore et Turnell, 2001 ; Frisch et Mymryk, 2002)].

La protéine p300 a été identifiée par sa capacité à interagir avec E1A. C'est un co-activateur (voir le paragraphe I.4.2.2.2.1 sur les HAT) dont la surexpression in vivo entraîne l'activation de la transcription de gènes viraux et cellulaires. E1A semble être un inhibiteur de p300/CBP puisque la fonction transactivatrice de ce dernier est abolie par son interaction avec E1A. D'autre part, l'interaction de E1A avec p300/CBP (ou avec pRb, voir plus bas) entraîne la progression du cycle cellulaire en déclenchant la transition G0/G1. Lors de cette interaction, E1A est en compétition avec un partenaire cellulaire de p300/CBP, la protéine PCAF, dont la fonction est d'acétyler les histones et ainsi d'inhiber la progression du cycle cellulaire (Gallimore et Turnell, 2001 ; Frisch et Mymryk, 2002).

La progression du cycle cellulaire, suite à l'interaction entre E1A et pRb, se fait par un mécanisme différent. La protéine pRb (ainsi que les protéines p107 et p130 avec lesquelles elle constitue une famille) réprime naturellement la protéine E2F en la séquestrant dans le cytoplasme. L'interaction entre E1A et pRb entraîne la libération de E2F qui peut ensuite pénétrer dans le noyau et y activer la transcription des gènes codant entre autre pour les cyclines E et A impliquées dans la progression du cycle cellulaire (Gallimore et Turnell, 2001 ; Frisch et Mymryk, 2002).

Il semblerait donc qu'E1A active la progression du cycle cellulaire en modulant le fonctionnement des protéines qui le contrôlent habituellement. D'une manière générale, E1A participe, comme d'autres protéines de l'adénovirus [voir les études récentes sur la protéine de capside pIX, capable d'activer la transcription de gènes dont le promoteur contient un motif TATA et qui est impliquée dans le remodelage de certaines structures nucléaires comme les corps PML ou « Nuclear Bodies » (Lutz et coll., 1997 ; Rosa-Calatrava et coll., 2001 ; Rosa-Calatrava et coll., 2003)], au détournement de la machinerie cellulaire au profit du virus et de son cycle de développement dans la cellule.

II.1.3.2.2. Fonction de l'interaction entre ATF7 (ou ATF2) et la protéine E1A de l'adénovirus

Les deux facteurs ATF7 et ATF2 relaient la stimulation par la protéine E1A 289R de l'adénovirus. Il a été mis en évidence [par des expériences de coimmunoprécipitation des protéines ATF7 et E1A, d'une part, et de détection réciproque des protéines transférées sur nitrocellulose (farwestern blots), d'autre part] l'existence d'interactions directes entre E1A et ATF7 *in vitro* (Chatton et coll., 1993). Ces résultats indiquent clairement que le domaine d'ATF7 fixant le zinc et un élément situé dans la moitié carboxy-terminale de la protéine (comprenant le domaine « leucine-zipper ») sont impliqués dans cette interaction. Des interactions entre E1A et ATF2 ont aussi été détectées, mais elles n'impliquent que le domaine carboxy-terminal d'ATF2 (Liu et Green, 1993; Livingstone et coll., 1995). La protéine E1A 289R, qui par ailleurs interagit directement *in vitro* avec le facteur de transcription TFIID par l'intermédiaire de TBP et de quelques TAFs (Horikoshi et coll., 1991; Boyer et Berk, 1993; Geisberg et coll., 1994), jouerait le rôle d'un adaptateur entre un facteur spécifique de la transcription comme ATF7 ou ATF2 et la machinerie transcriptionnelle de base. On sait que TAF4 interagit avec le domaine CR3 de E1A (Mazzarelli et coll., 1997) et on sait maintenant qu'ATF7 interagit avec TAF12, et que cette interaction est inhibée par TAF4 [voir partie résultats, publication 1, (Hamard et coll., 2005)]. E1A pourrait donc faciliter l'activation de la transcription relayée par ATF7 et TAF12 en ciblant TAF4, et en induisant soit sa séquestration dans des structures virales, soit sa dégradation. L'activation de la transcription relayée par ATF7 et E1A résulterait donc de l'action du domaine activateur de la protéine E1A 289R sur le PIC. À ce jour, aucune expérience n'a permis de confirmer cette hypothèse même si des expériences préliminaires ont montré qu'il existait une compétition entre E1A et les TAFs (TAF12 et TAF4) pour l'interaction avec ATF7 (résultats non publiés, Pierre-Jacques Hamard et Bruno Chatton).

II.1.3.3. Caractérisation de protéines associées à la région amino-terminale d'ATF7 par la technique du « double hybride »

La technique dite du « double hybride » (Fields et Song, 1989) a été utilisée pour cloner les partenaires d'ATF7 par interaction entre ces protéines dans un contexte cellulaire (Anne Bahr et Bruno Chatton). Les 293 premiers résidus d'ATF7 ont été choisis comme « appât ». L'ADNc correspondant à cette région a été inséré dans un vecteur contenant l'ADNc codant pour LexA (une protéine de liaison à l'ADN) afin de produire des fusions LexA/ATF7-1(1-293). Une banque d'expression d'ADNc provenant d'un mélange d'embryons de souris de 10 à 12 jours a été utilisée pour le criblage. Les ADNc ont été clonés dans un vecteur contenant la séquence codante du domaine activateur (AD) de la protéine virale VP16 ; ces vecteurs permettent l'expression de fusions VP16(AD)-peptide X.

Durant la première phase du criblage, 550 clones ont été isolés. Après différentes étapes de contrôle, seulement 100 se sont avérés être de « vrais » clones positifs. Après amplification et séquençage, ceux-ci correspondaient en fait à 21 clones différents. Des contrôles supplémentaires ont permis d'en éliminer certains (des « faux positifs »), limitant à onze le nombre de clones dont l'interaction avec ATF7 semblait spécifique. Ces données sont présentées dans le tableau 11.

Nom du clone	Similarité avec des protéines clonées
mAM	-
mFLN	FLN (95%)
mUBC9	UBC9 (95%)
Clone 119	-
Clone 277	TDG (53%)
Clone 280	Mi-2 (85%)
mBLM	BLM (85%)
Clone 371	-
mPKY	PKY / HIPK3 (90%)
Clone 338	Fiz1
Clone 530	CAF-1 (62%)

Tableau 11 : Les clones positifs isolés lors du criblage « double hybride ». Les différents clones sont référencés sous un numéro arbitraire ; leur nom correspond soit à ce numéro (pour les protéines nouvelles), soit au nom de la protéine humaine homologue précédé de la lettre m (rappelant l'origine murine de ces clones).

Parmi les protéines caractérisées par cette méthode, trois ont depuis été analysées de façon plus approfondie : BLM, mAM et HIPK3.

II.1.3.3.1. La protéine HIPK3

L'ADNc de mPKY isolé lors du criblage de la banque d'embryons de souris ne correspondant qu'à une partie de la séquence codante de cette protéine, l'ADNc complet a été isolé en criblant une banque d'embryons de souris de dix jours. Elle code pour une protéine de 1192 résidus dont la masse moléculaire est approximativement de 130 kDa.

Cette protéine présente un fort taux de similarité avec les protéines kinases en général, et avec les sérine/thréonine kinases en particulier. Son homologue humain à été cloné à partir de cellules KB-V1 (cellules dérivées des cellules HeLa, issues d'un carcinome de col de l'utérus) résistantes à de nombreuses drogues (Begley et coll., 1997). Son ARNm est surexprimé dans ces cellules et est fortement exprimé dans le coeur et les tissus musculaires humains.

Récemment, il s'est avéré que cette protéine correspondait en fait à une protéine kinase appartenant à une nouvelle famille, la famille HIPK. En effet, en vérifiant régulièrement par alignement de séquences dans les banques d'EST disponibles sur Internet, nous pouvons savoir si les clones obtenus suite à cette étude en double hybride ont été clonés et caractérisés depuis. Le clone mPKY isolé correspond donc à la protéine kinase HIPK3, qui appartient à une famille de trois protéines kinases (HIPK1-3), isolées et caractérisées chez la souris et qui régulent l'activité d'une grande variété de facteurs de transcription (Kim et coll., 1998). Ces trois protéines, exprimées de façon ubiquitaire dans les tissus de mammifères, possèdent un domaine kinase conservé, séparé du domaine d'interaction avec les homéoprotéines, d'où leur nom : HIPK (homeodomain interacting protein kinase).

76

Les HIPKs sont des protéines kinases spécifiques des résidus sérine et thréonine, et qui potentialisent les activités de répression des facteurs de transcription à homéodomaine NK (en particulier NK-2), protéines qui jouent un rôle important durant le développement embryonnaire et l'organogenèse incluant le développement du coeur. L'activité co-répressive des HIPKs dépend à la fois de leur domaine d'interaction avec les homéoprotéines et de leur domaine co-répresseur (CRD) situé à l'extrémité amino-terminale de la protéine (Kim et coll., 1998). Les principaux domaines fonctionnels des HIPKs sont schématisés dans la figure 26.

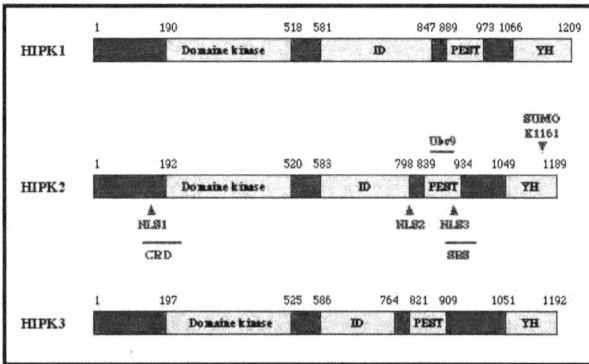

Figure 26 : Domaines fonctionnels des kinases HIPK1, HIPK2 et HIPK3. Ces trois protéines contiennent un domaine de co-répression (CRD), un domaine kinase, un domaine d'interaction avec les homéoprotéines (ID), une séquence PEST et un domaine YH (riche en résidus tyrosine et histidine). HIPK2 présente trois NLS (nuclear localization signal) et un SRS (speckle retention signal). Elle comporte également un site permettant l'interaction avec Ubc9, ainsi qu'un site potentiel de SUMOylation centré sur la lysine 1161. D'après (Kim et coll., 1998).

Les études effectuées sur HIPK2 ont révélé que la protéine est localisée dans les corps nucléaires PML (promyelocytic leukemia) (Engelhardt et coll., 2003), et qu'elle régule un grand complexe de répression transcriptionnelle en interagissant avec des protéines comme Groucho et HDAC1 (histone déacétylase) (Choi et coll., 1999). HIPK2 s'associe aussi aux protéines HMG1 (high mobility group), une famille de protéines nucléaires architecturales qui influencent l'expression des gènes, et interagit en outre avec les protéines Hox C4 et D4, facteurs de transcription qui déterminent la segmentation du corps durant le développement embryonnaire (Kim et coll., 1998). De plus, le domaine SRS (speckle retention signal) de HIPK2 interagit avec l'enzyme de conjugaison Ubc9, (Kim et coll., 1999) et HIPK2 peut être modifiée par liaison covalente du polypeptide SUMO-1 (small ubiquitin-related modifier) (voir paragraphe II.2.2), modification qui induit le changement de sa localisation dans les corps nucléaires PML (Engelhardt et coll., 2003).

Une fonction apoptotique potentielle est associée à HIPK3 qui interagit avec le récepteur Fas à la surface cellulaire et phosphoryle FADD (Fas-associated death domain), un transducteur de la signalisation apoptotique relayée par Fas (Rochat-Steiner et coll., 2000). D'autre part, cette protéine HIPK3 est activée par les rayonnements Ultra-Violets (UV), mais contrairement aux JNKs dont l'activation est immédiate, cette activation ne se révèle que 2 à 3 heures après irradiation des cellules en culture.

HIPK2 a été retrouvée associée à la protéine suppresseur de tumeur p53 (Kim et coll., 2002). Suite à une irradiation par les UV, HIPK2 phosphoryle p53 au niveau du résidu sérine 46 (séquence consensus Lxx SPD), induisant l'apoptose des cellules irradiées (D'Orazi et coll., 2002; Hofmann et coll., 2002).

II.1.3.3.2. La protéine mAM

D'abord baptisée mAIF (pour murine ATF7 Interacting Factor), en raison de sa forte interaction avec ATF7, cette protéine a été renommée mAM (pour murine ATF7 Modulator) suite à l'étude de ses effets sur ATF7. En effet, à la suite de la caractérisation de l'ADNc complet codant pour mAM, un des projets du laboratoire a consisté à étudier plus extensivement cette protéine ainsi que les effets qu'elle pouvait éventuellement avoir sur l'activité transcriptionnelle d'ATF7. L'ADNc code pour une protéine de 1306 résidus dont la masse moléculaire calculée est approximativement de 140 kDa.

mAM interagit avec ATF7 *in vitro* et *in vivo*, et les deux protéines colocalisent après cotransfection dans des cellules COS. De plus la coexpression de ces deux protéines entraîne une diminution de l'activité transcriptionnelle d'ATF7. L'analyse de la séquence peptidique de mAM a permis de mettre en évidence un NLS de type bipartite au milieu de la protéine, ainsi qu'une séquence fixant l'ATP dans sa partie amino-terminale. Cette dernière est nécessaire à l'activité ATPase intrinsèque de mAM. Pour tenter d'élucider le mécanisme moléculaire impliqué dans l'inhibition de l'activité transcriptionnelle d'ATF7, des interactions éventuelles entre mAM et certains GTFs ont été étudiées. Il en est ressorti que mAM interagissait (en utilisant des baculovirus recombinants exprimant mAM et différents GTFs) avec plusieurs sous-unités de l'ARN Pol II, de TFIIH et TFIIE. Comme TFIIE est indispensable à l'assemblage du PIC, il avait été suggéré que mAM perturbait cet assemblage, ce qui avait donc un effet négatif sur la transcription (De Graeve et coll., 2000).

Plus récemment deux équipes indépendantes ont montré que mAM, ou tout du moins son homologue humain (appelé hAM ou MCAF ou ATF7IP), était impliqué dans la méthylation de l'ADN (Fujita et coll., 2003) et des histones (Wang et coll., 2003; Ichimura et coll., 2005), entraînant une inhibition de la transcription. En effet, les protéines MBD qui interagissent avec les îlots méthyl-CpG (voir paragraphe I.4.2.2.3) recrutent des HDACs qui, en déacétylant l'ADN, induisent la répression de la transcription. hAM interagit avec le domaine de répression transcriptionnelle (TRD) carboxy-terminal de MBD1, induisant la répression de la transcription relayée par Sp1 (Fujita et coll., 2003). Ces résultats sont cohérents avec une autre étude qui avait montré une interaction directe entre Sp1 et hAM (Gunther et coll., 2000). De plus une étude plus récente a montré que hAM/ATF7IP/MCAF interagissait avec ZHX1, un corépresseur de la transcription (Yamada et coll., 2003), suggérant que hAM est impliqué dans la répression transcriptionnelle à travers une grande variété de partenaires.

hAM joue également un rôle dans la méthylation des histones en facilitant la conversion de l'état diméthyl à triméthyl de la lysine 9 de l'histone H3 par ESET, une histone méthyltransférase (HMT). En fait hAM augmente l'activité HMT de ESET. La modification de l'état de méthylation de la lysine 9 par ESET et hAM entraîne une inhibition de la transcription, comme les auteurs l'ont montré dans un système de transcription *in vitro* en utilisant une fusion Gal4-p53 (Wang et coll., 2003). Plus récemment une autre étude a montré que hAM/MCAF faisait le lien entre la méthylation de l'ADN et la méthylation des histones, ces deux phénomènes aboutissant de concert à l'inhibition de la transcription par la formation d'hétérochromatine (Ichimura et coll., 2005). Les auteurs montrent qu'un complexe MCAF/ESET/MBD1 induit la formation d'hétérochromatine en recrutant HP1 et donc la répression de la transcription. La même équipe a montré qu'il existait deux protéines apparentées chez l'homme qu'ils ont appelé MCAF1 et MCAF2.

II.1.3.3. La protéine mBLM

Le syndrome de Bloom est une maladie génétique rare dont les manifestations cliniques majeures sont une petite taille, un érythème facial, sensible au soleil, une immunodéficience et une prédisposition à développer toutes sortes de cancers. Elle est causée par des mutations dans le gène codant pour la protéine BLM dont les premiers effets sont une augmentation des cassures affectant les chromosomes et une augmentation des taux d'interéchange entre chromatides sœurs dans les cellules somatiques (Ellis et coll., 1995b). La protéine BLM appartient à la famille des RecQ hélicases (Ellis et coll., 1995a). Dans le laboratoire, il a été mis en évidence que mBLM avait une activité hélicase 3'→5', ATP ou dATP-dépendante (comme les autres protéines de la famille RecQ). L'alignement des séquences protéiques des différentes protéines de la famille RecQ a également permis de mettre en évidence une extension des séquences conservées, en aval de la région hélicase, dans une région appelée RecQ-Ct (pour « RecQ C-terminal domain »). De plus des mutations ponctuelles responsables du syndrome de Bloom abolissent les activités hélicase et ATPase de la protéine. En effet, trois mutations ponctuelles caractérisées chez des patients atteints par ce syndrome ont été introduites dans l'ADNc murin codant pour la protéine BLM. De plus, un quatrième ADNc mutant, codant pour une protéine dont le site potentiel de liaison à l'ATP est détruit, a été construit. Les tests fonctionnels réalisés avec ces quatre mutants ont révélé que leurs deux activités hélicase et ATPase étaient très fortement réduites, voire nulles. Étant donné que deux mutations ponctuelles responsables du syndrome de Bloom sont présentes en aval de la région hélicase, dans un domaine appelé recQ-Ct, il est probable que ce domaine soit important pour l'activité des protéines de la famille RecQ (Bahr et coll., 1998). De nombreuses études sur BLM ont montré son interaction avec plusieurs protéines, induisant une altération de son activité ou de la protéine partenaire permettant d'expliquer certaines des fonctions de BLM dans la réplication, la réparation ou la recombinaison [pour une revue voir (Risinger et Groden, 2004)].

79

II.1.3.3.4. La protéine UBC9

La protéine Ubc9 (<u>U</u>biquitin <u>c</u>onjugating enzyme <u>9</u> ») est une protéine qui a été originellement caractérisée pour son implication dans la dégradation des protéines par ubiquitination. Elle était retrouvée dans de nombreux criblages utilisant la technique de double hybride et souvent considérée comme un artefact inhérent à ce genre d'expériences. En fait, il a depuis été montré qu'elle jouait un rôle central dans la voie de la modification post-traductionnelle appelée SUMOylation (voir paragraphe II.2.2).

II.1.3.3.5. Les autres protéines isolées lors du criblage

En dehors de recherches dans les banques de données de séquences, aucune investigation n'a encore été menée avec les autres clones isolés, faute de temps.

Les séquences des clones 119 et 371 ne présentent aucune similarité avec d'autres protéines connues. Le clone 338 correspond en revanche à une protéine appelée mFiz1, (pour murine <u>F</u>lt3 <u>I</u>nteracting <u>Z</u>inc Finger protein 1). Cette protéine a été découverte suite à la recherche des partenaires potentiels du récepteur tyrosine kinase Flt3 par double hybride chez la souris (Wolf et Rohrschneider, 1999). Flt3 est un récepteur à tyrosine kinase (RTK) de la famille des RTK de classe III. Cette famille de récepteurs est caractérisée par la présence de 5 domaines extracytoplasmiques de type immunoglobuline et d'un domaine intracytoplasmique composé d'un motif de liaison à l'ATP, et d'un domaine catalytique séparé par un domaine kinase. Les proto-oncogènes Kit et Fms font partie de cette famille. Ces différents récepteurs jouent un rôle central dans l'hématopoïèse en stimulant la prolifération et/ou la différentiation de différents types cellulaires hématopoïétiques (Wolf et Rohrschneider, 1999). Fiz1 contient 11 motifs en doigts à zinc (zinc finger) de type C2H2, et est localisé à la fois dans le cytoplasme et le noyau. Ceci est cohérent avec le fait que cette protéine interagit à la fois avec le domaine intracytoplasmique d'un récepteur cellulaire et ATF7, facteur de transcription majoritairement nucléaire, même si il peut se trouver hors du noyau (voir partie résultats, publication 2). De plus, une autre étude a montré que Fiz1 interagit avec NRL, un facteur de transcription de la sous-famille MAF des facteurs b-ZIP (voir tableau 10) (Mitton et coll., 2003). NRL régule l'expression de plusieurs gènes spécifiques des cellules photoréceptrices « Rod » de la rétine en synergie avec d'autres facteurs de transcription. Fiz1 inactive spécifiquement la transactivation des gènes cibles de NRL (Mitton et coll., 2003).

La protéine TDG (<u>t</u>hymine <u>D</u>NA <u>g</u>lycosylase) a été trouvée dans de nombreux criblages utilisant la technique de double hybride et comme Ubc9, on la considérait très souvent comme un artefact inhérent à cette technique. Pourtant, des études récentes sur cette protéine ont mis en évidence l'importance de la SUMOylation sur sa fonction [voir paragraphe II.2.2.3.2 et (Hardeland et coll., 2002)], tout comme nous l'avons montré avec ATF7 (voir partie résultats, publication 2). Des études ultérieures nous aideront à mieux comprendre le sens de l'interaction ATF7/TDG et le rôle éventuel de la SUMOylation dans cette interaction.

Comme BLM, la protéine Mi-2 correspond à une hélicase impliquée dans une maladie génétique auto-immune (DM ou *dermatomyositis*). Cette protéine de 218 kDa fait partie de la famille des hélicases SNF2/RAD54 et est la cible d'un anticorps présent en grande quantité chez les patients DM. Mi-2 est également un composant du complexe Mi-2/NURD (voir paragraphe I.4.2.2.1) impliqué dans le remodelage de la chromatine dépendant de l'ATP. Il est intéressant de noter que ce complexe semble induire la répression de la transcription. En effet, son activité remodelante permet à ses sous-unités HDACs de déacétyler les histones et donc d'induire une répression de la transcription (Bowen et coll., 2004). De plus le complexe Mi-2/NURD peut être recruté par MBD2 pour former le complexe MeCP1 qui réprime la transcription (Feng et Zhang, 2001). Avec hAM, Mi-2 est donc la deuxième protéine impliquée dans la répression transcriptionnelle à interagir avec ATF7.

La séquence nucléotidique du clone 530 présente un taux de similarité de 62% avec la grande sous-unité p150 du complexe CAF-1 (Kaufman et coll., 1995), un complexe formé de trois sous-unités, p150, p60 et p48. Ce complexe interagit avec les histones H3 et H4 pour former le complexe CAC (chromatin assembly complex) nécessaire à l'assemblage de la chromatine après une étape de réplication de l'ADN (Verreault et coll., 1996). Là encore, il est intéressant de noter que p150 interagit avec MBD1 comme l'a montré une étude récente (Reese et coll., 2003) et pourrait donc être lié à la répression de la transcription.

La filamine [FLN ; (Patrosso et coll., 1994)] est une protéine impliquée dans l'architecture de la cellule ; elle permet de lier les filaments d'actine aux glycoprotéines membranaires.

II.1.3.4. Rôle physiologique des facteurs ATF7 et ATF2

Physiologiquement, peu de choses sont connues à l'heure actuelle concernant le rôle des facteurs ATF2 et ATF7 dans la cellule. Nous nous heurtons au problème qu'ils ne répondent pas à un stimulus direct, contrairement à CREB ou CREM dont l'activité est induite par l'AMP cyclique (Sassone-Corsi, 1995). Il faut garder en mémoire que ces facteurs ATF avaient été caractérisés uniquement par leur capacité à relayer la réponse à E1A, or cet événement ne se produit que lors de l'infection de cellules par l'adénovirus. Ces facteurs étant présents de façon ubiquitaire dans les cellules, ils doivent certainement jouer un rôle bien précis en absence de toute infection virale.

II.1.3.4.1. ATF2

Les protéines ATF2 régulent l'activité des promoteurs des gènes c-Jun (van Dam et coll., 1995), de l'urokinase (Decesare et coll., 1995) ou de l'interféron ßI humain (*IFN-ßI*) (Du et Maniatis, 1994). ATF2 jouerait également un rôle dans l'expression du gène codant pour la protéine pRb (Sakai et coll., 1991) et activerait en combinaison avec pRb l'expression du gène codant pour TGFßI (« transforming growth factor β I ») (Kim et coll., 1992). Mais les rôles physiologiques d'ATF2 ont réellement commencé à être élucidés grâce à l'invalidation (« knock out » ou KO) de son gène chez la souris.

Un groupe américain a réalisé une invalidation partielle d'ATF2 chez la souris en inactivant l'exon I situé entre le domaine de liaison à l'ADN (b-ZIP) et le domaine activateur (Zn-F) et leur étude a mis en évidence un certain nombre d'anomalies au niveau osseux et neurologique (Reimold et coll., 1996). Leurs souris ATF2m/m (homozygotes pour la mutation introduite dans le gène ATF2) ont des problèmes d'ossification comparables à ceux que l'on peut retrouver dans l'hypochondroplasie humaine, une maladie rare entraînant une insuffisance de taille et des disproportions osseuses. Elles ont également des problèmes de développement cérébral entraînant des anomalies structurelles du cerveau (ventricules plus grands, nombre de cellules de Purkinje réduit, …). Mais cette invalidation partielle n'inactive pas complètement le gène ATF2, et dans les souris ATF2m/m, on trouve une forme de la protéine ATF2 qui est exprimée et qui joue potentiellement un rôle dans la cellule (Maekawa et coll., 1999) étant donné qu'elle contient encore le domaine de liaison à l'ADN ainsi que le domaine activateur intacts.

Un groupe japonais a également réalisé une invalidation partielle du gène ATF2 chez la souris (Maekawa et coll., 1999), en inactivant cette fois l'exon correspondant au domaine de liaison à l'ADN. Leur étude montre que les souris ATF2-/- n'expriment plus la protéine ATF2, contrairement aux souris ATF2m/m. Ces souris meurent rapidement après leur naissance et montrent les symptômes d'une détresse respiratoire sévère due au remplissage de leurs poumons par du méconium. Le méconium correspond aux premières selles du fœtus qui peuvent être inhalées pendant l'accouchement, ce qui a pour conséquence l'obstruction des voies respiratoires et entraîne rapidement la mort. Les souris ATF2-/- présentent une expression élevée de plusieurs gènes induits par l'hypoxie, et cela pourrait entraîner une respiration très haletante pouvant conduire à l'absorption du méconium. Une autre caractéristique de ces souris est le nombre réduit de trophoblastes du placenta qui pourrait expliquer le déficit en oxygène avant la naissance. En effet, ATF2 est capable d'activer le gène du récepteur au PDGF, un facteur de croissance impliqué dans la prolifération des trophoblastes, et son déficit dans la cellule pourrait entraîner une prolifération réduite des trophoblastes chez les souris mutantes (Maekawa et coll., 1999).

Ces deux études montrent que l'invalidation du même gène, chez la souris, peut entraîner des phénotypes complètement différents selon l'approche envisagée, et pointe du doigt les limites de l'approche « Knock Out », tout du moins dans ces deux études. Les auteurs auraient pu en effet envisager l'invalidation totale du gène ATF2 plutôt que l'inactivation spécifique de tel ou tel exon. Pour les deux exemples susmentionnés, la protéine ATF2 peut exister dans la cellule sous une forme tronquée qui comporte notamment le domaine activateur intact, et qui pourrait induire des effets indépendants du rôle de la protéine ATF2 complète.

Cependant plusieurs études ont confirmé depuis le rôle d'ATF2 dans la fonction des ostéoblastes (Zayzafoon et coll., 2002) et dans le développement neuronal (Suzuki et coll., 2002) alors qu'aucune autre étude n'est venue étayer sa fonction dans le développement du placenta.

II.1.3.4.2. ATF7

Contrairement à ATF2, peu de choses sont connues à l'heure actuelle sur le rôle d'ATF7 dans les cellules. Très peu de ses gènes cibles *in vivo* sont connus et aucune invalidation de son gène n'a été menée à son terme pour le moment. Cependant quelques études ont permis d'en savoir un peu plus sur le rôle physiologique de cette protéine.

Par exemple, ATF7 se fixe sur le promoteur du gène ELAM codant pour une glycoprotéine cellulaire exprimée par des cellules endothéliales activées par des cytokines. Cette protéine, encore appelée sélectine E, permet l'adhésion des neutrophiles dans les vaisseaux sanguins lors des phénomènes d'inflammation. Sa transcription serait activée par la coexpression des protéines ATF7 et NFκB (Kaszubska et coll., 1993).

Une autre étude a montré qu'ATF7 et ATF2 sont capables d'activer la transcription du gène codant pour le facteur de croissance TGFβ2, en se fixant sur un site CRE présent dans sa séquence promotrice (Gong et coll., 1995). De plus il avait été montré que la protéine Rb était capable d'activer faiblement le même promoteur (Kim et coll., 1992). En coexprimant Rb et ATF7 ou ATF2, les auteurs de cette étude ont mis en évidence que Rb inhibait l'activation relayée par ATF7 alors qu'elle augmentait celle relayée par ATF2, mettant ainsi en évidence une différence fonctionnelle entre ces deux protéines pourtant très apparentées. Plus récemment la même équipe a montré que Rb interagissait directement avec ATF2 (mais pas avec ATF7), ainsi qu'avec certaines kinases qui activent ATF2 en le phosphorylant. Les auteurs suggèrent que l'effet inhibiteur de Rb sur ATF7 pourrait être lié au fait que Rb séquestre des kinases importantes pour ATF7 ou un troisième partenaire, coactivateur d'ATF7 (Li et Wicks, 2001).

Il a également été montré que le facteur de transcription YY1 réprimait l'expression du gène codant pour proto-oncogène c-Fos en se fixant à ATF7 (Zhou et coll., 1995). En fait ATF7 se fixe sur le site CRE du promoteur de c-Fos, situé près du site de fixation de YY1, et interagit en même temps avec YY1 via son domaine « leucine zipper ». De plus, E1A empêche l'interaction entre ATF7 et YY1 permettant de lever l'inhibition de l'expression de c-Fos relayée par YY1 (Zhou et Engel, 1995). Ceci met en évidence un des mécanismes par lesquels E1A « utilise » ATF7 pour activer la transcription cellulaire.

ATF7 se fixe également sur un site de type CRE, sous forme de dimère avec JunD, au niveau de l'enhancer du gène de ERBB2, un proto-oncogène impliqué dans les cancers du sein (Newman et coll., 2000). Cette protéine est surexprimée dans 20 à 25% des cancers du sein et est un marqueur de mauvais pronostic. Cette étude montre par ailleurs que les œstrogènes sont capables de diminuer l'expression de ERBB2 de manière indirecte puisque le récepteur aux œstrogènes (ER) activé par la liaison de son ligand va recruter des cofacteurs qui sont également importants pour l'activité de l'enhancer du gène de ERBB2. Il y aurait donc compétition entre ER et l'enhancer pour ces cofacteurs, induisant une diminution de l'expression de ERBB2.

ATF7 a été découvert lors de l'étude du promoteur du gène E2 de l'adénovirus. Il est capable de se fixer sur ce promoteur et de relayer l'activation de E1A (Chatton et coll., 1993). ATF7 joue donc un rôle dans la progression du cycle viral suite à une infection par l'adénovirus (voir plus haut). Un autre virus semble utiliser ATF7 pour progresser dans son cycle : il s'agit du virus Epstein Barr, impliqué notamment dans la mononucléose infectieuse. Ce virus cible les lymphocytes B au repos et les réactive pour se développer. Une des premières étapes du programme d'expression génétique de ce virus dans les lymphocytes B est l'activation du promoteur Wp qui contient un site de type CRE, sur lequel peut se fixer ATF7 (Kirby et coll., 2000). Ces résultats impliquent que l'expression d'ATF7 dans ces cellules doit être suffisamment importante pour qu'il puisse être détourné au profit du virus et de son cycle. Nous avons découvert en effet que l'expression d'ATF7 est très importante dans les lymphocytes B (voir Partie Résultats et Discussion) ce qui corroborerait les résultats de cette étude, mettant en évidence par la même le rôle probablement important d'ATF7 dans ces cellules.

II.1.3.5. Le facteur de transcription CRE-BPa

Le facteur CRE-BPa est le troisième membre de la sous-famille ATF7/ATF2 (Nomura et coll., 1993). La transcription de son gène génère les quatre isoformes α, ß, ∂ et γ, probablement par épissage alternatif (Zu et coll., 1993). Les isoformes ß et γ ne diffèrent de la forme α que par l'absence respectivement des 7 et 33 premiers résidus amino-terminaux. L'isoforme ∂ possède en lieu et place des 155 premiers résidus une séquence différente, longue de 16 résidus (voir figure 27). L'isoforme la plus longue (CRE-BPa α) contient les mêmes motifs que les deux autres membres de la famille ATF7/ATF2, à savoir un motif « zinc-finger » et un motif « b-ZIP » (Zu et coll., 1993). Les quatre isoformes de ce facteur sont capables d'activer faiblement la transcription dépendante d'un élément CRE ; cette activation est plus forte lorsque les cellules ont été préalablement traitées au TPA. Bien qu'elles s'y lient faiblement, les protéines CRE-BPa n'affectent pas la transcription dépendante d'un site TRE. Finalement, la différence majeure entre CRE-BPa et les deux autres membres de la famille est que ce facteur n'est pas capable de répondre à l'activation de facteurs viraux tels que E1A ou Tax (Zu et coll., 1993). Aucune autre étude n'a été réalisée sur ce facteur depuis.

Figure 27 : Les quatre isoformes du facteur CRE-BPa. Les lettres sur fond vert correspondent aux séquences conservées dans au moins deux isoformes. Les motifs « zinc-finger » et « leucine-zipper » sont respectivement indiqués en rouge et en bleu.

II.2. LES MODIFICATIONS POST-TRADUCTIONNELLES AFFECTANT CES REGULATEURS

Les régulateurs de la transcription sont directement responsables de l'activation ou de la répression de l'expression de leurs gènes cibles. Cependant, comme n'importe quelles protéines, ils sont soumis à des modifications post-traductionnelles qui vont influencer leur activité, leur localisation intracellulaire ou leur dégradation. Un grand nombre de modifications post-traductionnelles peuvent affecter les protéines (voir paragraphe I.4.2.2.2 et I.4.2.2.3 sur les modifications post-traductionnelles des histones), parmi lesquelles la phosphorylation, l'ubiquitination, la méthylation, l'acétylation ou encore la SUMOylation. Dans les paragraphes suivants, nous nous attacherons à développer deux d'entres elles, qui affectent ATF7 : la phosphorylation et la SUMOylation.

II.2.1. Phosphorylation et voies de signalisation

Les cellules doivent continuellement s'adapter et répondre à des changements environnementaux ainsi qu'à des signaux provenant d'autres cellules. Elles répondent à ces stimulus extracellulaires en activant des cascades de protéines kinases propageant le signal du récepteur cellulaire situé au niveau de la membrane cytoplasmique jusqu'aux facteurs de transcription dans le noyau. Ces derniers permettent à la cellule d'ajuster son programme d'expression génétique induisant ainsi une réponse spécifique. Celle-ci se traduit par une activation ou une répression des grands processus affectant une cellule, c'est-à-dire sa prolifération, sa différenciation, ou son apoptose. De même, dans certaines maladies comme le cancer ou le diabète, les cellules peuvent perdre leur

85

aptitude à répondre correctement à certains stimulus. Ceci est la conséquence de la modification de protéines impliquées dans ces cascades dont les capacités de régulation sont modifiées ou perdues. Il est donc essentiel de décrypter l'ensemble de ce réseau de communication pour lutter contre les maladies que sa perturbation engendre. Étant donné que la famille des facteurs de transcription que nous avons étudiée est essentiellement activée par la voie de signalisation des MAPK, seules ces dernières seront détaillées ci-après.

II.2.1.1. La famille des MAP-kinases

Les cascades de transduction de signaux font souvent intervenir des protéines kinases. L'une des cascade les plus étudiées est responsable de l'activation d'une famille de protéines kinases appelée les MAP-kinases ou MAPK [« mitogen-activated protein kinases » ; pour une revue, voir (Madhani et Fink, 1998; Pearson et coll., 2001)], capables de phosphoryler directement les facteurs de transcription et autres protéines cellulaires qu'elles régulent. L'organisation générale des voies de signalisation aboutissant aux MAPK est très bien conservée de la levure à l'homme. Toutes les MAPK sont des sérine/thréonine kinases activées par phosphorylation sur des résidus thréonine et tyrosine. Cette phosphorylation est réalisée, au niveau d'un motif consensus TXY, par des protéines kinases à double spécificité appelées les MAP-kinase-kinases (MAPKK ou MEK pour MAP ou ERK Kinase) (voir figure 28). Ces dernières sont également activées, lors de la phosphorylation de résidus sérine et thréonine conservés, par un troisième groupe de kinases appelé les MAP-kinase-kinase-kinases (MAPKKK ou MEKK pour MEK Kinase).

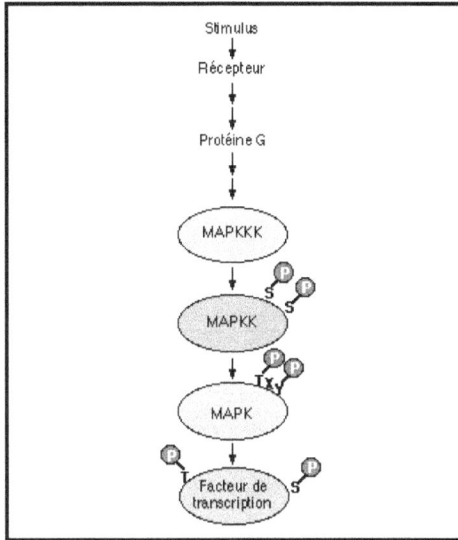

Figure 28 : Voie d'activation des MAPK. Les différentes MAP kinases (MAPK) sont activées par un mécanisme très conservé. Elles phosphorylent des facteurs de transcription au niveau de résidus sérine et thréonine en réponse à l'activation de la voie de stimulation. Les MAPK sont activées, suite à la phosphorylation de résidus thréonine et tyrosine, par des MAPKK. Les MAPKK sont activées suite à leur phosphorylation au niveau de résidus sérine et/ou thréonine par les MAPKKK. En réponse à un stimulus, ce dernier groupe de kinases est régulé par les protéines G et d'autres protéines kinases. Les sigles ⊙ indiquent les acides aminés phosphorylés. Les flèches indiquent le sens dans lequel le signal se propage.

Le signal provenant des récepteurs en surface de la cellule transite par une grande variété d'intermédiaires, parmi lesquels on trouve encore d'autres protéines kinases et des petites protéines nécessitant la fixation du GTP (les protéines G), dont le rôle est de stimuler les protéines de la famille des MAPKKK.

La première cascade à avoir été décrite était celle activant la famille ERK (extracellular stimulus responsive kinase) (Cobb et coll., 1994). Depuis, un grand nombre de laboratoires ont cherché à caractériser la voie de transduction de signaux menant à l'activation d'un second sous-groupe de MAPK, le groupe des JNK (Jun kinase) également appelé « stress-activated protein kinases » (SAPK) (Hibi et coll., 1993; Derijard et coll., 1994; Kyriakis et coll., 1994). Les JNK sont capables, à la suite d'une stimulation de la cellule par des rayonnements ultraviolets, des facteurs de croissance, des cytokines ou par l'expression d'oncogènes transformants, de phosphoryler le facteur de transcription c-Jun (Hibi et coll., 1993; Derijard et coll., 1994), lui permettant ainsi d'activer la transcription de ces gènes cibles. La troisième sous-classe de MAPK correspond au groupe des kinases p38 (Rouse et coll., 1994). La régulation de l'activité de cette famille est similaire à celle des JNK. En revanche, elles diffèrent des JNK du point de vue des substrats qu'elles phosphorylent. Les deux autres sous-classes de MAPK regroupent ERK3 et 4, ainsi que ERK5 et 7 (Pearson et coll., 2001). Un tableau récapitulatif des différentes nomenclatures des MAPK et des kinases les activant est présenté ci-dessous (voir tableau 12).

MAP Kinase	Autres noms	Commentaires	Motif du site de Phosphory lation
ERK1	p44 MAPK	Plus de 80% d'identité avec ERK2; abondante et ubiquitaire	TEY
ERK2	p42 MAPK	Abondante et ubiquitaire	TEY
ERK3α	p63, rat ERK3	Détection de 2 formes par western-blot : 63K et 95–100K ; présente dans de nombreuses espèces dont l'homme	SEG
ERK3β	Human ERK3	$\approx$ 75% d'identité avec ERK3	SEG
ERK1b	(ERK4)	Isoforme de ERK1 de 46K ; comigre avec la bande appelée à l'origine ERK4	TEY
JNK1	SAPKγ, SAPK1c	Plusieurs isoformes	TPY
JNK2	SAPKα, SAPK1a	Plusieurs isoformes	TPY
JNK3	SAPKβ, SAPK1b	Plusieurs isoformes	TPY
p38α	p38, CSBP, SAPK2a	Sensible à l'inhibiteur SB203580	TGY
	Mxi	Isoforme de p38α avec 80 résidus carboxy-terminaux en moins et 17 nouveaux en plus	TGY
p38β	p38-2, SAPK2b	En partie sensible à l'inhibiteur SB203580	TGY
p38β2		Sensible à l'inhibiteur SB203580; ne contient pas l'insertion de 8 acides aminés spécifiques de p38β	TGY
p38γ	ERK6, SAPK3	Insensible à l'inhibiteur SB203580	TGY
p38δ	SAPK4	Insensible à l'inhibiteur SB203580	TGY
ERK5	SAPK5, BMK1	Impliquée dans la prolifération	TEY
ERK7		Pourrait avoir un rôle dans la prolifération	TEY
MAK	Male germ cell associated kinase	Exprimée dans les cellules en méiose dans les testicules mais pas dans les ovaires	TDY
MRK	MAK-related kinase	Exprimée dans le myocarde embryonnaire ; ubiquitaire dans les tissus adultes	TDY
MOK		Sensible aux esters de phorbol	TEY
NLK	Nemo-like kinase	Régulation de la voie Wnt ; orthologue de LIT-1 chez *C. elegans* et de nemo chez *Drosophila*	TQE*
KKIALRE		Cdc2-related kinase	TDY
KKIAMRE		Les mutants T et Y sont toujours actifs dans les cellules	TDY

Tableau 12 : MAP kinases de mammifères. Les 5 grandes familles de MAPK chez les mammifères (ERK1/2, ERK3/4, JNK, p38 et ERK5/7) ainsi que deux autres familles sont présentées. Le représentant le plus étudié de la 6ème famille est la protéine MOK, qui comporte 30% d'homologie seulement avec les autres MAPK mais dont le site actif est de type TxY comme toutes les MAPK. La dernière famille comprend des kinases qui, de par leur séquence et leur fonction, sont un intermédiaire entre les MAPK et les kinases de la famille CDK. La famille des JNK (ou SAPK1) est constituée de multiples isoformes pour chaque protéine ; ces isoformes sont très proches, leur taux de similarité avoisinant les 90%. * : le motif de phosphorylation des CDK est THE et la séquence de l'homologue de NLK chez le nématode est THE. D'après (Pearson et coll., 2001).

II.2.1.2. Les MAPK sont activées par des cascades de phosphorylation

Les MAPKs peuvent être activées par une grande variété de stimulus différents mais en général, ERK1 et ERK2 sont préférentiellement activés en réponse aux facteurs de croissance ou aux esters de phorbol tandis que les JNK ou les p38 sont plutôt activées en réponse aux stress (du choc osmotique aux cytokines en passant par les radiations ionisantes) (voir figure 29).

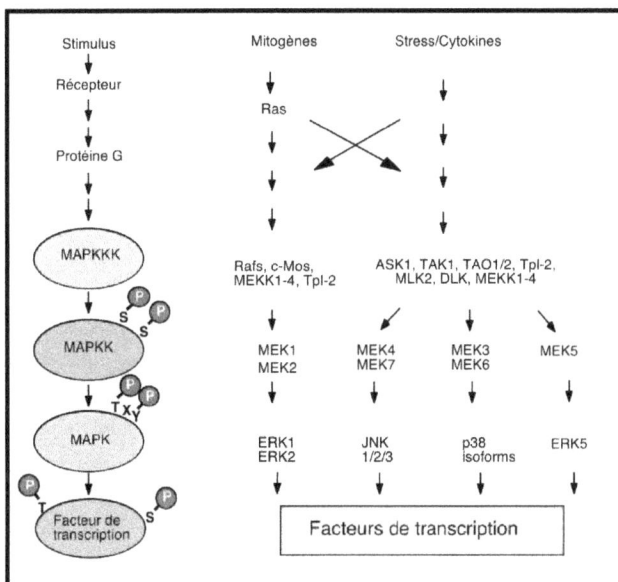

Figure 29 : Modèle d'activation des différentes familles de MAPK chez l'homme. Les MAPK sont activées selon un schéma très conservé. Le stimulus active le récepteur membranaire puis les protéines G qui à leur tour déclenchent une cascade de phosphorylations réalisées successivement par les MAPKKK (ou MEKK), les MAPKK (ou MEK) et les MAPK. Finalement, la stimulation des facteurs de transcription entraîne l'activation de la transcription de gènes spécifiques. Les sigles ⊙ indiquent les acides aminés phosphorylés. Les flèches indiquent le sens dans lequel le signal se propage. Les deux flèches croisées matérialisent les interconnexions possibles entre les différentes voies de signalisation.

La grande variété de fonctions des MAPKs est repose sur la phosphorylation d'une grande variété de substrats incluant des facteurs de transcription, des phospholipases, des protéines du cytosquelette ainsi que plusieurs protéines kinases appelées MK (pour MAPK-activated protein kinases) qui représentent une étape d'amplification supplémentaire dans les cascades de

89

phosphorylation impliquant les MAPKs (Roux et Blenis, 2004). Les différentes voies d'activation des familles de MAPKs ainsi que leurs substrats seront détaillés dans les paragraphes suivants.

II.2.1.3. La voie d'activation de la famille ERK

II.2.1.3.1. Propriétés

La voie de transduction du signal des protéines de la famille des ERK fut la première cascade de stimulation des MAPK étudiée chez les mammifères (voir figure 29). Elle comporte les MAPKKKs A-Raf, B-Raf et Raf-1, les MAPKKs MEK1 et MEK2 et les MAPKs ERK1 et ERK2. ERK1 et ERK2 possèdent 83% d'homologie au niveau de leur séquence peptidique et sont exprimées de façon relativement abondante dans tous les tissus (Chen et coll., 2001). Cette voie est majoritairement activée par des stimulus mitogènes comme les facteurs de croissance, le sérum, les esters de phorbol et dans une moindre mesure par les ligands des récepteurs hétérotrimériques couplés aux protéines G, les cytokines, le stress osmotique et la désorganisation des microtubules (Lewis et coll., 1998). Les MEKK1/2/3 et c-Mos peuvent également intervenir comme MAPKKKs dans la voie ERK1/2. Il semble que le proto-oncogène c-Mos joue un rôle important dans cette voie durant la méiose alors que les MEKK1/2/3 ont un impact limité ou un rôle redondant (Yujiri et coll., 1998; Xia et coll., 2000).

II.2.1.3.2. Mécanismes d'activation

Typiquement, les récepteurs situés à la surface cellulaire comme les tyrosine kinases (RTK) et les récepteurs couplés aux protéines G transmettent les signaux d'activation à la cascade Raf/MEK/ERK via différentes isoformes de la petite protéine fixant le GTP et associée à la membrane, Ras [pour une revue voir (Wood et coll., 1992; Kolch, 2000)]. C'est le recrutement du facteur d'échange de guanine SOS qui active Ras en permettant l'échange GDP/GTP (Chardin et coll., 1993; Gale et coll., 1993). Dès qu'elle est activée, Ras recrute la sérine/thréonine kinase Raf au niveau de la membrane (Geyer et Wittinghofer, 1997). Le mécanisme d'activation de Raf est encore flou, mais on sait qu'il requiert sa fixation à Ras ainsi que de multiples événements de phosphorylation au niveau de la membrane (Chong et coll., 2003). Ras et de Raf sont deux protéines fondamentales dans la maintenance et la régulation de la prolifération cellulaire. Il a en effet été montré que des mutations dans les gènes codant pour ces protéines entraînent l'oncogenèse (Downward, 2003; Mercer et Pritchard, 2003). Ras est muté dans environ 30% des cancers humains et B-Raf dans 60% des mélanomes malins. La forme activée de Raf se fixe et phosphoryle les deux kinases MEK1 et MEK2 qui phosphorylent à leur tour ERK1/2 au niveau du motif conservé Thr-Glu-Tyr (TEY) de leur domaine d'activation. L'amplification du signal à travers cette cascade est si importante que l'activation de seulement 5% des protéines Ras est suffisante pour induire l'activation totale des protéines ERK1/2 (Hallberg et coll., 1994).

II.2.1.3.3. Substrats et fonctions

Les kinases ERK1 et ERK2 activées vont phosphoryler un grand nombre de substrats dans tous les compartiments cellulaires, parmi lesquels on compte des protéines membranaires variées (CD120a, Syk et calnexin), des protéines nucléaires (SRC-1, Pax6, NF-AT, Elk1, MEF2, c-Fos, c-Myc et STAT3), des protéines du cytosquelette (neurofilaments et paxillin) et plusieurs MKs (Roux et Blenis, 2004). Une fraction des protéines ERK activées est donc transloquée dans le noyau afin d'y phosphoryler et par conséquent d'y activer des facteurs de transcription modulant ainsi l'expression génétique de leurs gènes cibles (Lenormand et coll., 1993), mais le mécanisme responsable de la translocation des protéines ERK vers le noyau n'est pas encore caractérisé.

D'autre part, la voie de signalisation ERK1/2 est une voie clé de la prolifération cellulaire et pour cette raison, des inhibiteurs de cette voie ont été développés et sont maintenant en phase clinique comme agents anticancéreux potentiels (Kohno et Pouyssegur, 2003).

II.2.1.4. La voie d'activation de la famille JNK

II.2.1.4.1. Propriétés

Bien que la voie d'activation des JNK soit construite selon le même schéma que celle des ERK, elle fait intervenir des protéines différentes (voir figure 29) [pour une revue voir (Davis, 2000)]. La découverte de cette voie apporta la preuve que différentes cascades activant des MAPK existaient chez les mammifères. L'utilisation de colonnes d'affinité contenant le domaine d'activation amino-terminal de c-Jun à permis d'identifier deux kinases de 46 et 55 kDa, capables d'interagir avec cette région et de la phosphoryler au niveau des sérines 63 et 73 (Hibi et coll., 1993). Ces protéines ont également été caractérisées pour leur capacité à répondre à des stress et sont pour cette raison également appelées SAPK (Kyriakis et coll., 1994). Le sous-groupe des JNK est codé par 3 gènes apparentés, *JNK1*, *JNK2* et *JNK3*, pouvant aussi être dénommés respectivement SAPKγ, SAPKα, et SAPKβ (Kyriakis et Avruch, 2001) (voir tableau 12). Ensembles, les trois gènes codant pour les JNK génèrent dix isoformes par épissage alternatif (Gupta et coll., 1996). Les deux protéines JNK1 et JNK2 sont exprimées dans la plupart des types cellulaires, alors que JNK3 ne s'exprime que dans les neurones (Roux et Blenis, 2004).

II.2.1.4.2. Mécanismes d'activation

Les JNK sont activées à la fois par des stress cellulaires variés et par des stimuli extracellulaires. Comme les protéines de la sous-classe ERK, les JNK peuvent être activées par des facteurs de croissance tels que l'EGF et le NGF. De plus, elles sont fortement stimulées par des cytokines comme le TNFα ou l'IL-1. Les rayonnements ultraviolets, les rayonnements ionisants, les chocs thermiques, l'hyperosmolarité et les agents capables d'endommager l'ADN sont tous capables d'induire l'activation des JNK.

Comme pour ERK1/2 et les p38, l'activation des JNKs nécessite une double phosphorylation sur les résidus tyrosine et thréonine au sein du motif conservé Thr-Pro-Tyr (TPY). Les MAPKKs ou MEKs qui catalysent cette réaction sont MEK4 et MEK7 qui sont elles-mêmes phosphorylées et activées par plusieurs MAPKKKs, dont MEKK1-4, MLK2 et MLK3, Tpl-2/Cot, DLK, TAO1 et TAO2, TAK1, ASK1 et ASK2 (Kyriakis et Avruch, 2001; Roux et Blenis, 2004). Contrairement à la voie d'activation des ERK pour laquelle la protéine Raf est essentielle pour la réponse à Ras, celle-ci n'a aucun rôle direct sur l'activation de la voie des JNK.

II.2.1.4.3. Substrats et fonctions

II.2.1.4.3.1. L'activation de la famille Jun par les JNK

Lorsqu'elles sont activées, les protéines JNK phosphorylent un grand nombre de protéines. Leur cible la plus étudiée est le facteur de transcription c-Jun. Il est le seul membre de la famille Jun à être efficacement activé par les JNK. Bien que toutes les isoformes des JNK soient régulées de manière identique suite aux stimuli extracellulaires (Kallunki et coll., 1994; Gupta et coll., 1996), les protéines JNK1 et JNK2 ne présentent pas la même efficacité à phosphoryler c-Jun. JNK2 présente une affinité pour c-Jun très supérieure à celle présentée par JNK1 (Kallunki et coll., 1994). Cette différence est due à un peptide de 23 acides aminés présent dans la partie carboxy-terminale de JNK2, aux abords de son site catalytique ; ce peptide, codé par un exon alternatif, permet au produit majeur de JNK2 d'interagir et de phosphoryler c-Jun (Gupta et coll., 1996). Ce petit segment de 23 résidus présent est un site d'ancrage de l'enzyme au niveau du site d'arrimage (« docking site », voir paragraphe II.2.1.7.2) localisé entre les résidus 30 et 60 du domaine d'activation de c-Jun (Kallunki et coll., 1996). En plus de son site d'arrimage, c-Jun nécessite, pour être phosphorylée, la présence de certains résidus dont entre autres, un résidu proline situé immédiatement après le site de phosphorylation (cette proline doit être présente chez tous les substrats de tous les membres de la famille des MAPK pour que la phosphorylation soit possible).

En résumé, le mécanisme est le suivant : lorsqu'elle est activée, JNK est transloquée vers le noyau où elle va interagir par l'intermédiaire de son site d'ancrage, avec le site d'arrimage de c-Jun. Après dissociation du complexe initial, JNK interagit avec le site de phosphorylation de c-Jun (Mizukami et coll., 1997). Il y a ensuite phosphorylation du résidu sérine puis dissociation du complexe enzyme/substrat. Ce mécanisme de reconnaissance bipartite permet d'augmenter la spécificité de la phosphorylation.

Bien que JunB possède un site d'ancrage pour la JNK similaire à celui de c-Jun, elle n'est pas phosphorylée par ces protéine kinases. En effet, elle ne possède pas le résidu proline des sites potentiels de phosphorylation proches du site d'ancrage (Kallunki et coll., 1996).

92

JunD ne possède pas de site d'ancrage pour la JNK, mais possède les sites potentiels de phosphorylation précédant des résidus proline sont présents. JunD est moins bien phosphorylée que la protéine c-Jun sauvage, mais mieux qu'une protéine c-jun mutée au niveau de son site d'arrimage (Kallunki et coll., 1996). La phosphorylation de JunD est facilitée lorsque celle-ci est hétérodimérisée avec c-Jun JunB ou ATF7, trois protéines contenant chacune un site d'arrimage. Dans ce cas, il est proposé que JNK interagisse dans un premier temps avec le partenaire de JunD, qui sert alors de protéine d'arrimage, avant de phosphoryler JunD (Gupta et coll., 1996; Kallunki et coll., 1996; De Graeve et coll., 1999).

II.2.1.4.3.2. Les autres cibles des JNK

Les JNK peuvent également activer les facteurs de transcription ATF2 (Gupta et coll., 1995; Livingstone et coll., 1995; van Dam et coll., 1995) et ATF7 (Bocco et coll., 1996). Ces facteurs sont tous deux capables d'activer la transcription du gène c-Jun en se dimérisant avec la protéine c-Jun et en interagissant avec un élément TRE non consensuel présent dans le promoteur de ce gène (van Dam et coll., 1993).

D'autres facteurs de transcription sont phosphorylés par les JNK dont TCF/Elk-1, p53, NF-ATc1, HSF-1 et STAT3, de même que certaines protéines cytoplasmiques (Davis, 2000; Kyriakis et Avruch, 2001). Par contre aucune kinase activée par les MAPK (MK) n'a été à ce jour montrée comme étant un substrat des JNKs.

II.2.1.4.3.3. Fonctions potentielles des JNK

L'étude des effets de la stimulation d'un récepteur par son ligand sur les protéines impliquées dans les voies de stimulation des MAPK, est compliquée par le fait que plusieurs voies de signalisation sont souvent activées par un même stimulus. De plus, une voie de stimulation donnée a souvent des fonctions différentes selon le contexte cellulaire. Étant activée par des stress cellulaires variés, il a été proposé que les JNK seraient les déclencheurs de l'apoptose des cellules (Xia et coll., 1995; Chen et coll., 1996; Verheij et coll., 1996; Wilson et coll., 1996a). De nombreuses études ont été menées afin de répondre à cette question, apportant alternativement des arguments en faveur ou en défaveur de cette hypothèse, sans que l'on ait pu conclure définitivement. Cette opposition n'est pas très étonnante, étant donné que les mécanismes qui gouvernent l'apoptose varient d'un type cellulaire à l'autre. Par contre l'invalidation des gènes codant pour JNK1, JNK2 et JNK3 chez la souris ont permis d'éclaircir le ou les rôles physiologiques que pouvaient avoir ces protéines (Davis, 2000). Ces souris sont toutes viables, mais présentent des dysfonctionnements dans les mécanismes d'apoptose et les réponses immunitaires. Par contre, l'invalidation combinée des gènes JNK1 et JNK2 entraîne une mort embryonnaire précoce associée à une exencéphalie, une diminution de l'apoptose dans le cerveau antérieur et une augmentation de l'apoptose dans le cerveau postérieur (Ip et Davis, 1998; Davis, 2000). Des fibroblastes embryonnaires dérivés de ces souris ont été utilisés dans des études récentes (Sabapathy et coll., 1999; Tournier et coll., 2000) et comme JNK3 n'est pas exprimé dans ce type cellulaire, ces cellules ne présentent aucune activité JNK. Ces études ont montré que ces fibroblastes JNK1-/- JNK2 -/- n'avaient plus d'activité transcriptionnelle relayée par AP1, que leur prolifération diminuait (en parallèle avec une augmentation de l'expression de ARF, p53 et p21) et qu'elles étaient résistantes à l'apoptose induite par le stress (Tournier et coll., 2000). Les JNKs ne sont donc pas nécessaires à la viabilité de la cellule, mais ces analyses montrent qu'elles sont impliquées dans de nombreux processus de la physiologie cellulaire normale et donc nécessaires à une réponse cellulaire cohérente suite à un stimulus donné.

II.2.1.5. La voie d'activation de la famille p38

II.2.1.5.1. Propriétés

La protéine p38 (aussi connue sous le nom de CSBP, mHOG1, RK ou SAPK2) est une MAPK qui fut isolée grâce à sa capacité à répondre à une activation par les lipopolysaccharides (LPS) (Han et coll., 1994; Lee et coll., 1994). Les mécanismes d'activation de p38 sont très similaires à ceux qui sont responsables de l'activation des JNK (Kyriakis et Avruch, 1996). La voie p38 comporte plusieurs MAPKKKs dont les MEKKs 1 à 4, MLK2 et 3, DLK, ASK1, Tpl2 (ou Cot) et Tak1. Elle comporte également les MAPKKs MEK3 et MEK6 (ou MKK3 et MKK6) et les 4 isoformes connues de p38 (α, β, γ et δ) [voir figure 29 et (Kyriakis et Avruch, 2001)]. p38α présente 50% d'homologie dans sa séquence peptidique avec ERK2 ainsi qu'une homologie significative avec le produit du gène de levure *hog1* qui est activé en réponse à l'hyperosmolarité (Han et coll., 1994). Dans les cellules de mammifères, les isoformes de p38 sont fortement activées par les stress environnementaux et les cytokines inflammatoires, mais faiblement activées par les stimulus mitogènes. Beaucoup de stimulus qui activent p38 activent également les JNKs mais les p38 ont quand même un certain nombre de spécificités, comme cela a été montré grâce à l'utilisation d'un inhibiteur spécifique de p38, le SB203580 (Lee et coll., 1994).

II.2.1.5.2. Mécanismes d'activation

MEK3 et MEK6 sont activées par une pléthore de MAPKKKs qui sont elles-mêmes activées en réponse à des stress chimiques ou physiques variés, comme les stress oxydatifs, l'irradiation aux UVs, l'hypoxie, l'ischémie et une grande variété de cytokines comme l'interleukine 1 (IL-1) ou le TNFα (Chen et coll., 2001). MEK3 et MEK6 présentent un haut degré de spécificité pour les p38 et sont incapables d'activer ERK1/2 ou JNK. Plusieurs études ont également montré que MEK4 (ou MKK4) pouvait activer les p38, mettant ainsi en évidence un lien entre les voies JNK et p38 (Meier et coll., 1996; Brancho et coll., 2003). Alors que MEK6 active toutes les isoformes de p38, MEK3 phosphoryle préférentiellement p38α et p38β. On pense que cette spécificité est due à la formation de complexes fonctionnels entre MEK3/6 et les différentes isoformes de p38 ainsi qu'à la reconnaissance sélective

94

du domaine d'activation de ces isoformes par MEK3/6 (Enslen et coll., 2000). L'activation des isoformes de p38 résulte de la phosphorylation du motif conservé Thr-Gly-Tyr (TGY) présent dans leur domaine d'activation. Les structures de la kinase p38α activée (phosphorylée) et inactivée ont été résolues par cristallographie et cela a permis de mettre en évidence les différences de structure des domaines d'activation entre JNK, ERK2 et p38, qui contribuent très probablement à la spécificité du substrat (Wilson et coll., 1996b; Wang et coll., 1997b).

II.2.1.5.3. Substrats et fonctions

p38 est présente à la fois dans le noyau et le cytoplasme des cellules au repos. Après stimulation de la cellule, sa localisation semble se modifier, mais les résultats sont contradictoires. Certaines données suggèrent qu'après activation, p38 est transloquée dans le noyau (Raingeaud et coll., 1995), mais d'autres résultats indiquent que p38 est présente dans le cytoplasme des cellules stimulées (Ben-Levy et coll., 1998). Un grand nombre d'études montrent que l'activité de p38 est essentielle pour les réponses immunitaires normales et les réponses inflammatoires. p38 est activée dans les macrophages, les neutrophiles et les lymphocytes T par de nombreux médiateurs extracellulaires de l'inflammation, incluant les cytokines, les chemokines et le lipopolysaccharide bactérien (Ono et Han, 2000). p38 participe aux réponses fonctionnelles des macrophages et des neutrophiles, comme la chemotaxie, l'exocytose de granules, l'adhérence et l'apoptose, mais également à la différentiation et l'apoptose des lymphocytes T en régulant la production d'interféron gamma (Ono et Han, 2000). p38 régule également la réponse immunitaire en participant à la stabilisation des ARNm spécifiques impliqués dans ce phénomène. Par exemple, en utilisant l'inhibiteur SB203580 et des formes constitutivement actives de p38 et de MEK3/6, il a été montré que p38 régulait l'expression de plusieurs cytokines, de facteurs de transcription et de récepteurs de surface (Ono et Han, 2000).

Par ailleurs, p38 activée phosphoryle un grand nombre de substrats comme la phospholipase A2 cytosolique, la protéine associée aux microtubules « Tau », et les facteurs de transcription ATF1 et ATF2, MEF2A, Sap-1, Elk-1, NF-κB, Ets-1 et p53 (Ono et Han, 2000). Contrairement aux JNK, p38 active plusieurs MKs, comme MK2 et MK3 (Roux et Blenis, 2004).

II.2.1.6. Les autres sous-familles des MAPKs

ERK3

Il existe plusieurs isoformes de ERK3, codant pour des protéines variant de 63 kDa à 160 kDa. L'analyse des bases de données indique qu'il existerait plusieurs locus codant pour des protéines de type ERK3. ERK3 présente 50% d'homologie avec ERK1 et ERK2 au niveau du domaine catalytique, mais présente un certain nombre de caractéristiques qui le distingue des autres membres de la famille MAPK. Le motif de phosphorylation du domaine d'activation de ERK3 ne comporte en effet qu'un seul

95

résidu phosphoaccepteur (la sérine du motif SEG). La glycine remplace la tyrosine habituellement présente chez les autres MAPK (Pearson et coll., 2001). De même, la plupart des MAPK se trouvent dans le cytoplasme des cellules non activées alors que ERK3 est majoritairement présent dans le noyau quelles que soient les conditions envisagées. Rien ne permet d'expliquer cette observation pour le moment, d'autant que ERK3 ne possède pas de motif de localisation nucléaire ou NLS (Nuclear Localisation Signal) (Cheng et coll., 1996).

ERK5

ERK5 est une protéine de 816 acides aminés qui comporte une extension d'environ 400 acides aminés dans la partie carboxy-terminale de la protéine juste après le domaine kinase. La MAPK la plus proche de ERK5 en terme de séquence peptidique est ERK2. Cependant les 400 acides aminés de la partie carboxy-terminale ne présentent aucune homologie avec des protéines connues et leur fonction n'a pour le moment pas été définie. Par contre ils comportent 10 sites consensus de phosphorylation par les MAPKs qui pourraient être autophosphorylés (Pearson et coll., 2001). ERK5 est seulement activée par la MAPKK MEK5 (English et coll., 1998). MEK5 n'est pas activée par la MAPKKK Raf mais par MEKK3 (Chao et coll., 1999). Elle pourrait également être activée par la MAPKKK Tpl-2/Cot (Chiariello et coll., 2000). ERK5 phosphoryle plusieurs substrats parmi lesquels on trouve les facteurs de transcription MEF2A et MEF2C ainsi que le facteur de transcription de type Ets, SAP1a (Kato et coll., 1997; Kamakura et coll., 1999; Marinissen et coll., 1999). L'activation des facteurs MEF semble induire une augmentation de l'expression de c-Jun (Marinissen et coll., 1999), un résultat qui est cohérent avec le rôle d'ERK5 dans la prolifération cellulaire (Kato et coll., 1998).

ERK7

Peu de choses sont connues pour le moment sur ERK7. Cette protéine de 61 kDa, qui a été clonée assez récemment (Abe et coll., 1999), possède un motif TEY dans son domaine d'activation comme ERK1, ERK2 ou ERK5. ERK7 pourrait jouer un rôle dans l'inhibition de la croissance (Abe et coll., 1999).

MOK

Comme pour ERK7, peu de données sont disponibles pour MOK. Cette kinase présente 30% d'homologie avec les autres membres de la famille MAPK, et la même homologie avec la famille cdk. On considère donc que cette kinase, ainsi que les deux kinases apparentées MAK (Male germ cell-associated Kinase) et MRK (MAK-related kinase), pourraient constituer une famille intermédiaire entre les deux précédentes (Pearson et coll., 2001).

NLK

NLK est l'orthologue de la kinase de drosophile appelée NEMO. Malgré une homologie de 45% avec ERK2, le double site de phosphorylation du domaine d'activation est absent, et l'on trouve à sa place un motif TQE, assez similaire à celui que l'on trouve chez les cdk (Brott et coll., 1998). Malgré tout NLK a été classée dans la famille des MAPK en raison de son implication dans une cascade de MAPK régulant la voie de signalisation Wnt (Ishitani et coll., 1999; Meneghini et coll., 1999). NLK pourrait également être phosphorylée par MEK6, elle-même phosphorylée par TAK1, comme cela a été montré chez le nématode (Pearson et coll., 2001).

II.2.1.7. La régulation des voies MAPKs

Il est important de noter qu'il existe de nombreuses interactions entre les différentes cascades de kinases. Beaucoup d'études ont montré que les MAPK avaient des spécificités de substrats redondantes. L'activité d'un substrat va donc dépendre de la phosphorylation de ses sites régulateurs catalysée par plusieurs kinases. Comment la cellule assure-t-elle l'intégrité des cascades de kinases nécessaire à l'activation d'un grand nombre de substrats et donc à son homéostasie ? En fait, plusieurs phénomènes permettent de réguler les voies de kinases et d'en assurer la continuité et la spécificité (Raman et Cobb, 2003) (voir figure 30).

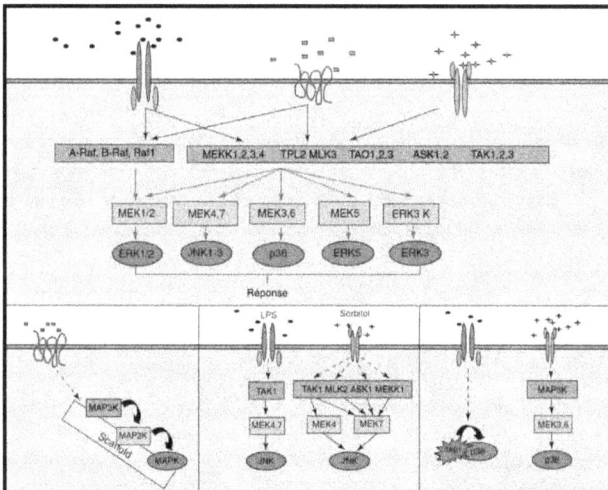

Figure 30 : Les différentes voies de MAP kinases et les différents phénomènes à l'origine de leur spécificité. En haut sont présentées les différentes cascades de MAPK : les différentes MAPKKKs sont en violet, les MAPKKs en vert et les MAPKs en rouge. Les trois catégories de stimulus et les récepteurs impliqués sont également représentés : en rouge, les récepteurs à mitogènes, en vert les récepteurs à 7 domaines transmembranaires couplés aux protéines G et en bleu, les récepteurs à tyrosine kinase (RTKs). En bas, sont représentés les différents phénomènes à l'origine de la spécificité des cascades de MAPKs : à gauche, les protéines d'échafaudage (« scaffold »), au centre l'utilisation différentielle des MEKKs et des MEKs relayée par des domaines d'ancrage spécifiques, à droite les protéines qui activent les MAPKs indépendamment des MEKs. D'après (Raman et Cobb, 2003)

II.2.1.7.1. Les protéines d'échafaudage (« scaffold proteins »)

La protéine Ste5p de levure a été la première protéine d'échafaudage identifiée. Cette protéine est capable d'interagir avec toutes les kinases d'un module (MAPKKK-MAPKK-MAPK) mais également avec les transducteurs du signal en amont comme les protéines G (Choi et coll., 1994; Marcus et coll., 1994; MacLean et coll., 1998). Plus récemment plusieurs études ont montré que la protéine JIP (JNK Interacting Protein) jouait ce rôle dans la voie des JNKs chez les mammifères (Whitmarsh et coll., 1998; Yasuda et coll., 1999). Ces protéines d'échafaudage améliorent la fidélité de la voie de signalisation en séquestrant les kinases et donc en les empêchant d'induire des activations inappropriées, chaque protéine d'échafaudage n'étant sensible qu'à un seul type de stimulus et n'étant capable d'interagir qu'avec une seule famille de MAPK. Elles limitent également l'accès des kinases à leurs substrats. Tout ceci permet d'accroître la spécificité du signal (van Drogen et Peter, 2002).

II.2.1.7.2. Les sites d'ancrage (« docking sites »)

Un autre mécanisme qui permet aux cascades de kinases d'assurer leur spécificité d'action est l'interaction des différents acteurs de ces cascades entre eux via des motifs conservés qui leur servent de sites d'ancrage (« docking sites ») (Sharrocks et coll., 2000). Ces domaines ont été identifiés chez de nombreuses protéines de régulation des MAPKs parmi lesquelles on compte des MAPKKs, des phosphatases, des protéines d'échafaudage, mais également chez de nombreux substrats des MAPKs [pour une revue voir (Tanoue et Nishida, 2003)], dont ATF7 (De Graeve et coll., 1999; Hamard et coll., 2005). On distingue deux types de domaines d'ancrage : les « D-boxes » ou « D-domains », initialement caractérisés chez c-Jun et composés d'un groupe de résidus chargés positivement entourés par des résidus hydrophobes, et les « DEF domains » (DEF pour « Docking site for ERK and FXFP ») initialement caractérisés chez *C. elegans* et qui consiste en un motif Phe-X-Phe-Pro, ou X représente n'importe quel acide aminé (Roux et Blenis, 2004).

Par ailleurs, il existe des domaines conservés chez les MAPKs, que l'on pourrait nommer « anti-docking sites » et qui sont impliqués dans l'interaction avec les docking sites. Un motif conservé dans la partie carboxy-terminale des MAPKs (ou CD motif pour « C-terminal common docking motif ») a ainsi été identifié (Tanoue et coll., 2000). De la même manière, un motif d'ancrage trouvé chez ERK a été appelé ED (pour ERK docking motif), mais on peut le retrouver dans d'autres MAPK comme p38 (Tanoue et Nishida, 2003).

II.2.1.7.3. L'activation des MAPKs indépendante des MAPKKs

Récemment deux groupes indépendants ont identifié la protéine TAB1 (TAK1-binding protein 1) capable d'augmenter l'autophosphorylation de p38 de manière dépendante du stimulus et

98

indépendante de MEK3/6 (Ge et coll., 2002; Tanno et coll., 2003) (voir figure 30). Ces études mettent en évidence un niveau supplémentaire de contrôle des cascades de kinases, et des travaux ultérieurs permettront de savoir si ce phénomène est unique ou répandu dans les cellules eucaryotes (Johnson, 2002).

II.2.2. SUMOylation

Une des caractéristiques majeures de la cellule eucaryote est la grande variété de modifications post-traductionnelles qui peuvent affecter les protéines qu'elle produit. Dans le paragraphe II.2.1, nous avons abordé une de ces modifications post-traductionnelles, la phosphorylation, ainsi que la complexité des voies de signalisation aboutissant à celle-ci. Nous allons maintenant aborder une autre modification post-traductionnelle récemment caractérisée, la SUMOylation.

II.2.2.1. Introduction

Une des modifications post-traductionnelle les mieux étudiées est l'ubiquitination, qui consiste en la formation d'une liaison isopeptidique entre la partie carboxy-terminale d'un peptide de 9 kDa, l'ubiquitine, et les groupements ε-amine des lysines des protéines cibles (voir paragraphe II.2.3.1). Plusieurs protéines homologues à l'ubiquitine ont été isolées et on peut les classer en deux groupes : les protéines qui ne se conjuguent pas à d'autres protéines ou UDPs (« ubiquitin-domain proteins », comme par exemple Rad23, Dsk2p, Elongin B) et les protéines qui, comme l'ubiquitine, peuvent être attachées à d'autres protéines ou UBLs (ubiquitin-like proteins ou ubiquitin-like modifiers) (Muller et coll., 2001). C'est à ce second groupe qu'appartiennent ISG15, Nedd8/Rub1 et SUMO1 (small ubiquitin-related modifier) dont les homologies avec l'ubiquitine sont respectivement de 36, 57 et 18% au niveau de la séquence peptidique (Melchior, 2000). De plus, chez la levure, la protéine Apg12 (21 kDa) est attachée à Apg5 par un mécanisme très semblable à l'ubiquitination (Ohsumi, 1999). Cependant son appartenance à la famille des UBLs n'est pas clairement établie puisqu'il n'existe aucune homologie de séquence entre Apg12 et l'ubiquitine et aucune donnée structurale n'est disponible à ce jour permettant de mettre en évidence une éventuelle homologie structurale entre les deux protéines (Melchior, 2000).

II.2.2.2. La voie de SUMOylation

La liaison entre SUMO et ses substrats est réalisée par une voie de conjugaison impliquant trois enzymes, de manière similaire à la voie de conjugaison de l'ubiquitine. Les enzymes de la voie de SUMOylation sont spécifiques à SUMO et n'ont aucune activité pour les autres UBLs même si elles présentent des homologies avec les enzymes de la voie d'ubiquitination par exemple.

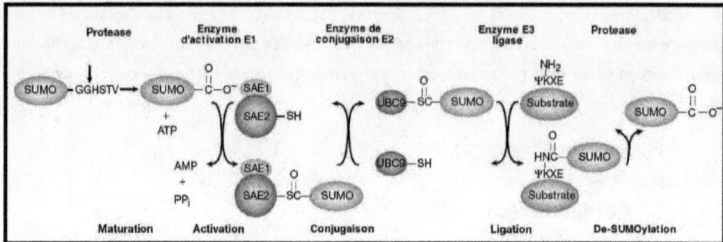

Figure 31 : La voie de SUMOylation. Les enzymes et les réactions sont décrites dans le texte ci-dessous et les paragraphes II.2.2.2.1-4. D'après (Verger et coll., 2003).

La voie de SUMOylation (voir figure 31) commence avec une enzyme activatrice (aussi appelée E1) qui active SUMO de manière ATP dépendante et transfère le peptide SUMO activé à une enzyme de conjugaison (E2) appelée Ubc9. SUMO est ensuite transféré de Ubc9 au substrat avec l'aide d'une des enzymes de liaison (E3 ligases ou E3). Ubc9 et E3 contribuent à la spécificité du substrat. Un grand nombre de résidus lysine où s'attache SUMO sont situées dans le motif consensuel ψKXE, où ψ est un acide aminé hydrophobe (en général une isoleucine, une leucine ou une valine) ; K est la lysine modifiée ; X est un acide aminé quelconque et E est un acide glutamique. Ce motif se lie directement à Ubc9. E3 augmente probablement la spécificité en interagissant avec d'autres motifs du substrat. La SUMOylation est une modification réversible et le clivage de SUMO est réalisé par des enzymes de la famille Ulp. Ce sont les mêmes enzymes qui génèrent un peptide SUMO mature à partir d'un précurseur qui contient une courte séquence qui bloque la conjugaison à l'extrémité carboxy-terminale de SUMO.

II.2.2.2.1. SUMO

SUMO a été découvert en 1996 simultanément par plusieurs équipes. Une première équipe a découvert un peptide identique à 52% à Smt3p (un homologue de l'ubiquitine chez la levure) en étudiant les partenaires potentiels de PML dans un test de double-hybride (Boddy et coll., 1996). Ce peptide a été baptisé PIC1 pour PML Interacting Clone 1. Une deuxième équipe a découvert une nouvelle forme de RanGAP1 (Ran-GTPase-activating protein 1), une protéine impliquée dans le cycle GTP/GDP catalysé par Ran, une petite GTPase nécessaire au transport bidirectionnel des protéines et des ribonucléoprotéines à travers le complexe du pore nucléaire. Cette nouvelle forme de 90 kDa correspondait en fait à la forme SUMOylée de RanGAP1 (70 kDa + 20 kDa). Ce peptide de 20 kDa a alors été appelé GMP1 (GAP modifying protein 1) (Matunis et coll., 1996). En étudiant les partenaires potentiels du « death domain » cytoplasmique de la famille des récepteurs au TNF (Tumor Necrosis Factor), une troisième équipe a découvert un peptide de 101 acides aminés qui a été appelé Sentrin, de sentry (sentinelle en anglais) car ce peptide protège la cellule de la mort induite par TNF (Okura et coll., 1996). Une quatrième équipe a caractérisé l'homologue de Smt3p chez l'homme et l'a appelé hSmt3p (Mannen et coll., 1996) et enfin une cinquième équipe a caractérisé une UBL interagissant avec les protéines RAD51/RAD52 humaines impliquées dans la réparation des cassures double brin de l'ADN, et l'a baptisée UBL1 (Shen et coll., 1996). Par la suite il s'est avéré que tous ces peptides étaient identiques et une étude portant à nouveau sur RanGAP1 et sa forme modifiée de 90 kDa a permis de confirmer les résultats précédemment obtenus. C'est dans cette étude qu'a été défini pour la première fois l'acronyme SUMO (Mahajan et coll., 1997).

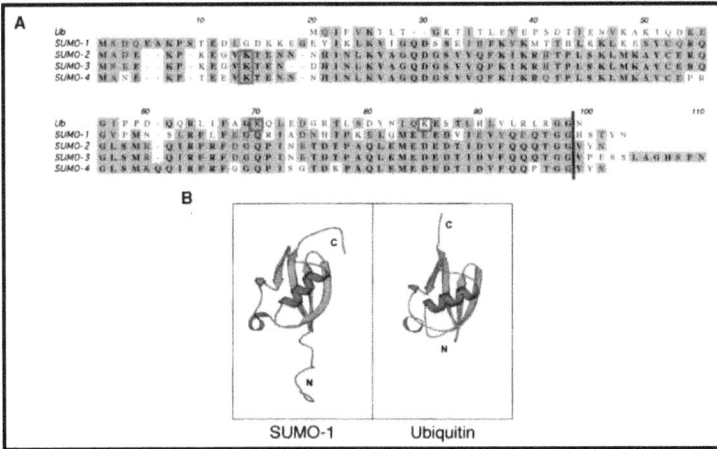

Figure 32 : La famille des protéines SUMO et leur homologie avec l'ubiquitine. A) Alignements des séquences peptidiques de l'ubiquitine et les 4 homologues de SUMO chez l'homme. Les acides aminés identiques et similaires sont indiqués sur fond gris. Seuls les acides aminés identiques sont indiqués en gras. Un motif consensuel de SUMOylation est présent chez SUMO-2, SUMO-3 et SUMO-4 comme indiqué par le rectangle jaune, et la lysine acceptrice est entourée en rouge chez les 3 homologues. Les lysines 48 et 63 de l'ubiquitine sont les sites de polymérisation et sont entourées en rouge. Le site de clivage pour produire les protéines matures avec les 2 glycines est également indiqué. B) Les représentations en 3 dimensions de SUMO-1 et de l'ubiquitine permettent de mettre en évidence la grande similarité structurale des 2 protéines. Les feuillets β sont indiqués en vert et les hélices α en rouge. SUMO-1 possède une extension amino-terminale qui n'est pas retrouvée chez l'ubiquitine. D'après (Gill, 2004).

Depuis, trois homologues à SUMO, rebaptisé SUMO-1 ou SUMO1, ont été caractérisés chez les mammifères : SUMO-2, SUMO-3 et SUMO-4 (voir figure 32). SUMO-2 et SUMO-3 ont 95% d'identité de séquence et 50% d'identité avec SUMO-1. SUMO-4 a été décrit récemment et son expression semble restreinte à certains tissus, avec la plus forte expression dans le rein (Bohren et coll., 2004). Bien que les enzymes E1 et E2 activent et conjuguent toutes les isoformes de SUMO, SUMO-1 semble avoir une fonction en partie différente de SUMO-2 et SUMO-3, qui sont considérés pour le moment comme fonctionnellement identiques. Par exemple les cellules contiennent une grande quantité de SUMO-2/3 libres alors qu'on n'observe pas de SUMO-1 libre. La grande majorité de SUMO-1 est conjuguée à d'autres protéines, quel que soit le moment du cycle cellulaire envisagé (Matunis et coll., 1996; Saitoh et Hinchey, 2000). De plus la conjugaison de SUMO-2/3 est largement induite en réponse à des stress variés contrairement à SUMO-1 (Saitoh et Hinchey, 2000). Donc une des fonctions présumées de SUMO-2/3 serait de constituer un réservoir de SUMO libre disponible pour une réponse éventuelle à un stress. D'autres études ont montré que différents SUMO sont utilisés pour différents substrats. RanGAP1 est par exemple le substrat majeur de SUMO-1 dans la cellule, alors qu'il est très peu modifié par SUMO-2/3. Mais il existe des protéines qui peuvent être modifiées de façon équivalente soit par SUMO-1, soit par SUMO-2/3 (Hofmann et coll., 2000; Hardeland et coll., 2002). Il est probable que l'enzyme E3 joue un rôle important dans cette spécificité (voir plus bas).

Une autre différence importante entre SUMO-1 et SUMO-2/3 est la présence de motifs consensuels de SUMOylation dans la séquence primaire de SUMO-2 et SUMO-3 contrairement à SUMO-1. Ces sites permettent la formation de chaînes poly-SUMO. La seule protéine sur laquelle ont été observées des chaînes SUMO-2 *in vivo* est l'histone déacétylase HDAC4 (Tatham et coll., 2001). Une autre étude a montré que le clivage du précurseur des peptides amyloïdes β impliquait la formation de chaînes SUMO-2/3 (Li et coll., 2003). Mais la fonction de ces chaînes SUMO est encore relativement inconnue. Des études chez la levure montrent que Smt3p contient également une séquence ψKXE et peut former des chaînes poly-SUMO (Johnson et Gupta, 2001; Bencsath et coll., 2002; Bylebyl et coll., 2003). Mais d'autres études montrent qu'on peut inhiber la formation des chaînes poly-SUMO sans que cela perturbe de façon notable les fonctions essentielles de SUMO (Bylebyl et coll., 2003; Takahashi et coll., 2003).

II.2.2.2.2. E1

Comme l'enzyme E1 de la voie d'ubiquitination, l'enzyme activatrice de la voie de SUMOylation catalyse une réaction comportant 3 étapes. Premièrement, le groupement carboxyl situé dans la partie carboxy-terminale de SUMO attaque l'ATP en formant un adénylate-SUMO et en relarguant un pyrophosphate. Ensuite, le groupement thiol de la cystéine du site actif de E1 attaque l'adénylate-SUMO en relarguant de l'AMP et en formant une liaison thioester entre E1 et la partie carboxy-terminale de SUMO. Pour finir, le peptide SUMO activé est transféré à une cystéine de E2 (voir figure 31). La structure cristallographique de l'enzyme E1 de la voie de modification par Nedd8, homologue à celle de la voie de SUMOylation, suggère que trois domaines distincts catalysent chacune des étapes (Walden et coll., 2003). La plupart des organismes contiennent une seule enzyme d'activation E1 qui est nécessaire à la conjugaison de tous les variants de SUMO à tous les substrats. Contrairement à l'enzyme E1 de la voie d'ubiquitination (Ub E1) qui est un monomère, celle de la voie de SUMOylation est un hétérodimère composé des protéines Aos1 (ou SAE1 pour Sumo activating enzyme 1) et Uba2 (ou SAE2). Cependant, les deux protéines de cet hétérodimère sont homologues à Ub E1 : Aos1 est homologue à la partie amino-terminale de Ub E1 et Uba2 est homologue à sa partie carboxy-terminale, qui contient la cystéine du site actif (Desterro et coll., 1999; Okuma et coll., 1999). Alors que la structure des deux sous-unités suggère qu'elles pourraient fonctionner ou être régulées séparément, Uba2 et Aos1 sont toujours trouvées sous forme d'hétérodimère dans la cellule. Chez Arabidopsis, on trouve deux gènes homologues à Aos1, dont les produits s'associent probablement avec la protéine codée par l'unique gène de type Uba2 (Kurepa et coll., 2003).

II.2.2.2.3. E2

Lors de la seconde étape de la voie de SUMOylation, SUMO est transféré de l'enzyme E1 à la cystéine du site actif de l'enzyme de conjugaison ou enzyme E2, en formant un intermédiaire SUMO-E2. Celui-ci constitue le donneur de SUMO dans la réaction finale au cours de laquelle SUMO est transféré au groupe amine d'une lysine du substrat. Ubc9 est l'unique enzyme de conjugaison chez la levure et les invertébrés, ainsi que chez les vertébrés très probablement (Desterro et coll., 1997; Johnson et Blobel, 1997; Hayashi et coll., 2002; Jones et coll., 2002). La présence d'une seule enzyme de conjugaison contraste avec la voie d'ubiquitination dans laquelle on trouve de multiples E2s. Ubc9 possède une grande homologie de séquence avec les E2 d'ubiquitination, mais partage également le même type de repliement, avec toutefois une forte charge positive globale (Tong et coll., 1997). Ubc9 interagit directement avec le motif ψKXE du substrat via la région entourant la cystéine du site actif (Bernier-Villamor et coll., 2002; Tatham et coll., 2003a). Une seconde région d'Ubc9, en dehors du site actif, se lie directement à SUMO et est impliquée dans le transfert de SUMO de l'enzyme E1 à Ubc9 (Bencsath et coll., 2002; Tatham et coll., 2003b). Comme les gènes codant pour SUMO, Aos1 et Uba2, le gène codant pour Ubc9 est essentiel dans tous les organismes testés, à l'exception de *S. pombe*, chez qui le phénotype non létal obtenu en mutant le gène hus5 codant pour Ubc9 est identique aux phénotypes obtenus en mutant les gènes codant pour SUMO, Aos1 et Uba2 (al-Khodairy et coll., 1995; Seufert et coll., 1995; Shayeghi et coll., 1997; Epps et Tanda, 1998; Tanaka et coll., 1999; Apionishev et coll., 2001; Jones et coll., 2002).

II.2.2.2.4. E3 ligases

Des études récentes ont permis de mettre en évidence trois types de SUMO ligases (E3s). Le premier est constitué par les membres de la famille PIAS (Protein Inhibitor of Activated STAT) (Hochstrasser, 2001; Jackson, 2001), qui avaient été à l'origine caractérisés comme étant des inhibiteurs des facteurs de transcription STAT (Shuai, 2000). Le deuxième correspond à un domaine de la grande protéine RanBP2/Nup358 du complexe du pore nucléaire chez les vertébrés (Pichler et coll., 2002). Et le dernier correspond à la protéine Pc2 du groupe polycomb (Kagey et coll., 2003). Ces protéines présentent toutes les caractéristiques d'une E3 à savoir : 1) elles se lient à E2, 2) elles se lient au substrat et 3) elles induisent le transfert de SUMO de E2 au substrat *in vitro*. Ces SUMO E3 ligases, comme les E3 contenant des domaines de type RING (« Really Interesting New Gene ») impliqués dans l'ubiquitination (Hershko et Ciechanover, 1998; Borden, 2000), ne forment pas d'intermédiaires liés de manière covalente à SUMO mais faciliteraient la liaison Ubc9/substrat. Elles pourraient également activer Ubc9. Au cours de l'étude de la voie de SUMOylation, on a d'abord douté de l'existence de E3 éventuellement impliquées dans cette voie puisque la réaction de SUMOylation reconstituée *in vitro* avec des protéines recombinantes ne nécessitait que SUMO, E1 et E2 (Desterro et coll., 1999; Okuma et coll., 1999). Par la suite, des études ont montré que la grande majorité des réactions de SUMOylation chez la levure étaient E3-dépendantes (Johnson et Gupta, 2001; Takahashi et coll., 2001b) et d'autres études ont montré que les E3s amélioraient la liaison de SUMO à tous les substrats testés *in vitro* (Johnson et Gupta, 2001; Kahyo et coll., 2001; Sachdev et coll., 2001; Takahashi et coll., 2001a; Kirsh et coll., 2002; Kotaja et coll., 2002; Pichler et coll., 2002; Schmidt et Muller, 2002). Tout cela indique que les E3s sont des acteurs importants des voies de SUMOylation.

II.2.2.2.4.1. La famille PIAS

Les protéines PIAS (voir tableau 13) ont à l'origine été caractérisées comme étant des inhibiteurs des facteurs de transcription STAT [pour une revue voir (Shuai, 2000; Schmidt et Muller, 2003)]. Elles partagent un domaine amino-terminal conservé de 400 résidus qui comporte plusieurs courtes régions de grande similarité, en particulier un domaine SAP (du nom de trois protéines contenant ce domaine, SAR, Acinus, PIAS) qui est impliqué dans la liaison aux séquences d'ADN riches en AT (Aravind et Koonin, 2000; Kipp et coll., 2000; Sachdev et coll., 2001; Tan et coll., 2002), et un domaine SP-RING qui ressemble aux domaines RING qu'on retrouve dans beaucoup de E3 de la voie d'ubiquitination (Hochstrasser, 2001; Jackson, 2001). Comme les domaines RING, qui permettent aux Ub E3s de se lier aux Ub E2s, le domaine SP-RING se lie directement à Ubc9 et est nécessaire à l'activité des protéines PIAS. Il joue donc un rôle important dans la réaction de SUMOylation (Kahyo et coll., 2001; Sachdev et coll., 2001; Takahashi et coll., 2001a). Les protéines PIAS contiennent également un court motif d'acides aminés hydrophobes suivi de résidus acides appelé SIM (SUMO interaction motif) qui est impliqué dans la liaison avec SUMO (Minty et coll., 2000). Curieusement, la délétion de ce SIM a peu d'effet sur la SUMOylation relayée par les PIAS, mais peut en revanche affecter leur localisation intracellulaire et leur fonction transcriptionnelle (Sachdev et coll., 2001; Kotaja et coll., 2002). Les PIAS possèdent également un motif « PINIT » dont le rôle dans la rétention nucléaire a été montré pour une isoforme de PIAS3 spécifique des cellules souches embryonnaires chez la souris (Duval et coll., 2003). Les principales différences entre les protéines PIAS se situent dans leurs queues carboxy-terminales, qui varient de 100 à 450 résidus et qui ne présentent aucune homologie les unes par rapport aux autres, ni par rapport à des protéines connues.

Protéine SP-RING	Autres noms	Organisme	Substrats connus et remarques
Siz1	Ull1, YDR409w	*S. cerevisiae*	Septines (Cdc3, Cdc11, Sep7)
Siz2	Nfi1, YOR156c	*S. cerevisiae*	Inconnu ; avec Siz1, nécessaire pour la croissance à basse température
PIAS1	GBP	*H. sapiens* *M. musculus*	Se lie à STAT1 et à Gu/RNA helicase II; stimule la SUMOylation de p53, c-Jun, AR, Sp3, GRIP1, CtBP1
PIAS3	KChAP	*M. musculus* *H. sapiens* *R. norvegicus*	Se lie aux canaux à K⁺,à STAT3 ; stimule la SUMOylation de IRF-1
PIAS3L		*M.musculus*	Isoforme spécifique des cellules souches embryonnaires
PIASxα	PIAS2, ARIP3, Disabled 2-inter-acting protein	*M. musculus* *H. sapiens* *R. norvegicus*	PIASxα et PIASxβ sont deux isoformes issues de l'épissage alternatif du gène PIAS2. Se lie à STATx; stimule la SUMOylation de AR, c-Jun, STAT1, Smad4 ; Disabled-2 p67 est une isoforme présente chez la souris
PIASxβ	PIAS2, Miz1	*M. musculus* *H. sapiens* *R. norvegicus*	stimule la SUMOylation de p53, c-Jun, CtBP1, Msx2
PIASy	PIAS4	*M. musculus* *H. sapiens* *R. norvegicus*	stimule la SUMOylation de LEF1, Tcf-4, cMyb, C/EBPα, Smad4
dPIAS	Su(var)2-10, Zimp	*D. melanogaster*	Se lie à la protéine stat92E de *Drosophila* ; nécessaire à la condensation et à la structure des chromosomes ; essentiel pour le développement

Tableau 13 : La famille des protéines PIAS. Les différentes protéines de la famille PIAS connues pour différents organismes sont indiquées, ainsi que les noms alternatifs et les substrats potentiels de ces protéines. D'après (Hochstrasser, 2001).

S. cerevisiae possède deux protéines de la famille PIAS : Siz1 et Siz2. Siz1 est nécessaire à la SUMOylation des protéines du cytosquelette de la famille des septines (Johnson et Gupta, 2001; Takahashi et coll., 2001b) et du facteur de réplication PCNA (Hoege et coll., 2002), alors que les substrats de Siz2 ne sont pas encore identifiés. Lorsque l'on mute les gènes codant pour ces deux protéines, les levures sont viables et l'on observe une SUMOylation résiduelle, ce qui indique qu'une SUMOylation indépendante de Siz assure la majorité des fonctions de SUMO. De plus les levures portant la double mutation ont une vitesse de croissance plus faible que les levures normales, phénotype qui n'est pas observé avec les levures mutées pour l'un ou l'autre des deux gènes. Ceci indique que Siz1 et Siz2 ont des fonctions redondantes (Johnson et Gupta, 2001).

Plus récemment une nouvelle protéine de levure contenant un domaine SP-RING a été identifiée. Cette protéine, appelée Mms21, est l'une des sous-unités d'un complexe octamérique contenant entre autres Smc5 et Smc6, des protéines impliquées dans la maintenance structurale des chromosomes (Zhao et Blobel, 2005). Lorsque le gène codant pour cette protéine est muté, plusieurs phénotypes assez disparates sont observés comme une sensibilité accrue aux cassures de l'ADN, des défauts de l'intégrité nucléolaire et de la fonction des télomères. Il a été suggéré que Mms21 devait être impliqué dans la SUMOylation de protéines participant à ces différents processus (Zhao et Blobel, 2005). Son homologue chez l'homme est la protéine hypothétique FLJ32440 dont la fonction est inconnue.

Drosophila melanogaster ne possède qu'un seul gène codant pour une protéine de la famille PIAS, appelé dPIAS (ou Su(var)2-10 ou zimp) (Mohr et Boswell, 1999). Ce gène produit au moins deux isoformes par épissage alternatif. dPIAS est un gène essentiel qui est impliqué aussi bien dans l'organisation et la ségrégation des chromosomes (Hari et coll., 2001) que dans le développement de l'œil (Betz et coll., 2001).

Chez les mammifères, quatre gènes codant pour des protéines de la famille PIAS ont été décrits à ce jour : PIAS1, PIAS3, PIASx/PIAS2 et PIASy/PIAS4 (Chung et coll., 1997; Liu et coll., 1998a; Shuai, 2000). Le gène codant pour PIASx produit deux isoformes, PIASxα (ARIP3) (Moilanen et coll., 1999) et PIASxβ (Miz1) (Wu et coll., 1997), et celui qui code pour PIAS3 produit, outre PIAS3 sensu stricto, une seconde isoforme appelée KChAP (K+ Channel Associated protein) ou PIAS3β, qui stimule l'expression protéique d'un sous-groupe de canaux à potassium (K+) (Wible et coll., 2002). PIAS1 et PIAS3 sont ubiquitaires alors que PIASx et PIASy se trouvent principalement dans les testicules (Chung et coll., 1997; Moilanen et coll., 1999). Il existe également une isoforme de PIAS3, appelée PIAS3L, spécifique des cellules souches embryonnaires de souris (Duval et coll., 2003). Toutes ces protéines sont localisées dans des structures intranucléaires appelées « dots », qui sont au moins pour une partie d'entre elles des corps PML (Liu et Shuai, 2001; Sachdev et coll., 2001; Kotaja et coll., 2002; Miyauchi et coll., 2002).

L'hypothèse selon laquelle chaque protéine PIAS serait spécifique d'un ou de plusieurs substrats ne s'est vérifié qu'avec Siz1, les septines et PCNA chez la levure. Chez les mammifères, la SUMOylation d'un substrat donné peut en effet être stimulée par plusieurs E3 in vitro ou en surexprimant les protéines in vivo, comme pour p53 dont la SUMOylation peut être stimulée à la fois par PIAS1, PIAS3 et PIASy (Kahyo et coll., 2001; Schmidt et Muller, 2002). Ce genre de résultats suggère soit que les différentes PIAS ont des activités redondantes dans la cellule, soit que les expériences in vitro ne miment pas parfaitement la réalité physiologique. Une étude sur Siz2 confirme cette deuxième hypothèse puisqu'elle montre que cette E3 est capable de stimuler la SUMOylation des septines in vitro alors qu'elle est incapable de le faire in vivo (Takahashi et coll., 2003).

Une autre fonction possible des différentes protéines PIAS serait de modifier leurs substrats avec différentes isoformes de SUMO. Par exemple, PIASy stimule l'attachement de SUMO-2 plutôt que de SUMO-1 sur les facteurs de transcription LEF1 (Sachdev et coll., 2001) et GATA-2 (Chun et coll., 2003).

Enfin, les effets des protéines PIAS dans la cellule ne sont peut-être pas tous dus au rôle de ces SUMO E3 dans la SUMOylation. Elles inhibent en effet la liaison des facteurs de transcription

STAT à l'ADN et rien n'indique que cela implique SUMO (Chung et coll., 1997; Liu et coll., 1998a; Rogers et coll., 2003; Ungureanu et coll., 2003).

II.2.2.2.4.2. RanBP2/Nup358

Le deuxième type de SUMO E3 ligase est constitué par une région d'environ 300 résidus dans une protéine de grande taille spécifique des vertébrés, RanBP2 (Ran binding protein 2), qui est un composant du complexe du pore nucléaire (Stoffler et coll., 1999; Fahrenkrog et Aebi, 2003) (voir figure 33).

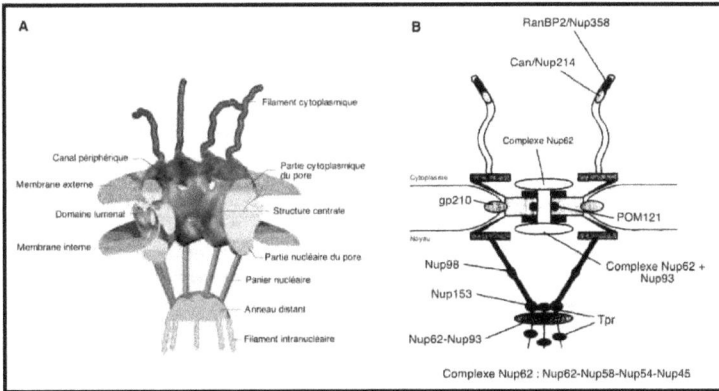

Figure 33 : Le complexe des pores nucléaires. A) Représentation schématique en 3D du complexe du pore nucléaire (Nuclear Pore Complex ou NPC) avec ses principales structures : la structure centrale, la partie cytoplasmique du pore avec ses filaments et la partie nucléaire du pore avec le panier nucléaire. D'après (Fahrenkrog et Aebi, 2003). **B)** Composition des structures du NPC. Les différentes structures du NPC sont constituées de l'assemblage de plusieurs protéines appelées nucléoporines (Nup). RanBP2/Nup358 se trouve au niveau de l'extrémité des filaments cytoplasmiques. D'après (Stoffler et coll., 1999).

RanBP2 est une protéine contenant plusieurs types de domaines fonctionnels dont le domaine IR (internal repeat domain) qui contient deux répétitions d'une séquence d'environ 50 résidus et qui ne présente aucune homologie avec des Ub E3 connues ou d'autres protéines. C'est ce domaine qui a été identifié comme ayant une activité SUMO E3 ligase. En plus de son activité E3, le domaine IR est capable de former un complexe trimérique avec SUMO-RanGAP1 et Ubc9, induisant la localisation de RanGAP1 SUMOylé au niveau des pores nucléaires (Saitoh et coll., 1997; Matunis et coll., 1998). De part sa localisation et son activité E3, il a été proposé que RanBP2 pouvait participer à la SUMOylation des protéines nucléaires au cours de leur importation dans le noyau (Pichler et coll., 2002). C'est cette hypothèse que nous avons tenté de confirmer avec ATF7, RanBP2 étant une E3 potentielle pour ATF7 *in vitro* (voir partie résultats).

107

Même s'il n'a pas été clairement établi que RanBP2 était nécessaire à SUMOylation de protéines autres que RanGAP1 *in vivo*, les résultats *in vitro* indiquent que RanBP2 et les protéines PIAS pourraient être impliqués dans la SUMOylation de substrats différents. Le domaine IR stimule la SUMOylation de RanGAP1 (Saitoh et coll., 1997; Matunis et coll., 1998), de HDAC4 (Kirsh et coll., 2002), de Sp100 (Pichler et coll., 2002) et d'ATF7 (voir partie résultats) alors que les protéines PIAS n'ont aucun effet sur ces substrats. Inversement, les protéines PIAS, mais pas RanBP2, sont capables de stimuler la SUMOylation de p53 (Kahyo et coll., 2001; Kirsh et coll., 2002) et Sp3 (Sapetschnig et coll., 2002). Il existe à ce jour deux exceptions à cette hypothèse de spécificité de substrats : l'une pour Mdm2 (Miyauchi et coll., 2002) et l'autre pour CtBP (Lin et coll., 2003), ces deux protéines pouvant être SUMOylées *in vitro* à la fois par des PIAS et par RanBP2.

II.2.2.2.4.3. Pc2

La troisième SUMO E3 ligase identifiée est la protéine Pc2 du groupe des protéines polycomb (Polycomb Group ou PcG) qui peuvent former des structures intranucléaires appelées corps PcG (PcG bodies) (Kagey et coll., 2003). Les protéines PcG forment des complexes multimériques de grande taille qui peuvent méthyler les histones et donc participer à l'inhibition de la transcription (voir paragraphe I.4.2.2.3). Le corépresseur transcriptionnel CtBP s'associe aux corps PcG via Pc2, lequel stimule la SUMOylation de CtBP à la fois *in vitro* et *in vivo*. De plus, la surexpression de Pc2 induit une relocalisation de Ubc9 et de SUMO vers les corps PcG, ce qui pourrait signifier que ces structures soient des sites majeurs de SUMOylation dans la cellule (Kagey et coll., 2003). Cependant, la stimulation de la SUMOylation de CtBP peut également être le fait de protéines PIAS ou de RanBP2 (Lin et coll., 2003), ce qui suggère qu'il y a très probablement plusieurs facteurs impliqués dans la SUMOylation de CtBP. Plus récemment, deux domaines impliqués dans l'activité E3 de Pc2 ont été identifiés : un domaine carboxy-terminal, qui permet de recruter Ubc9 et CtBP, et qui interagit avec la partie amino-terminale de Pc2 qui constitue le deuxième domaine important pour son activité E3 (Kagey et coll., 2005).

Jusqu'à présent, aucune activité enzymatique n'a été démontrée pour les SUMO E3 connues et l'hypothèse la plus probable est qu'elles agissent comme protéines adaptatrices entre E2, SUMO et le substrat (Johnson et Gupta, 2001; Seeler et Dejean, 2003; Muller et coll., 2004). Cependant, le domaine carboxy-terminal de Pc2, qui joue ce rôle d'adaptateur, ne présente pas d'activité SUMO E3 *in vitro*. Cette étude prouve donc que la fonction adaptatrice n'est pas suffisante pour stimuler la SUMOylation de CtBP. En fait, c'est le domaine amino-terminal de Pc2 qui est capable de stimuler le transfert de SUMO d'Ubc9 à CtBP *in vitro*, mais les mécanismes enzymatiques ne sont pas encore connus (Kagey et coll., 2005).

II.2.2.2.5. SUMO protéases

Les SUMO protéases ou isopeptidases ont deux fonctions [pour une revue voir (Melchior et coll., 2003)] : elles catalysent la maturation du peptide SUMO natif en sa forme mature (activité hydrolase carboxy-terminale) (voir figures 31 et 32) et elles clivent les ponts isopeptidiques entre SUMO et ses substrats (activité isopeptidase). Toutes les SUMO protéases connues appartiennent à la famille des protéases à cystéine de type Ulp1 (Ubiquitin Like Protease 1), du nom de l'enzyme de référence de cette famille, la protéase Ulp1 de levure (Li et Hochstrasser, 1999). Aucune autre famille de protéase spécifique de SUMO n'est connue pour le moment. Les protéases Ulp sont des protéases à cystéine caractérisées par un domaine « cœur » de 200 acides aminés qui est situé dans leur région carboxy-terminale et qui contient le triplet catalytique Cys-His-Asn. Ce domaine présente des homologies de séquence avec des protéases virales comme la protéase de l'adénovirus (Li et Hochstrasser, 1999; Mossessova et Lima, 2000). Elles contiennent également un domaine amino-terminal très variable en taille et en séquence qui leur confère une part de leur spécificité (voir plus bas).

Chez la levure, on trouve seulement deux protéases Ulp : Ulp1 et Ulp2, toutes les deux spécifiques de SUMO. Ulp1 est localisé au niveau des NPC et Ulp2 dans le nucléoplasme. Ulp1 est un gène essentiel chez la levure. Une étude a montré qu'une cellule exprimant seulement le domaine catalytique de Ulp1 était viable mais présentait une forte accumulation de protéines SUMOylées. Ceci indique que le ratio entre protéines SUMOylées et non SUMOylées n'est pas critique pour la cellule mais également que l'activité de Ulp1 (efficacité et spécificité) est liée à sa localisation près des NPC laquelle est relayée par son domaine amino-terminal (Li et Hochstrasser, 2003; Panse et coll., 2003). Ulp2 n'est pas essentiel pour la viabilité de la levure, mais sa délétion entraîne des défauts importants dans la stabilité des chromosomes, la sporulation ou la croissance. Récemment, il a été montré que Ulp2 était lié à la maintenance de la cohésion des chromatides pendant la métaphase (Bachant et coll., 2002).

Contrairement à la levure, les mammifères ont plusieurs gènes codant pour des protéases Ulp, mais toutes ces protéases ne sont pas spécifiques de SUMO. Sept gènes humains sont décrits dans les banques de données (voir tableau 14) et sont nommés SENP1-3 et SENP5-8 (SENP pour Sentrin Protease). Le seul gène qui n'est pas disponible dans les banques est le gène codant pour la protéase SENP4, alors qu'il est fait mention de cette protéine dans une revue datant de 2000 (Yeh et coll., 2000). Le nombre de protéines codées par ces gènes est probablement assez élevé à cause de l'épissage alternatif les affectant. Seulement quatre gènes SENP se sont avérés être des protéases spécifiques de SUMO pour le moment, SENP1, SENP2, SENP3 et SENP6 (Melchior et coll., 2003). SENP8 (ou NedP1 ou Den1) n'est pas une SUMO protéase mais une protéase spécifique de Nedd8, un autre peptide homologue à l'ubiquitine (Gan-Erdene et coll., 2003; Mendoza et coll., 2003; Wu et coll., 2003).

Gènes	Spécificité	Protéines	Taille	Localisations
SENP1	SUMO	hSENP1	643 AA (123 AA)	Nucléoplasme, Corps nucléaires et périphérie nucléaire
		mSENP1, mSuPr-2	(640 AA)	
SENP2	SUMO	hSENP2, hUlp1, SSP3	589 AA	NPC
		rAxam	588 AA	Nucléaire
		mSENP2	(588 AA)	
	SUMO-2/3	mAxam2/mSmt3IP2	541 AA	Cytoplasmique, associé à des vésicules
		mSuPr-1	507 AA	Corps PML
SENP3		hSENP3	574 AA	
	SUMO-2/3	mSmt3IP1/mSuPr-3	568 AA	Nucléolaire
(SENP4)				
SENP5	Nd	hSENP5	(755 AA)	
SENP6	SUMO	hSusp1	1112 AA (1107 AA)	Cytoplasmique
SENP7	Nd	hSENP7, hSusp2	(984 AA, 886 AA, 1017 AA)	
SENP8	Nedd8	hSENP8/Nedp1/Den1	212 AA	

Tableau 14 : Protéases de la famille Ulp chez les mammifères. 8 protéases ont été identifiées à ce jour comme appartenant à la famille Ulp chez les mammifères. SENP4 est indiqué entre parenthèse car il n'existe aucune séquence dans les banques sous ce nom, ni aucune protéine décrite pouvant y correspondre. Un seul article mentionne cette protéine et donne une partie de sa séquence (correspondant à la partie conservée entre toutes les SENPs) : (Yeh et coll., 2000). Les homologues connus des protéines du rat (r), de la souris (m) et de l'homme (h) sont indiqués ainsi que leur taille en acides aminés (AA). Les nombres entre parenthèse indiquent la taille des protéines ou des isoformes décrites dans les banques mais non caractérisées *in vivo*. Nd, non déterminé. D'après (Melchior et coll., 2003).

Toutes ces protéases ont une activité carboxy-terminal hydrolase et isopeptidase, sauf SENP6 qui semble seulement avoir une activité carboxy-terminal hydrolase (Kim et coll., 2000). De plus les isoformes mSENP3/Smt3IP1 (Nishida et coll., 2000) et mSENP2/Axam-2 (Nishida et coll., 2001) sont plutôt spécifiques de SUMO2/3 contrairement à hSENP1 (Gong et coll., 2000), hSENP2 (Zhang et coll., 2002)et rSENP2/Axam (Kadoya et coll., 2002) qui fonctionnent aussi bien avec SUMO1 qu'avec les protéines SUMO2/3. Aucune étude systématique n'a encore été réalisée sur la famille SENP, mais tous ces résultats suggèrent que ses membres pourraient avoir des propriétés catalytiques différentes.

Les protéases SUMO se trouvent dans plusieurs compartiments cellulaires chez les mammifères (voir tableau 14) mais ces localisations peuvent varier d'une isoforme à une autre. Par exemple, hSENP2 est enrichi au niveau de la face nucléaire des NPCs ; rSENP2 (ou Axam) est présent dans le nucléoplasme et dans une moindre mesure dans le cytoplasme ; mSENP2/SuPr-1 (sans un petit exon amino-terminal) est présent dans les corps PML ; et mSENP2/Axam2 (délété d'un exon amino-terminal différent) se trouve dans le cytoplasme et est enrichi au niveau de vésicules cytoplasmiques. Comme toutes ces isoformes varient principalement au niveau de leur domaine amino-terminal, ce dernier semble être déterminant pour leur localisation intracellulaire.

De plus l'expression des SUMO protéases peut varier d'un type cellulaire à un autre comme dans le cas de SENP6 qui est surexprimé dans les organes reproducteurs (Kim et coll., 2000).

Tous ces paramètres (variations de localisation, propriétés catalytiques différentes, variation du taux d'expression) sont probablement à l'origine d'une grande spécificité de substrat *in vivo*.

II.2.2.3. Fonctions de SUMO

Depuis la découverte des premières protéines modifiées par SUMO (voir paragraphe II.2.2.2.1), un grand nombre d'études ont mis en évidence la diversité et la multitude des protéines cibles de la SUMOylation. La plupart des substrats connus sont des protéines nucléaires impliquées dans des phénomènes aussi importants que la régulation de la transcription, la maintenance et la structure du génome, et la réparation de l'ADN. Mais il existe également quelques cibles cytoplasmiques. Quelques-unes de ces protéines sont présentées figure 34 et regroupées par fonction.

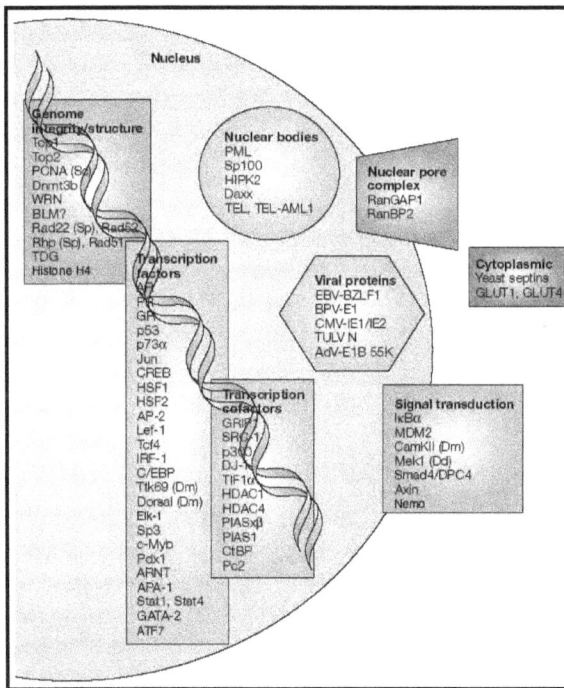

Figure 34 : Substrats de SUMO groupés par fonction. Plusieurs des nombreuses protéines SUMOylées connues sont listées et groupées en fonction de leur localisation et/ou de leur rôle dans la cellule. Les protéines de levure, drosophile et *Dictyostelium* sont indiquées par (Sc) ou (Sp), (Dm) et (Dd) respectivement. Toutes les autres sont des protéines de mammifères. D'après (Seeler et Dejean, 2003).

II.2.2.3.1. SUMO et le cycle cellulaire

Le gène codant pour Smt3p, l'homologue de SUMO chez la levure, a été isolé lors de la recherche de suppresseurs de mutations affectant le gène codant pour Mif2p, une protéine qui interagit avec les centromères des chromosomes. De plus, toujours chez la levure, des mutations dans les gènes codant pour l'enzyme E1 et E2 entraînent un arrêt du cycle cellulaire en G2/M. Chez *S. pombe*, des mutations dans les mêmes enzymes entraînent des problèmes de mitose et de croissance. Tout cela indique que la SUMOylation est importante pour le bon déroulement du cycle cellulaire.

De plus, plusieurs études récentes ont mis en évidence le rôle critique de la SUMOylation et de la déSUMOylation lors de la mitose. La protéine de levure Pds5p est nécessaire à la cohésion des chromatides sœurs et des mutants de Pds5p, qui entraînent une dissociation précoce des deux chromatides, peuvent être réversés par la surexpression de la SUMO protéase Ulp2. Le pic de SUMOylation de Pds5p se situe pendant la mitose. Par conséquent, c'est la SUMOylation de Pds5p pendant la mitose qui entraîne la dissociation des deux chromatides, et Ulp2 veille au maintien de l'état déSUMOylé de Pds5p en dehors de la mitose (Stead et coll., 2003). Une autre étude a montré que Ulp2 jouait le même rôle pour l'ADN Topoisomérase II (Top2) puisqu'un excès de SUMOylation de Top2 entraîne une dissociation précoce des chromatides (Bachant et coll., 2002).

Le complexe anaphasique APC/C (Anaphase Promoting Complex / Cyclosome) possède une activité ubiquitine ligase nécessaire à la dégradation de plusieurs protéines mitotiques via le protéasome et donc à la transition métaphase/anaphase. Ce complexe est SUMOylé, et, dans des cellules où Ubc9 ou SUMO sont absents, les protéines cibles d'APC/C ne sont pas dégradées entraînant un arrêt du cycle cellulaire (Dieckhoff et coll., 2004). Cette étude met en évidence les liens existant entre les voies d'ubiquitination et de SUMOylation dans le contrôle du cycle cellulaire.

II.2.2.3.2. SUMO et la maintenance de l'intégrité du génome

Les premières études sur SUMO chez la levure indiquaient que les cellules déficientes en protéines impliquées dans la voie de SUMOylation étaient également déficientes dans leur capacité à réparer l'ADN endommagé. Chez les levures *S. pombe*, la mutation du gène codant pour Pmt3 (l'homologue de SUMO) n'est pas létale, mais elle entraîne plusieurs phénotypes dont une sensibilité accrue aux agents cassant l'ADN et des mitoses aberrantes. De plus chez ces mutants on observe un allongement des télomères, ce qui indique que Pmt3 est impliqué dans la maintenance de ces télomères (Tanaka et coll., 1999). Dans les cellules eucaryotes, les ADN polymérases impliquées dans la réparation et la synthèse d'ADN sont assistées par la protéine PCNA. Cette dernière fonctionne telle une pince entourant l'ADN et permet d'augmenter la processivité des ADN polymérases [pour une revue voir (Maga et Hubscher, 2003)]. PCNA est monoubiquitiné et polyubiquitiné (ce qui, dans ce cas, n'entraîne pas la dégradation de la protéine) sur sa lysine 164 qui est également la cible de SUMO (Hoege et coll., 2002) et chaque modification a des conséquences différentes sur l'activité de PCNA (Stelter et Ulrich, 2003; Haracska et coll., 2004). En fait il semblerait que SUMO inhibe la réparation de l'ADN dépendante de l'ubiquitination de PCNA.

Un autre exemple illustre l'importance de la SUMOylation dans la réparation de l'ADN : la protéine TDG (Thymine DNA Glycosylase) est impliquée dans la voie de réparation par excision de base (base-excision repair ou BER). Elle catalyse l'hydrolyse d'une seule base au niveau de mésappariements comme G:T ou G:U et reste fixée aux sites « monobase » créés (G:_ par exemple) pour éviter la formation de cassures double brin. Lorsque TDG est SUMOylée, elle n'est plus capable de se fixer à ces sites « monobase », ce qui indique que sa SUMOylation est une partie intégrante du processus de réparation de type BER (Hardeland et coll., 2002). Elle permet de réguler le départ de TDG des sites monobases créés et donc de poursuivre le processus de réparation.

Plusieurs protéines de la voie SUMO sont également impliquées dans les processus de réparation de l'ADN comme Ubc9 (Maeda et coll., 2004) et Ulp2 (Li et Hochstrasser, 2000) chez *S. cerevisiae*, ou Ulp1, Rad51 (un composant de E1) et hus5 (Ubc9) chez *S. pombe* (Taylor et coll., 2002). Des mutations dans les gènes codant pour toutes ces protéines entraînent des hypersensibilités aux agents cassant l'ADN.

La SUMOylation et la déSUMOylation ont donc des rôles importants dans l'assemblage et le désassemblage de complexes impliqués dans la réparation de l'ADN, et dans certaines circonstances, le rôle de la déSUMOylation peut être de libérer une lysine importante pour une modification ultérieure (par l'ubiquitine par exemple).

II.2.2.3.3. SUMO et le transport subcellulaire

L'enzyme E1 (SAE1/SAE2) et l'enzyme E2 (Ubc9) se trouvent principalement dans le noyau, mais peuvent être également associées aux filaments cytoplasmiques et nucléaires du NPC (Rodriguez et coll., 2001; Zhang et coll., 2002). De plus l'enzyme E3 RanBP2 est une protéine du NPC (Pichler et coll., 2002) et il a également été montré que la SUMO protéase SENP2 et son homologue de levure Ulp1 étaient présentes à niveau du NPC (Hang et Dasso, 2002; Zhang et coll., 2002; Panse et coll., 2003). Bien qu'il existe quelques substrats dans le cytoplasme (comme RanGAP1, IκBα, GLUT1, GLUT4 et les septines de levures), il semble que la SUMOylation soit un processus largement nucléaire. En fait un petit peptide contenant le motif ψKXE et un signal de localisation nucléaire (NLS) suffisent à obtenir une conjugaison avec SUMO *in vivo* (Rodriguez et coll., 2001). De plus de nombreux substrats dont le NLS est muté ne sont plus SUMOylés (Sternsdorf et coll., 1999; Kirsh et coll., 2002; Miyauchi et coll., 2002).

Tous ces résultats suggèrent fortement que la SUMOylation des protéines cibles pourrait avoir lieu lors de leur passage à travers le NPC, et qu'elle pourrait jouer un rôle clé dans le contrôle de l'importation des protéines dans le noyau (Melchior et coll., 2003; Seeler et Dejean, 2003; Hay, 2005) (voir figure 35).

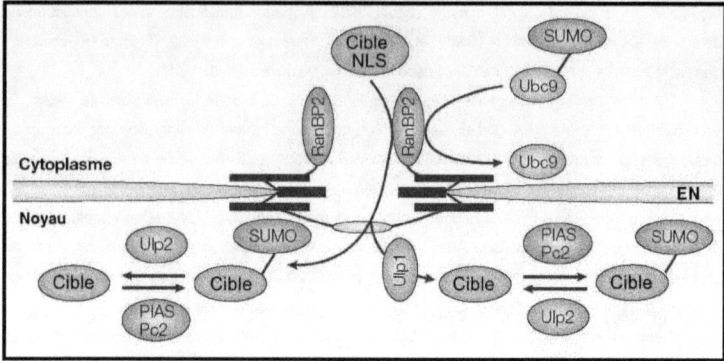

Figure 35 : SUMOylation et import nucléaire. Selon ce modèle, un substrat qui possède un signal de localisation nucléaire (NLS) serait SUMOylé par la E3 ligase RanBP2 au niveau du complexe du pore nucléaire (NPC) puis déSUMOylé par une protéase de type Ulp1 (SENP2 chez les mammifères) au niveau du NPC ou par une protéase de type Ulp2 (SENP1 chez les mammifères) dans le nucléoplasme. Une fois dans le noyau, les substrats peuvent être de nouveau SUMOylés par les E3 de la famille PIAS ou par Pc2. E : enveloppe nucléaire. D'après (Seeler et Dejean, 2003).

Une étude récente montre que le facteur de transcription Elk-1 fait la navette entre le noyau et le cytoplasme. Elk-1 est exporté du noyau, mais il est également rapidement réimporté. Un mutant d'Elk-1 non SUMOylable, fait la navette plus rapidement que la forme sauvage et la surexpression stable de SUMO dans les cellules aboutit à une diminution de la cinétique d'import/export d'Elk-1 sauvage, sans avoir d'effet sur celle de la forme mutante. Il semble donc que la conjugaison de SUMO à Elk-1 contrôle sa rétention nucléaire et/ou la cinétique de son import/export nucléocytoplasmique (Salinas et coll., 2004).

La localisation du corépresseur transcriptionnel CtBP est également modifiée par sa SUMOylation. Habituellement nucléaire, CtBP devient cytoplasmique lorsque son site de SUMOylation est muté. En fait c'est la protéine nNOS (neuronal Nitric Oxide Synthase) qui entraîne la localisation cytoplasmique de CtBP, et la SUMOylation bloque l'association des deux protéines, donc bloque CtBP dans le noyau (Lin et coll., 2003).

Nous avons également observé que la SUMOylation d'ATF7 affectait sa localisation, en induisant sa séquestration dans la zone périphérique du noyau (voir parties résultats et discussion).

II.2.2.3.4. SUMO, un antagoniste de l'ubiquitine

Les résidus lysine ne sont pas seulement la cible de la SUMOylation, certains pouvant être affectés par d'autres modifications post-traductionnelles comme l'ubiquitination. Plusieurs cas de compétition entre SUMO et ubiquitine pour la même lysine d'un substrat ont été rapportés. La lysine

164 de PCNA peut ainsi être monoubiquitinée, polyubiquitinée ou SUMOylée (Hoege et coll., 2002). De même la protéine IκB, qui maintient le facteur de transcription NF-κB dans un état inactif dans des cellules non stimulées, est SUMOylée ou ubiquitinée sur la même lysine. La SUMOylation bloque l'ubiquitination et stabilise la protéine. Or, en réponse à certains stimulus, IκB est polyubiquitiné et par suite dégradé via le protéasome, permettant à NF-κB de migrer dans le noyau et d'activer ses gènes cibles. La SUMOylation d'IκB inhibe donc l'activation de la transcription relayée par NF-κB (Desterro et coll., 1998). Plus récemment, il a été montré que la SUMOylation de la sous-unité régulatrice du complexe kinase d'IκB (IKK) appelée IKKγ ou NEMO (pour NF-κB Essential MOdulator) était nécessaire à l'activation de NF-κB par des stress génotoxiques. Comme pour IκB, le site de SUMOylation de NEMO est également ubiquitinable. Les cassures de l'ADN entraînent la localisation nucléaire de NEMO, et après déSUMOylation, NEMO est ubiquitiné et revient dans le cytoplasme où il active IKK et donc de manière indirecte NF-κB puisque la phosphorylation d'IκB par IKK entraîne la dissociation de NF-κB et d'IκB (Huang et coll., 2003; Hay, 2004).

Un autre exemple de compétition entre ubiquitination et SUMOylation a été découvert lors de l'étude d'une maladie neurodégénérative, la maladie de Huntington. Cette maladie se caractérise par l'accumulation dans certains neurones de protéine Huntingtin mutante, c'est-à-dire contenant de larges expansions polyglutamiques, conduisant à une neurodégénération. La Huntingtin est modifiée par l'ubiquitine et par SUMO sur la même lysine. Dans un modèle de drosophile, l'ubiquitination de la Huntingtin diminue la neurodégénération alors que la SUMOylation l'augmente (Steffan et coll., 2004).

II.2.2.3.5. SUMO et transcription

Beaucoup de protéines SUMOylées identifiées à ce jour sont des protéines impliquées dans la régulation de l'expression génétique, comme des régulateurs spécifiques d'une séquence d'ADN ou des corégulateurs (voir figure 34). La SUMOylation de ces facteurs de transcription peut entraîner une activation de la transcription mais dans la plupart des cas, elle est associée à une inhibition de la transcription [voir les revues (Verger et coll., 2003; Gill, 2004; Hemelaar et coll., 2004; Hay, 2005)].

Quelques rares cas d'activation transcriptionnelle ont été rapportés. La SUMOylation des facteurs de transcription HSF1 et HSF2 (Heat Shock transcription Factor) augmente leur liaison à l'ADN et la mutation de leur sites de SUMOylation entraîne une diminution de leur activité transcriptionnelle (Goodson et coll., 2001; Hong et coll., 2001). La protéine NFAT (Nuclear Factor of Activated T cells) est SUMOylée sur les résidus lysine 684 et lysine 857. La SUMOylation de la première est nécessaire à l'activation transcriptionnelle relayée par NFAT alors que celle de la seconde est seulement nécessaire à sa rétention dans le noyau (Terui et coll., 2004). Le suppresseur de tumeur p53 est également SUMOylé mais son effet sur l'activité transcriptionnelle varie selon les études : pour certaines, il est positif (Gostissa et coll., 1999; Rodriguez et coll., 1999), et pour d'autres il est négatif (Muller et coll., 2000; Kwek et coll., 2001).

Dans la majorité des cas donc, la SUMOylation est associée à la répression de la transcription. La plupart des sites de SUMOylation des facteurs de transcription se trouvent dans leurs domaines inhibiteurs (IR ou ID pour Inhibitory Region ou Domain), tels qu'ils avaient été caractérisés avant même la découverte de la SUMOylation, et la mutation de la lysine acceptrice présente dans ces domaines entraîne une augmentation de l'activité transcriptionnelle. C'est notamment le cas pour les facteurs Sp3 (Sapetschnig et coll., 2002), Elk-1 (Yang et coll., 2003), KLF3 (Perdomo et coll., 2005), ou Net (Wasylyk et coll., 2005).

Le peptide SUMO lui-même est suffisant pour inhiber la transcription puisqu'une fusion Gal4-SUMO est capable de réprimer un gène rapporteur sous le contrôle d'un promoteur contenant une séquence de fixation à Gal4. De même il suffit de fusionner le peptide SUMO à un facteur de transcription pour voir une diminution de l'activation dont il est responsable (Ross et coll., 2002)

La SUMOylation peut également avoir des effets dépendants du contexte du promoteur. Il a en particulier été montré que la SUMOylation pouvait interférer avec la capacité de certains facteurs de transcription à fonctionner de manière synergique au niveau d'un même promoteur (Holmstrom et coll., 2003). Une étude sur le récepteur aux glucocorticoïdes (GR) a permis d'identifier une région appelée motif de contrôle de la synergie (synergy control motif ou motif SC) dont la mutation entraîne une augmentation de l'activité de GR sur des promoteurs comportant plusieurs sites de fixation de facteurs spécifiques mais pas sur des promoteurs avec un seul site (Iniguez-Lluhi et Pearce, 2000). Ce motif SC contient en fait un site de SUMOylation (Le Drean et coll., 2002; Tian et coll., 2002). Les motifs SC identifiés dans d'autres facteurs de transcription, comme le récepteur aux androgènes (AR) (Poukka et coll., 2000) ou C/EBPα (Subramanian et coll., 2003), ont depuis été caractérisés comme étant des cibles de la SUMOylation. Il est intéressant de noter que la mutation du site de SUMOylation de GR augmente l'activité de certains de ses promoteurs cibles alors qu'elle la diminue pour d'autres (Le Drean et coll., 2002; Tian et coll., 2002; Holmstrom et coll., 2003). Tous ces résultats suggèrent que la SUMOylation des facteurs de transcription n'est pas simplement un mécanisme binaire (« ON/OFF ») mais plutôt un mécanisme subtil et dépendant du contexte du promoteur.

Il existe deux modèles pour expliquer la répression de la transcription relayée par la SUMOylation :

1) les facteurs de transcription SUMOylés recrutent des corépresseurs au niveau du promoteur qui induisent un remodelage de la chromatine associé à la répression

2) les facteurs de transcription SUMOylés sont recrutés et séquestrés dans des structures sub-nucléaires particulières.

Plusieurs exemples de recrutement de corépresseur ont été mis en évidence. Le régulateur transcriptionnel p300 est SUMOylé au niveau de son domaine CRD1 (Cell cycle Regulated Domain 1) ce qui induit la répression de la transcription de certains gènes cibles de p300. Ce domaine CRD1 recrute l'histone déacétylase HDAC6 (voir paragraphe I.4.2.2.2.2) (Girdwood et coll., 2003). De la même manière Elk-1 recrute HDAC2 au niveau de ses promoteurs cibles (Yang et Sharrocks, 2004).

L'histone H4 est également SUMOylée et cela entraîne une répression de la transcription relayée par le recrutement de HDAC1 et HP1 (Heterochromatin Protein 1) (Shiio et Eisenman, 2003).

L'autre mécanisme invoqué pour la répression de la transcription dépendante de la SUMOylation est le recrutement des protéines SUMOylées vers des structures particulières du noyau, dont les plus connues sont les corps PML. La leucémie promyélocytaire (PML) est causée par la fusion du gène PML et du gène codant pour le récepteur aux acides rétinoïques RARα par translocation, produisant une protéine de fusion active transcriptionnellement. Dans les cellules normales, la protéine PML se trouve dans des structures nucléaires appelées corps PML ou NBs (Nuclear Bodies) ou ND10 ou PODs (PML Oncogenic Domains) (Takahashi et coll., 2004). PML est SUMOylé sur trois lysines (Kamitani et coll., 1998a; Kamitani et coll., 1998b; Duprez et coll., 1999) et sa SUMOylation est nécessaire à la formation des NBs mais également au recrutement d'autres composants des NBs (Ishov et coll., 1999; Zhong et coll., 2000; Lallemand-Breitenbach et coll., 2001). Cette activité est perdue avec les protéines de fusion PML/RARα. Comme d'autres protéines des NDs sont également SUMOylées, comme HIKP2 (Kim et coll., 1999) et Sp100 (Sternsdorf et coll., 1997; Sternsdorf et coll., 1999), il a été proposé que les NDs pouvaient être les sites de stockage des protéines SUMOylées. Une étude récente a mis en évidence qu'une fusion SUMO-Sp3 était séquestrée dans les NBs (Ross et coll., 2002), mais dans une autre étude sur le même facteur de transcription, aucune différence de localisation intracellulaire n'a été observée (Sapetschnig et coll., 2002). Comme les deux lignées cellulaires utilisées dans ces deux études sont différentes, il est possible que la relocalisation de Sp3 due à sa SUMOylation soit un effet dépendant du tissu où est exprimé la protéine.

Un autre compartiment subnucléaire a été caractérisé comme ayant un rôle dans la répression de la transcription et pouvant constituer des centres de SUMOylation potentiels : il s'agit des corps nucléaires Polycomb (Kagey et coll., 2003). Les protéines du groupe Polycomb (protéines PcG) recrutent d'autres protéines vers ces corps PcG. Chez le nématode, la SUMOylation de la protéine PcG SOP-2 est nécessaire à la répression des gènes Hox, et induit son recrutement dans les corps PcG (Zhang et coll., 2004). Cela indique que les deux phénomènes sont liés. De même la SUMO E3 ligase Pc2 recrute Ubc9 et le corépresseur CtBP dans les corps PcG, induisant sa SUMOylation, qui est nécessaire à son activité de répresseur transcriptionnel (Kagey et coll., 2003; Kagey et coll., 2005).

II.2.2.3.6. SUMO et les maladies

La découverte de la SUMOylation de plusieurs protéines impliquées dans la régulation de la prolifération et de la différentiation cellulaire suggère que cette SUMOylation pourrait jouer un rôle dans des maladies où ces phénomènes sont perturbés. En fait, plusieurs études récentes ont montré que l'altération de la SUMOylation était associée à des maladies comme le cancer, les infections pathogéniques ou les maladies neurodégénératives.

117

Le système de SUMOylation cellulaire est utilisé par plusieurs virus et bactéries pathogènes pour favoriser leur réplication et l'infection (Wilson et Rangasamy, 2001). Les corps PML sont par exemple les cibles privilégiées des produits des gènes précoces de plusieurs virus à ADN. Ces virus détruisent les NBs ce qui induit le relargage des protéines qu'ils contiennent. Le virus Herpes simplex (HSV) (Everett, 2000a, 2000b; Parkinson et Everett, 2000), le cytomégalovirus (CMV) (Muller et Dejean, 1999), et l'adénovirus aviaire CELO (Boggio et coll., 2004) codent pour des protéines qui interfèrent avec la SUMOylation de PML et de Sp100. La protéine adénovirale Gam-1 bloque l'activité de l'enzyme E1, ce qui a pour conséquence d'inhiber la SUMOylation dans la cellule hôte, et donc de permettre l'activation des promoteurs habituellement réprimés de manière SUMO dépendante (Boggio et coll., 2004). La protéine YopJ de *Yersinia pestis*, la bactérie responsable de la peste, est en fait un homologue des SUMO protéases dont l'activité contribue à l'inhibition de la réponse immunitaire de l'hôte (Orth et coll., 2000).

La localisation et/ou l'activité de plusieurs oncogènes ou suppresseurs de tumeurs est régulée par la SUMOylation et il est probable que cette dernière soit impliquée dans plusieurs cancers. Même si des études approfondies sont nécessaires pour accréditer cette hypothèse, il est intéressant de noter que dans les leucémies promyélocytaires aigues, la protéine de fusion PML-RAR n'est plus SUMOylée alors que le trioxyde d'arsenic, un traitement efficace contre cette maladie, restore sa SUMOylation (Muller et coll., 1998).

Il a également été montré que SUMO colocalise avec des inclusions intranucléaires caractéristiques de plusieurs maladies neurodégénératives (Terashima et coll., 2002; Ueda et coll., 2002; Pountney et coll., 2003). La surexpression de SUMO-2 influence la maturation du précurseur de la protéine β-amyloïde, un évènement impliqué dans le commencement de la maladie d'Alzheimer (Li et coll., 2003). Des manipulations génétiques de la voie de SUMOylation chez la drosophile indiquent que cette modification contribue à la neurodégénération dans au moins deux maladies, la SBMA (Spinla and Bulbar Muscular Atrophy) (Chan et coll., 2002) et la maladie de Huntington (Steffan et coll., 2004).

Une meilleure compréhension des mécanismes de la SUMOylation pourrait donc permettre à terme le développement de nouvelles thérapeutiques pour plusieurs maladies humaines.

RESULTATS

Le travail réalisé durant ma thèse s'est articulé autour de 2 axes majeurs : dans un premier temps, j'ai tenté de décortiquer le mécanisme moléculaire sous-tendant l'activation transcriptionnelle des gènes cibles d'ATF7. Et, dans un second temps, j'ai étudié une nouvelle modification post-traductionnelle affectant ATF7, la SUMOylation, en collaboration avec l'équipe du Dr. Thomas Oelgeschläger du Marie Curie Institute d'Oxted en Angleterre.

I. PUBLICATION 1 : L'ACTIVITE TRANSCRIPTIONNELLE D'ATF7 EST RELAYEE PAR HSTAF12

« A functional interaction between ATF7 and TAF12 that is modulated by TAF4. Pierre-Jacques Hamard, Rozenn Dalbies-Tran, Charlotte Hauss, Irwin Davidson, Claude Kedinger and Bruno Chatton (2005). *Oncogene*, May 12; 24 (21):3472-83.»

Quand je suis arrivé dans le laboratoire, j'ai poursuivi les travaux entamés par le Dr Rozenn Dalbies-Tran durant son stage post-doctoral d'un an, qui consistaient à approfondir le rôle d'ATF7 dans les mécanismes d'activation transcriptionnelle en analysant ses relations avec les composants du complexe TFIID. Il avait en effet été montré peu de temps avant par différents groupes que la régulation de la transcription par les activateurs transcriptionnels nécessitait des contacts directs entre des hsTAFs spécifiques et l'activateur, comme par exemple dans le cas de Tax et hsTAF11 (Caron et coll., 1997), E1A et hsTAF4 (Mazzarelli et coll., 1997), ou même hsTAF1 et la famille ATF/CREB (Wang et coll., 1997a) (voir paragraphe I.4.1.2.2 et tableau 7).

Dans un premier temps, nous avons déterminé quels étaient les hsTAFs impliqués dans l'activation par ATF7, par des expériences de transfection transitoire dans différentes lignées cellulaires, en collaboration étroite avec les groupes des Dr L. Tora et I. Davidson (IGBMC, Strasbourg).

Nous avons utilisé un système de gène rapporteur (gène de la luciférase) dont le promoteur est muté au niveau de son élément TATA (changé en TGTA) et qui n'est de ce fait plus reconnu par la TBP endogène mais uniquement par une forme mutée, TBP-spm3 (Lavigne et coll., 1999). Le gène rapporteur transfecté n'est dès lors plus activable que par des complexes TFIID néoformés ayant intégré TBP-spm3. Nous avons cotranfecté un vecteur exprimant ce mutant avec des plasmides exprimant le gène rapporteur, le facteur de transcription ATF7, ainsi que les différents hsTAFs, afin d'identifier les combinaisons de protéines impliquées dans ces mécanismes d'activation transcriptionnelle.

Nos résultats indiquent que l'activité transcriptionnelle d'ATF7 est relayée spécifiquement par hsTAF12, mais principalement par l'isoforme de 20kD (qui possède 19 acides aminés de plus dans la partie amino-terminale par rapport à l'isoforme de 15kD) ; c'est donc ce domaine amino-terminal qui est important dans l'activation spécifique. Et seul le domaine amino-terminal d'ATF7 (plus précisément le motif en doigt de zinc (Zn-F) ainsi que les résidus thréonine 51 et thréonine 53, sites de phosphorylation par diverses protéines-kinases) est nécessaire à cette activation. De plus ATF7 et hsTAF12 interagissent *in vivo* et l'intégrité des régions activatrices d'ATF7 (plus spécialement le motif Zn-F) et « histone-fold » de hsTAF12 (plus spécialement l'hélice α_2), sont indispensables à cette interaction.

Nous montrons enfin que la transactivation relayée par hsTAF12 est spécifiquement inhibée par hsTAF4, son partenaire d'hétérodimérisation au sein du TFIID (Gangloff et coll., 2000) mais pas par hsTAF4b, un homologue de hsTAF4 spécifique du TFIID de certaines lignées cellulaires.

Oncogene (2005) **24**, 3472–3483
www.nature.com/onc

A functional interaction between ATF7 and TAF12 that is modulated by TAF4

Pierre-Jacques Hamard[1], Rozenn Dalbies-Tran[1], Charlotte Hauss[1], Irwin Davidson[2], Claude Kedinger[1] and Bruno Chatton*[,1]

[1]Ecole Supérieure de Biotechnologie de Strasbourg, Université Louis Pasteur, Parc d'innovation, UMR7100 CNRS-ULP, Bd. Sebastien Brant-BP10413, 67412 Strasbourg, Illkirch Cedex, France; [2]Institut de Génétique et de Biologie Moléculaire et Cellulaire, INSERM/CNRS/ULP, BP163, 67404 Strasbourg, Illkirch Cedex, France

The ATF7 proteins, which are members of the cyclic AMP responsive binding protein (CREB)/activating transcription factor (ATF) family of transcription factors, display quite versatile properties: they can interact with the adenovirus E1a oncoprotein, mediating part of its transcriptional activity; they heterodimerize with the Jun, Fos or related transcription factors, likely modulating their DNA-binding specificity; they also recruit to the promoter a stress-induced protein kinase (JNK2). In the present study, we investigate the functional relationships of ATF7 with hsTAF12 (formerly hsTAF$_{II}$20/15), which has originally been identified as a component of the general transcription factor TFIID. We show that over-expression of hsTAF12 potentiates ATF7-induced transcriptional activation through direct interaction with ATF7, suggesting that TAF12 is a functional partner of ATF7. In support of this conclusion, chromatin immuno-precipitation experiments confirm the interaction of ATF7 with TAF12 on an ATF7-responsive promoter, in the absence of any artificial overexpression of both proteins. We also show that the TAF12-dependent transcriptional activation is competitively inhibited by TAF4. Although both TAF12 isoforms (TAF12-1 and -2, formerly TAF$_{II}$20 and TAF$_{II}$15) interact with the ATF7 activation region through their histone-fold domain, only the largest, hsTAF12-1, mediates transcriptional activation through its N-terminal region.
Oncogene (2005) **24**, 3472–3483. doi:10.1038/sj.onc.1208565
Published online 28 February 2005

Keywords: ATF7; ATFa; TAF4; TAF12; TFIID; MAP kinase

Introduction

The family of activating transcription factor (ATF)7[1] (formerly ATFa) transcription factors, structurally and functionally related to the ATF2 family, is composed of

*Correspondence: B Chatton; E-mail: bchatton@esbs.u-strasbg.fr
Received 9 November 2004; revised 26 January 2005; accepted 28 January 2005; published online 28 February 2005

at least three members (ATF7-1, 2, 3) (Gaire *et al.*, 1990; Chatton *et al.*, 1993), translated from alternatively spliced messengers issued from a single gene (Goetz *et al.*, 1996). Although the three ATF7 isoforms only differ by the presence of small motifs of 11 and 21 residues within their N-terminal region, they exhibit indistinguishable activities. Their transcriptional activation domain has been delineated in the N-terminal part of the protein and shown to comprise an essential zinc-binding element and two conserved threonine residues (T51 and T53, corresponding to the T69 and T71 homologues in ATF2) (Chatton *et al.*, 1994). This region, together with sequences located in the C-terminal portion of the ATF7 proteins, contributes to their interaction with the adenovirus E1a oncoprotein (Chatton *et al.*, 1993). ATF7, like ATF2, can also associate with c-Jun or c-Fos proteins through their C-terminal leucine-zipper (b-LZ) region. While ATF proteins usually bind as dimers to ATF/cyclic AMP responsive binding (CRE) promoter elements, they also bind TRE sequences if heterodimerized with members of the Jun family (Ivashkiv *et al.*, 1990; Chatton *et al.*, 1994; Chatton *et al.*, 1995). Finally, the ATF7 proteins strongly interact with the JNK2 protein kinase (Bocco *et al.*, 1996). However, they do not constitute substrates for this kinase but rather serve as a JNK2-docking site for ATF7-associated partners like JunD (De Graeve *et al.*, 1999), thus likely playing important functions, early in cell signalling.

The RNA polymerase II transcription factor TFIID (transcription factor IID) is a multiprotein complex composed of the TATA-binding protein (TBP) and a series of TBP-associated factors (TAFs) (Bell and Tora, 1999; Albright and Tjian, 2000; Tora, 2002). Distinct subsets of human (hs) TAFs are also components of the TFIID-related SAGA (SPT-ADA-GCN5-acetyltrans-ferase), STAGA (SPT3-TAF9-GCN5-L acetyltransferase), PCAF (p300/CREB-binding protein-associated factor), and TFTC (TBP-free TAF-containing complex) complexes (for a review, see Martinez, 2002; Timmers and Tora, 2005). The recently proposed RNA polymerase II TAF nomenclature (Tora, 2002) will be used in the following.

Several reports revealed that specific TFIID subunits (TAF1, 2, 5 and10) are important for the regulation of cell cycle and apoptosis (for a review, see Martinez, 2002). Genetic studies in *Saccharomyces* (Bhaumik and Green, 2002; Mencia *et al.*, 2002; Shen *et al.*, 2003), *Drosophila* (Pham *et al.*, 1999), *Caenorhabditis* (Walker *et al.*, 2001) and mouse (Freiman *et al.*, 2001) indicated that particular combinations of TAFs are mobilized in response to different growth stimuli. Demonstration that some TAFs act as specific coactivators has emerged from investigations on the role of hsTAF11 (Mengus *et al.*, 2000), hsTAF10 (Jacq *et al.*, 1994), hsTAF4 (Mengus *et al.*, 1997) and hsTAF7 (Munz *et al.*, 2003). Furthermore, studies on the cyclin A gene promoter revealed that the upstream binding element for the ATF protein is hsTAF1-responsive (Wang *et al.*, 1997), suggesting a functional connection between ATF variants and hsTAFs.

The molecular structure of TAFs has been remarkably well conserved throughout evolution (Hoffmann *et al.*, 1997; Gangloff *et al.*, 2001; Martinez, 2002). Specific histone-fold domains (HFDs) have been described to play a critical role in the structural organization of several TAFs. Sequence comparisons and structural studies revealed that TAF6 and TAF9 contain HFDs, which are similar to those of core histones H3 and H4 and interact to form an H3–H4-like heterotetramer (Hoffmann *et al.*, 1996; Xie *et al.*, 1996). In addition, hsTAF4 and hsTAF12 interact via HFDs similar to those of H2A and H2B, respectively (Gangloff *et al.*, 2000). Within TFIID, these two tetramers likely associate to form an octamer-like substructure, potentially facilitating the binding of TFIID to core promoters, within chromatin (Hoffmann *et al.*, 1997).

In the present study, we show that hsTAF12 mediates the transcriptional activity of ATF7 through direct interactions between the two factors, implicating the N-terminal domains of ATF7 and hsTAF12, as well as the latter's HFD. TAF4, but not TAF4b, specifically inhibits this transactivation.

Results

ATF7-induced transactivation is mediated by hsTAF12

To get an insight into the mechanism of the transcriptional activation achieved by ATF7, we investigated the potential interplay of this protein with components of the basal transcription machinery. We first examined the influence of different hsTAFs on the transcriptional properties of ATF7. To circumvent major interferences with endogenous ATF and TBP proteins, the Gal4 protein fusion system (Liu and Green, 1990) was used, in which the ATF7-1 protein was linked to the yeast Gal4 DNA-binding domain (1–147). The activity of the chimeric product (pG4-ATF7, Figure 1) was assayed in cotransfection experiments with a luciferase reporter gene whose promoter contained five Gal4-binding sites and a TGTA motif in place of the original TATA element. Cos-1 cells were transfected with the following recombinant plasmids: (i) the pG4-ATF7 vector, (ii) a

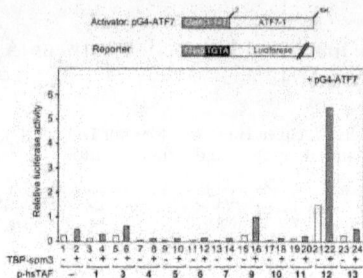

Figure 1 Functional activation of ATF7 by overexpression of specific hsTAF constructs. Cos-1 cells were transfected with 0.25 μg of the pG4-ATF7 expression vector and 2 μg of the luciferase reporter. Where indicated, 0.25 μg of the TBP-spm3 and 0.5 μg of each p-hsTAF expression vectors were cotransfected. The structures of the pG4-ATF7 activator and the luciferase reporter plasmids are schematized. The results of luciferase assays are presented (arbitrary units)

vector encoding a TBP mutant (TBP-spm3) that selectively recognizes the TGTA derivative of the TATA box (Lavigne *et al.*, 1999), (iii) the luciferase reporter and (iv) a vector expressing each of the hsTAFs tested or the corresponding empty vector. The results of a typical experiment are shown in Figure 1.

Under conditions where equal levels of G4-ATF7-1 and the different hsTAFs tested were expressed, as verified by immunoblotting with specific antibodies (not shown), coexpression of hsTAF12 had the strongest effect among all hsTAFs tested, with a nearly fivefold stimulation of G4-ATF7 transcriptional activity, in the absence of TBP-spm3 (compare lanes 1 and 21). As expected, the stimulation was highest in the presence of TBP-spm3 (compare lanes 2 and 22), reaching a level of about 10-fold. Identical results were obtained with the three ATF7 isomers, namely ATF7-1, ATF7-2 and ATF7-3 (not shown), clearly indicating that, under these experimental conditions, hsTAF12 plays a pivotal role in the ATF7-induced transactivation process.

We then asked if this hsTAF12-mediated transcriptional activation was specific of the family of ATF factors by testing the effect of hsTAF12 on the activity of other Gal4-fused activators, like the ATF2 factor, functionally related to ATF7 (Maekawa *et al.*, 1989), or c-Jun, a b-LZ protein that heterodimerizes with and activates ATF7/ATF2. As expected, reporter activity was stimulated by G4-ATF2 to the same extent as G4-ATF7, in the presence of TAF12 (Figure 2, lanes 1, 2). By contrast, under the same conditions, G4-cJun did not significantly induce reporter expression (Figure 2, lanes 19, 20). Together, these results emphasize the specific implication of hsTAF12 in the transcriptional activation by the ATF7/ATF2 protein family, as observed in our assay.

3474

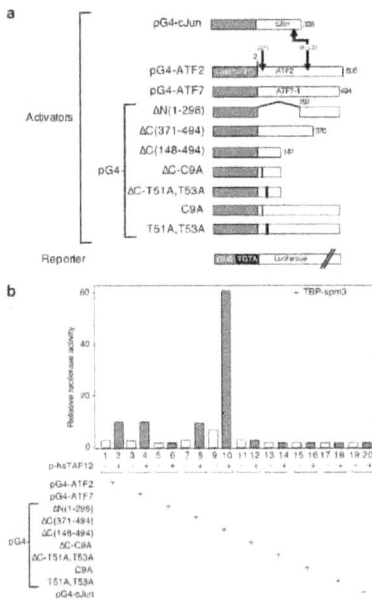

Figure 2 The N-terminal activation domain of ATF7 mediates the stimulation by hsTAF12. (a) The structure of the vectors encoding the luciferase reporter, G4-ATF2, G4-ATF7 and its derivatives are schematized. (b) Cos-1 cells were transfected with 0.25 μg of the TBP-spm3 vector, 2 μg of the luciferase reporter and, where indicated, with 0.5 μg of the p-hsTAF12 expression vector. They were cotransfected with 0.25 μg of the vectors expressing either the pG4-ATF2, pG4-ATF7 activator or corresponding derivatives, as indicated

The N-terminal domain of ATF7 is essential for hsTAF12-mediated activation

To further examine the role of hsTAF12 in this activation process, we analysed its effect on various derivatives of the G4-ATF7 construction (Figure 2a). The full-length ATF7 proteins, which exhibit only marginal transcriptional activity (Chatton et al., 1993), are stimulated about 10-fold in the presence of hsTAF12 (Figure 1). Deletion of amino-acid residues from the N-terminal end of the ATF7 moiety [ΔN (1–296)] severely reduced the activity (Figure 2b, lane 6), in accordance with this region exhibiting activation function (De Graeve et al., 1999). By contrast, ablation of the C-terminal half of ATF7 [ΔC (148–494)] resulted in a roughly 10-fold further stimulation (Figure 2b, lane 10). The higher activity of this latter ATF7 deletion mutant

reflected the unmasking of the ATF7 activation domain resulting from the elimination of the entire DNA-binding domain, previously suspected to hinder ATF7 intrinsic activity (Chatton et al., 1994). Removal of only 120 residues [ΔC (371–494)] had indeed no effect on the activity of the protein (Figure 2b, lane 8). We therefore decided to analyse the effect of mutations specifically targeting the activation domain of ATF7, within either the C-terminally truncated (ΔC-C9A; ΔC-T51A, T53A) or the full-length ATF7 context (C9A; T51A, T53A). As shown in Figure 2b, using both constructs, mutations altering the zinc-binding element (lanes 12 and 16) or two critical phosphorylation sites (lanes 14 and 18), severely affected reporter stimulation by hsTAF12, in agreement with our earlier conclusion that the integrity of each of these elements, also conserved in ATF2, are crucial to the ATF7 activation function (De Graeve et al., 1999).

Only the largest isoform of hsTAF12 mediates ATF7-induced transactivation

Two isoforms of hsTAF12 are generated from the unique gene (Mengus et al., 1995; Hoffmann and Roeder, 1996). Comparison of the relative abundance of these two forms by Western blotting (WB) revealed that the longer version (hsTAF12-1, formerly TAF20) was about five times more abundant than the shorter one (hsTAF12-2, formerly TAF15), in all cell types examined (Perletti et al., 1999). Similarly, in cells transfected with a vector harbouring the full-length cDNA (p-hsTAF12wt; see Figure 3a), hsTAF12-1 accumulated about 15 times more efficiently than hsTAF12-2 (Figure 3b, lane 2). When the effect of transfecting this p-hsTAF12wt vector was compared, in our luciferase assay, with that of vectors (p-hsTAF12-1 and p-hsTAF12-2) expressing only the larger or shorter forms of TAF12, respectively, it became clear that hsTAF12-1 contributed to most of the stimulation of ATF7 activity (Figure 3b, compare lanes 2–4). These results indicate that the N-terminal 30 residues of hsTAF12 are predominantly involved in this activation process.

ATF7 and hsTAF12 interact in vivo

We next examined the ability of ATF7 and hsTAF12 to associate within a cellular context. To this end, cells were transfected with plasmids expressing either p-hsTAF12wt (coding for the two forms) or p-hsTAF12-2, together with px-ATF7 (Figure 3c). Whole-cell extracts were then submitted to immunoprecipitation (IP) with antibodies against ATF7 and the immune complexes were analysed by WB using anti-TAF12 antibodies. As shown in Figure 3c (lanes 1 and 2), although both TAF12 isoforms were equally expressed, hsTAF12-1 was predominantly detected in the immunoprecipitate. In agreement with the transcription results (Figure 3b), this observation clearly confirms the major contribution of hsTAF12-1, with the first 30 residues of this protein playing an important role in its interaction with ATF7.

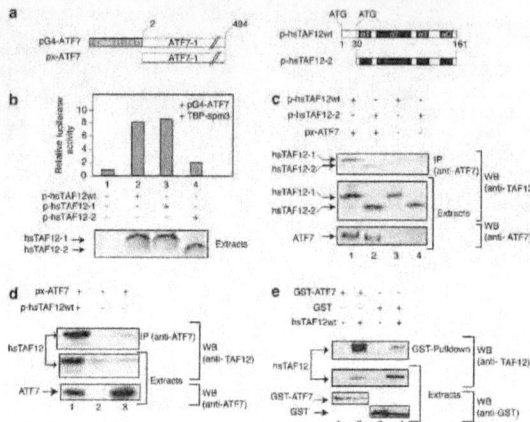

Figure 3 Interaction between hsTAF12 and ATF7 and functional analysis of hsTAF12. (a) The vectors encoding both hsTAF12-1 and hsTAF12-2 isoforms (p-hsTAF12wt) or only the hsTAF12-2 isoform (p-hsTAF12-2) are depicted, with closed and open boxes referring to the HFD. The structures of pG4-ATF7 and px-ATF7 vectors are also shown. (b) Cos-1 cells were transfected with 0.25 μg of the pG4-ATF7-1, 0.25 μg of the TBP-spm3 and 0.5 μg of p-hsTAF12 wt or p-hsTAF12-2 expression vectors, and 2 μg of the luciferase reporter vector. The results of luciferase assays are presented. (c) Cos-1 cells were transfected with 2 μg of p-hsTAF12wt or p-hsTAF12-2, as indicated, in the presence (+) or absence (−) of px-ATF7 (0.5 μg). Extracts (500 μg) from transfected cells were immunoprecipitated (IP) with the anti-ATF7 (2F10) monoclonal antibodies as described in Materials and methods. The immune complexes were separated by SDS–polyacrylamide gel electrophoresis (PAGE). Western blotting (WB) using specific antibodies revealed the presence of hsTAF12 proteins in both IP and extracts, and of ATF7 in the extracts. (d) Cos-1 cells were transfected with 0.5 μg px-ATF7, in the presence or absence of p-hsTAF12wt (2 μg), where indicated. Extracts (500 μg) from transfected cells were immunoprecipitated (IP) with the anti-ATF7 (2F10) monoclonal antibodies as described in Materials and methods. The immune complexes were separated by SDS–PAGE. Western-blotting (WB) using specific antibodies revealed the presence of hsTAF12 proteins in both IP and extracts, and of ATF7 in the extracts. (e) Sf9 cells were coinfected with two recombinant baculoviruses, one directing the expression of either GST-ATF7 or the GST moiety alone and the other directing the expression of hsTAF12. About 48 h postinfection, extracts were prepared and GST-pulldown assays were performed. Aliquots of the total extracts (Extracts) and the GST-bound fractions (GST-pulldown) were analysed by SDS–PAGE and proteins visualized by Western blotting (WB) using specific antibodies

Owing to the low level of endogenous ATF7 (Goetz et al., 1996), we have not been able to conclusively reveal ATF7-TAF interactions, using nontransfected cell extracts. However, overexpression of ATF7 alone allowed the detection of TAF12 in IP experiments (Figure 3d, lane 3), in accordance with the results above (Figure 3c).

We have also performed pull-down experiments with baculovirus-based vectors expressing a glutathione-S-transferase (GST)-ATF7 fusion protein and hsTAF12 protein. Our results (Figure 3e, lane 2) revealed that TAF12 was carried along with the ATF7 fusion on glutathione–agarose beads, when assaying extracts from cells coinfected with both vectors. Since only a minor fraction of TAF12 was pulled-down by a nonfused GST protein (Figure 3e, lane 4), these data also confirm the results of the co-IP experiments (Figure 3c). Furthermore, since the GST pull-down was carried out on late-infected cell extracts (i.e. under conditions where baculovirus-encoded proteins are in large excess over cellular proteins), we conclude that the interaction between ATF7 and TAF12 is likely to be direct and to involve no additional cellular partner.

Structural domains involved in the ATF7–hsTAF12 interplay

Although the ability of hsTAF12-1 to interact with ATF7 was highest, hsTAF12-2 exhibited a significant residual binding capacity (see Figure 3c). As detailed in Figures 3 and 4a, both hsTAF12-1 and 2 contain a structural motif, known as the 'HFD', which resembles the H2B HFD and can heterodimerize with hsTAF4 to form a histone-like complex (Werten et al., 2002). To examine whether this structural motif of hsTAF12 is implicated in the interaction with ATF7, the effect of mutations disrupting the critical α2 (m2) or α3 (m3) helical portions of this domain were tested on both interaction and transcriptional properties. Whereas mutation (m0), targeting a region located between helices α3 and αC affected neither transcriptional stimulation (Figure 4b) nor interaction (Figure 4c), mutations (m2) and (m3) dramatically hampered both

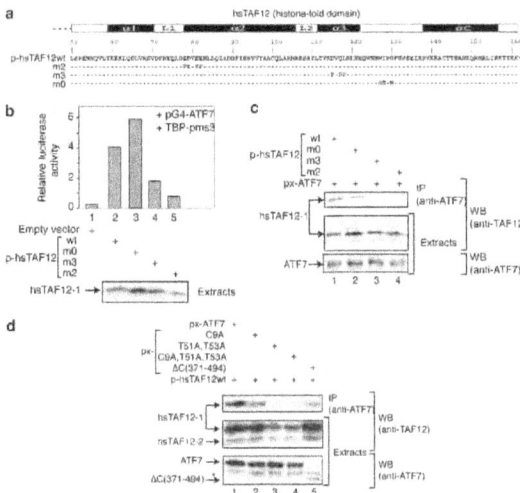

Figure 4 Functional analysis of hsTAF12 mutants. (**a**) The structure and peptide sequence of the hsTAF12 HFD are represented, with closed and open boxes referring to α-helical and linker regions, respectively (Gangloff *et al.*, 2000). Mutants with sequences altered in the α2 (m2), α3 (m3) or last linker region (m0) are depicted. Numbers refer to the amino-acid coordinates in the wild-type (wt) hsTAF12-1 protein. (**b**) Graphic representation of luciferase assays (arbitrary units). Cos-1 cells were cotransfected with the luciferase reporter (2 μg), the pG4-ATF7 vector (0.25 μg) and the TBPspm3 (0.25 μg) vectors, together with either the p-hsTAF12wt (0.5 μg) expression vector or its mutated derivatives (m0–m3), as indicated. The levels of luciferase assays are presented. The levels of hsTAF12 protein in extracts used for luciferase assays were determined by Western blotting. (**c**) Coimmunoprecipitation of hsTAF12 and ATF7. Cos-1 cells were transfected with 0.5 μg of px-ATF7, in combination with 2 μg of p-hsTAF12wt or corresponding m0, m2 and m3 derivatives, as indicated. Extracts (500 μg) were immunoprecipitated (IP) with the anti-ATF7 and assayed for the presence of hsTAF12 and ATF7 proteins, as in (**c**). (**d**) Cos-1 cells were transfected with p-hsTAF12wt and px-ATF7 or corresponding derivatives. Extracts (500 μg) from transfected cells were treated as in (**c**) and assayed for the presence of hsTAF12 and ATF7 proteins, as indicated. The asterisk refers to a nonspecific signal

activities, under conditions where similar levels of ATF7 and hsTAF12 proteins were produced. These results indicate that, in addition to the N-terminal portion of hsTAF12-1, the HFD motif also contributes to the ATF7-induced transactivation process.

To delineate the region of ATF7 implicated in these interactions, hsTAF12 was submitted to IP analysis, in the presence of ATF7 or selected derivatives thereof. As shown in Figure 4d, the hsTAF12-1 protein was coprecipitated either with the wild-type ATF7 (lane1) or its C-terminally deleted version (lane 5). The efficiencies of these coprecipitations were in fact very similar if the levels of expressed ATF7 are adjusted in these lanes, ruling out any major contribution of the C-terminal part of ATF7 in its interaction with hsTAF12. By contrast, mutations altering the N-terminal activation domain of ATF7 (lanes 2–4) severely impaired the interaction between the two proteins. These results clearly indicate that the zinc-binding element and threonine residues 51 and 53, essential to the ATF7 activation function, are also involved in ATF7–hsTAF12 association.

The N-terminal domain of the largest hsTAF12 contains a motif found in Jun N-terminal kinase (JNK) and p38 mitogen-activated protein kinases (MAP kinases)

The MAP kinases p38 and JNK interact with specific docking site sequences ('D-sites'), on their respective target proteins (Chang *et al.*, 2002; Ho *et al.*, 2003). As JNK2 also binds to ATF7 (De Graeve *et al.*, 1999), alignments were performed with ATF2, ATF7 and other JNK or p38 substrates. As shown in Figure 5a, the presence of a potential D-site was revealed within the ATF7 sequence. Moreover, since the same ATF7 residues are required for both TAF12- and JNK2-induced activities (present study and De Graeve *et al.*, 1999), we also performed protein sequence alignments between TAF12 and MAP kinases. Interestingly, residues of the JNK and p38 kinases (collectively making up 'anti D-sites'), known to engage the D-site of their substrates (Chang *et al.*, 2002), were conserved within the N-terminal part of TAF12 (Figure 5a). Mutations of some of these conserved

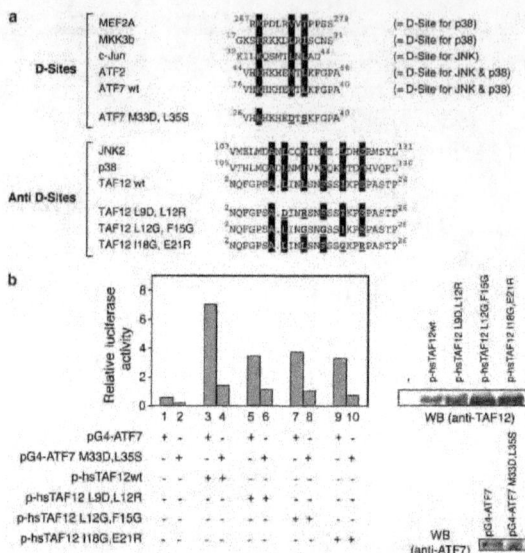

Figure 5 Role of the N-terminal region of TAF12 in mediating the ATF7 transcriptional activity. (a) Peptide sequence alignments between potential D-sites of JNK2 (accession #P45984), p38 (accession #Q16539), hsTAF12 (accession #Q16514) and derivatives, and potential anti-D-sites of MEF2A (accession #Q02078), MKK3b (accession #P46734), c-Jun (accession #P04512), ATF2 (accession #P15336), ATF7 (accession #P17544) and derivatives are shown. Conserved sequence elements are shaded. Numbers refer to amino-acid coordinates, relative to the starting methionine. (b) Graphic representation of luciferase assays (arbitrary units). Cos-1 cells were cotransfected with the luciferase reporter (2 μg), the TBPspm3 (0.25 μg) vector, 0.25 μg pG4-ATF7 or pG4-ATF7 (M33D, L35S) vectors, in the presence of 0.5 μg of p-hsTAF12wt or (L9D, L12R), (L12G, F15G), (I18G, E21R) derivatives, as indicated. The presence of hsTAF12 and ATF7 proteins in extracts was revealed by Western blotting (WB) using specific antibodies

residues were generated within TAF12 and ATF7 and their effects in our transactivation assay examined.

As shown in Figure 5b (compare lanes 5, 7, 9 with lane 3), mutations of the putative anti-D-site residues of TAF12 significantly affected reporter stimulation in our luciferase assay. The transactivation was severely reduced by mutations altering the ATF7 D-site (compare lanes 4, 6, 8, 10 with lane 3). These results clearly indicate that the regions of both TAF12 and ATF7 proteins, potentially involved in their mutual interaction or implicated in JNK docking onto ATF7, are important for their transcriptional activity.

TAF4 interferes with ATF7–TAF12-mediated transcriptional activation

Within TFIID, TAF12 is generally found associated with TAF4 (Gangloff *et al.*, 2000). However, this partner may be replaced by TAF4b, a tissue-specific TAF4 paralog (Freiman *et al.*, 2001). Since both TAF4 and TAF4b have a potential interaction domain with

the same region of TAF12 as that involved in TAF12–ATF7 interaction (Werten *et al.*, 2002), we tested the effect of an overproduction of these alternative TAFs on the ATF7-induced transactivation mediated by hsTAF12. As revealed in Figure 6a (lanes 2–4), coexpression of TAF4 clearly inhibited TAF12-mediated transactivation by ATF7, while TAF4b had only a minor effect (lanes 5–7).

To gain some insight into the molecular mechanism of this differential action on transcription, we examined the ability of hsTAF12, TAF4 and TAF4b to associate with ATF7. To this end, cells were transfected with plasmids expressing TAF12wt together with ATF7 (Figure 6b), in the absence (lane 1) or presence of increasing amounts of hemaglutinin (HA)-tagged TAF4b (lanes 2–4) or TAF4 (lanes 5–7). Cell extracts were then submitted to IP with antibodies against ATF7 and the immune complexes were analysed by WB.

As expected, hsTAF12 was coprecipitated with ATF7 when neither TAF4 nor TAF4b were overexpressed (Figure 6b, lane 1). However, while coexpression of

ATF7/TAF12 functional interaction
P-J Hamard et al

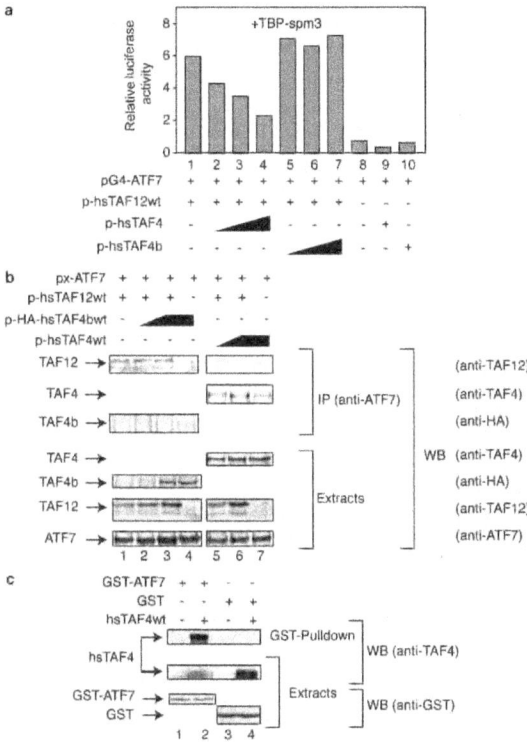

Figure 6 hsTAF4 inhibits ATF7 TAF12 interaction. (a) Cos-1 cells were cotransfected with the luciferase reporter (2 μg) the pG4-ATF7 vector (0.25 μg) and the TBPspm3 (0.25 μg) vectors, together with either the p-hsTAF12wt (0.5 μg) and increased amounts (0.5–1–2 μg) of p-hsTAF4wt (lanes 2–4) or p-hsTAF4bwt (lanes 5–7) vectors, where indicated. Graphic representation of luciferase assays (arbitrary units) is presented. (b) Cos-1 cells were transfected with 0.5 μg px-ATF7 and hsTAF12, together with increased amounts of p-hsTAF4bwt (0.2–2 μg; lanes 2–4) or p-hsTAF4wt (0.2–2 μg; lanes 5–7), where indicated. Extracts from transfected cells were immunoprecipitated (IP) with the anti-ATF7 (2F10) monoclonal antibodies as described in Materials and methods. The immune complexes were separated by SDS–PAGE. The presence of hsTAF12 and TAF4 proteins in both IP and extracts, and of hsTAF12, TAF4 and ATF7 in the extracts was revealed by Western blotting (WB) using specific antibodies. The presence of HA-tagged TAF4b in both IP and extracts (lanes 1–4) was revealed in both IP and extracts using anti-HA antibodies. (c) Sf9 cells were coinfected with two recombinant baculoviruses, one directing the expression of either GST-ATF7 or the GST moiety alone and the other directing the expression of hsTAF4. About 48 h postinfection, extracts were prepared and GST-pulldown assays were performed. Aliquots of the total extracts (Extracts) and the GST-bound fractions (GST-pulldown) were analysed by SDS–PAGE and proteins visualized by WB using specific antibodies

TAF4b had no effect (lanes 2 and 3), overexpression of TAF4 abolished TAF12–ATF7 interaction (lanes 5 and 6). Moreover, in contrast to TAF4b, TAF4 was present in the immunoprecipitate, whether expressed in the presence or absence of TAF12 (lanes 1–7). GST pulldown experiments, using baculovirus expression vectors, confirmed that TAF4 was selectively pulled down along with the GST-ATF7 fusion protein (Figure 6c). Together, these results not only demonstrate an interaction between ATF7 and TAF4 but also indicate, as in the case of TAF12 (see Figure 3e), that no additional cellular component is required for this binding. They also suggest that TAF4 may interfere with the formation of ATF7–TAF12 subcomplexes, thereby inhibiting ATF7-induced transactivation.

ATF7 and TAF12 target the genomic E-selectin promoter

To examine the TAF12–ATF7 interaction under more physiological conditions, a chromatin immunoprecipitation (ChIP) experiment was performed on the E-selectin gene where ATF7 has previously been shown to bind specifically to the NF-ELAM1 promoter element (Whelan et al., 1991; Kaszubska et al., 1993). Raji cells, a human lymphoid cell line in which ATF7 is naturally more abundant than in other cell lines (PJH and BC, unpublished observation), were chosen for this analysis. As a first step, the cellular content of ATF7 was selectively altered, using the RNA interference (siRNA) approach. Cells were transfected with wild-type (wt) or control (mut) ATF7-specific siRNA to specifically silence the ATF7 gene. The efficiency of ATF7 knockdown was verified by Western blot (WB) analysis, showing that the ATF7 was indeed clearly decreased while TAF12 was barely affected, under the conditions used (Figure 7a).

Having established this differential ATF7 expression system, we next applied a standard ChIP protocol (Dedon et al., 1991). As shown in Figure 7b (compare lanes 1–4 to 5–8), antibodies against either ATF7 or TAF12 efficiently immunoprecipitated the E-selectin promoter region, only when the ATF7 content was highest. This provides strong support to the simultaneous binding of both proteins to the target promoter, in vivo. Together, these results clearly indicated that, in a natural promoter context, ATF7 is associated to essentially all of the detected TAF12 protein.

Discussion

Few examples of TAF-mediated transcriptional activation have been reported, in each case involving a specific couple of TAF and activator, such as hsTAF4-retinoic acid, thyroid hormone or vitamin D3 receptors (Mengus et al., 1997), hsTAF7-cJun (Munz et al., 2003), hsTAF10-estrogen receptor (Jacq et al., 1994), hsTAF11-thyroid hormone receptor (Mengus et al., 2000). In this study, we show that hsTAF12 potentiates ATF7 transcriptional activity, in a process that could be counterbalanced by TAF4.

Activator-specific recruitment of TFIID to the promoter of ribosomal protein coding genes has previously been documented in yeast, suggesting that direct activator–TAF interactions play important roles in response to growth stimulation (Mencia et al., 2002). More recently, it has been concluded from a genome-wide expression profiling study in yeast (Shen et al., 2003) that 84% of the genes depend upon one or more TAFs, while the remaining are TAF-independent. The authors could also assign individual TAFs to selective transcriptional functions, thus confirming and further extending the proposal that a complex combinatorial network of TFIID/SAGA components are involved in transcription activation in vivo (Bhaumik and Green, 2002).

It has also been demonstrated that hsTAF12 heterodimerizes with hsTAF4, via HFDs similar to those of H2B and H2A, respectively (Gangloff et al., 2000). hsTAF12 can actually have alternative heterodimerization partners. Thus, within hsTFIID, hsTAF4 can be replaced by hsTAF4b, a tissue-specific hsTAF4 paralog involved in ovary development (Freiman et al., 2001). Similarly, STAF42, a human homolog of the yeast

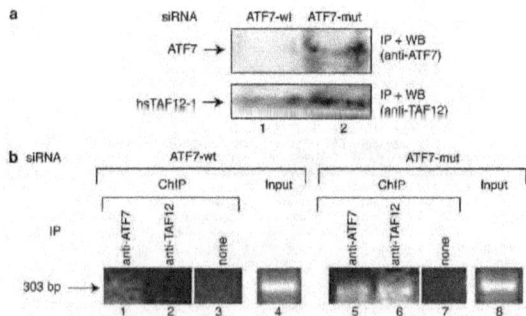

Figure 7 ATF7 and TAF12 target the endogenous E-selectin promoter in Raji cells. (a) Immunoprecipitation and Western blot analysis of extracts from 5×10^6 Raji cells 48 h after transfection with ATF7-mut (lane1) or ATF7-wt (lane 2) siRNA. (b) ChIP analysis of genomic E-selectin promoter: 10^7 Raji cells were transfected with 20 nM of ATF7-wt (lanes1–4) or ATF7-mut (lanes 5–8) siRNA; 2 days later, cells were subjected to ChIP assay with antibodies against ATF7 (lanes 1 and 5) or TAF12 (lanes 2 and 6). Endogenous E-selectin promoter DNA, coprecipitated with the indicated antibodies, was detected by PCR

3480

ADA1, was found to interact with hsTAF12, within STAGA, the human homolog of the yeast SAGA complex (Martinez et al., 2001). All of these complexes seem to coexist within the cell but little is known about their formation and the potential appearance of their components as free molecules in the nucleus. The global structures of both hsTFIID and yeast (y) TFIID have been resolved at low resolution by electron microscopy image analysis and the location of the yTAFs has been established (Brand et al., 1999; Leurent et al., 2002). Considering the strong conservation between the subunits of eukaryotic TFIID complexes, it is assumed that the results obtained with yTFIID reflect the molecular organization of hsTFIID (Leurent et al., 2002). The yeast complex is formed of three lobes, A–C, connected by linker domains. Immunolabelling experiments showed that all HFD-containing yTAFs interact pairwise (TAF3/10, TAF4/12, TAF6/9, TAF8/10, TAF11/13) and are each located at two distinct sites, suggesting that they may all be present at two copies. For example, the TAF4/12 tandem is found in both lobes B and C, whereas the TAF6/9 pair is located in lobes A and B (Leurent et al., 2002, 2004), clearly indicating that TAFs may be recruited within different molecular contexts. In the case of TAF12, we show here that an additional complex, involving ATF7, can be formed at least transiently, through yet distinct interactions. Moreover, it has been suggested that TAF1 and TAF5 play a central role in the organization of yTFIID, with TAF1 spanning lobes A and C of the complex and contacting both TAF10 and TAF12 (Leurent et al., 2004). Together with our observation that ATF7 interacts with TAF12, this finding may explain how transcription of the cyclin A gene could be activated by ATF7 in a TAF1-dependent manner (Wang et al., 1997).

Two hsTAF12 (12-1 and 12-2) isoforms are found in hsTFIID and STAGA complexes (Mengus et al., 1995; Hoffmann and Roeder, 1996; Martinez et al., 2001). In all cell types examined, hsTAF12-1 was about five times more abundant than hsTAF12-2 (Perletti et al., 1999), but their relative distribution to the different complexes is presently unknown. Interestingly, compared to other TAF transcripts, which like those of TBP are found at low levels in the cell, hsTAF12 mRNA usually accumulate to about 30-fold higher amounts (Purrello et al., 1998). If correspondingly elevated quantities of hsTAF12 polypeptide(s) are synthesized, it is possible that besides contributing to TFIID-, STAGA- and other hsTAF12-containing complexes, they may achieve additional functions in the cell, either as free polypeptides or as subunits of other complexes.

In the present study, both TAF12 and ATF7 molecules were assayed in transfected cells, as overexpressed proteins. The cellular concentration of the other components staying unchanged, it is unlikely that the higher amounts of TAF12 produced in these cells significantly increased the level of TFIID or related complexes.

The observation that TAF4 (which binds ATF7) and TAF4b (which does not) have antagonistic effects on the TAF12-dependent activation of ATF7 (Figure 6) may be particularly relevant within this context. Our results raise the interesting possibility that overexpressed TAF12 titrates TAF4, a negative effector of ATF7, leaving ATF7 free to interact with the transcription machinery through the excess of TAF12. The finding that the adenovirus E1a protein is also able to bind TAF4 (Mazzarelli et al., 1997) suggests that at least part of the activity of this viral transcriptional activator involves TAF4 sequestration. Finally, it is worth mentioning that the transcriptional activity of ATF7 is systematically higher in lymphoid cell lines, compared to HeLa or Cos cells, when tested under our standard conditions. In keeping with this observation, a ChIP analysis in these cells revealed that the endogenous TAF12 protein associated to an ATF7-responsive promoter, only under conditions preserving the natural level of ATF7 protein in these cells. It is also tempting to correlate this differential activity with the exclusive expression of TAF4b in lymphoid cells and of TAF4 in HeLa or Cos cells (Dikstein et al., 1996), and with the distinct properties of these TAFs.

While both hsTAF12 isoforms interact (mainly through their HFD) with the N-terminal activation domain of ATF7, only the N-terminal region of the largest hsTAF12 protein (hsTAF12-1) is required for the transactivation process. Interestingly, this transcriptionally active hsTAF12-1 N-terminal region shares substantial homologies with sequences of other proteins (p38, JNK) known to interact with ATF (anti D-sites). While co-IP experiments rule out any significant contribution of this conserved element to ATF binding (data not shown), we do not exclude the possibility that it is involved in contacts between hsTAF12-1 and other components of the transcription machinery, which remain to be identified.

We show that the hsTAF12-mediated activation of ATF7 depends on the integrity of two residues (M33 and L35), which are conserved in ATF2 (M51 and L53) and have been defined by sequence comparison, as part of the D-site for JNK and p38 kinases (see Chang et al., 2002; Ho et al., 2003; and Figure 5). The presence of such a D-site on ATF7 had been postulated earlier (De Graeve et al., 1999). Interestingly, this D-site element is located within a region originally defined as the 'activation domain', adjacent to the essential zinc-binding motif (ZF, between C9 and H31) and two critical threonine residues (T51 and T53 in ATF7) (Livingstone et al., 1995; van Dam et al., 1995; De Graeve et al., 1999). Together, these observations support an attractive model for transcriptional activation by ATF. After cell stimulation and activation of specific MAPK pathways, specific protein kinases would bind the ATF D-site, leading to the phosphorylation of T51 and T53 (in ATF7) or T69 and T71 (in ATF2) residues and to the activation of the corresponding proteins (Livingstone et al., 1995; van Dam et al., 1995; De Graeve et al., 1999). The resulting activated form of ATF would then interact with the transcriptional machinery through hsTAF12 as an entry key. Transient expression experiments in a p38$^{-/-}$ or JNK$^{-/-}$ background should help in identifying the kinases involved and clarifying their roles in TAF12-dependent activation.

Materials and methods

Recombinant expression vectors

To clarify the nomenclature within the ATF transcription factor family, a new name has been recently proposed for ATFa, in accordance with the Guidelines for Human Gene Nomenclature: thus, the formerly called ATFa0, a1, a2, a3 isomers have been renamed ATF7-0, 1, 2 and 3, respectively. The recombinant isoform used in the present study is ATF7-1 and will be referred to as ATF7, with coordinates corresponding to the amino-acid numbering of the largest protein (ATF7-3, 494 residues).

The pG4-ATF7-1 recombinant and the corresponding derivatives encode the DNA-binding domain of the yeast Gal4 protein fused to the wild-type (wt) or mutated human ATF7-1 polypeptide, as described (Chatton et al., 1994). ATF7-1 cDNA and derivatives have also been inserted into the pXJ vector, under the control of the cytomegalovirus (CMV) promoter (Xiao et al., 1991), generating the px-ATF7 series.

The pG4-ATF2 recombinant encodes the DNA-binding domain of the yeast Gal4 protein fused to the hs-ATF2 (Livingstone et al., 1995).

The (17m5)-TK TGTA-Luc reporter (Lavigne et al., 1999) contains the luciferase gene, driven by the thymidine kinase promoter, with an altered TATA box (TGTA, only recognized by the mutant TBP, TBP-spm3 (Lavigne et al., 1999)) and five Gal4-binding sites (see Figure 1).

The series of hsTAF vectors encoding the human TAF$_{II}$ polypeptides have been described (Mengus et al., 1995; Lavigne et al., 1999; Gangloff et al., 2000). The p-hsTAF4b recombinant encodes both TAF12-1 and TAF12-2 proteins, through alternative initiation codon usage, whereas the deleted p-hsTAF12-2 version only encodes the shorter form. The p-hsTAF12-1was generated through oligonucleotide-directed mutagenesis by changing methionine residue 31 into isoleucine. The p-hsTAF4b vector was a gift of Richard Freiman (Freiman et al., 2001). The pG4-cJun vector, which encodes the DNA-binding domain of the yeast Gal4 protein fused to the wild-type c-Jun protein, has been provided by Michael Karin (Derijard et al., 1994). Point mutations and deletions were created in ATF7-1 (both in the px and pG4 series) and hsTAF12 sequences by oligonucleotide-directed mutagenesis using the Pfu-DNA polymerase (Cline et al., 1996), PCR amplification of appropriate DNA fragments or restriction fragment deletion. All constructions were verified by DNA sequencing.

Baculoviruses expressing GST, GSTATF7, TAF12 and TAF4 were constructed as previously described (Acker et al., 1997).

Cells, transfection, and extract preparation

Sf9 cells were grown in TNM-FH medium, infected with baculovirus-based vectors and processed as described (Acker et al., 1997). RAJI cells were grown in RPMI medium supplemented with 10% foetal calf serum and transfected with siRNA using jetSI reagent (Polyplus Transfection, France). Cos-1 cells, grown as monolayers in Dulbecco medium supplemented with glucose (1 g/l) and 5% foetal calf serum, were transfected with recombinant plasmids, 8 h after plating, using ExGen 500 reagent (Euromedex, France) (Pollard et al., 1998), with the amounts of recombinant DNA indicated in the

figure legends. After 48 h, cells were harvested in phosphate-buffered saline (PBS) and resuspended in lysis buffer (0.4 M KCl, 20 mM Tris–HCl, pH 7.5, 20% glycerol, 5 mM dithiothreitol, 0.4 mM PMSF, 2.5 ng/ml each of leupeptin, pepstatin, aprotinin, antipain and chymostatin). After one freeze–thawing cycle in liquid nitrogen, the resulting crude suspension was cleared by centrifugation for 20 min at 10 000 g (Kumar and Chambon, 1988).

RNAi, ChIP and quantitative real-time PCR

Raji cells were transfected with either anti-ATF7 siRNA (ATF7-wt) or control siRNA (ATF7-mut). The sense and antisense siRNA oligonucleotides (21 nucleotides long) were synthesized and annealed, as recommended (Eurogentec, Belgium). The siRNA selected are: (sense ATF7-wt 5′-CUG UGA GGA AGU GGG GCU CTT-3′) and (sense ATF7-mut 5′-CUG UGA GGA GGU GGG ACU CTT-3′).

At 2 days after transfection, the cells were divided in two equal fractions: (i) the first was used for preparing cellular extracts to control the amount of ATF7 and TAF12 proteins present by WB, after concentration by immunoprecipitation with specific antibodies; (ii) the second was fixed with formaldehyde (1%), before performing a ChIP assay (Dedon et al., 1991), using a ChIP Assay Kit and following the manufacturer's recommendations (Upstate Biotechnology, USA).

Quantitative real-time PCR was performed on LightCycler (Roche Diagnostics, Switzerland) as specified by the manufacturer using FastStart DNA Master SYBR Green I reagents with 45 cycles of three-step amplification. PCR reactions were carried out with the following oligonucleotide pair, bracketing a 303 bp E-selectin promoter fragment (−227 to + 76): 5′-GTC ATA TTA ATA AAA TTG CAT ATA CGA TAT-3′ and 5′-TCT CAG GTG GGT ATC ACT GCT GCC TCT GTC-3′. After PCR, amplified DNA was collected and analysed by 1% agarose gel electrophoresis.

Antibodies

Rabbit antisera against ATF7, and monoclonal antibodies recognizing specifically the ATF7 isoforms (2F10, 1A7), GST (1D10), hsTAF12 (22TA), hsTAF4 (20TA, 32TA) and HA epitope (12CA5) have been described (Mengus et al., 1995; Bocco et al., 1996). Rabbit antiserum against hsTAF12 is a gift of Thomas Oegelschläger.

IP and immunoblotting

After a preliminary clearing step on protein A-Sepharose to adsorb nonspecific binding proteins, aliquots of the cell extracts were incubated (3 h at 4°C) with 50 μl of a 50% protein G-Sepharose bead suspension in PBS, along with the antibody. The beads were washed three times with 1 ml of PBS, 0.5% Nonidet P-40 and NaCl adjusted to 250 mM. The proteins were then dissociated by boiling for 5 min in 20 μl sample buffer, before SDS–10% PAGE (SDS–PAGE). Protein analysis by WB was carried out as described (Bocco et al., 1996). Briefly, proteins were electrotransferred onto nitrocellulose, reacted with specific primary antibodies (see above) and revealed with peroxidase-linked goat anti-mouse κ-light chain or goat anti-rabbit immunoglobulins (Santa-Cruz) as indicated, using the ECL system (Amersham).

Baculovirus infection and GST-pulldown assay

Sf9 cells were coinfected for 48 h with recombinant viruses expressing hsTAF with either the GST unfused or GST-fused

3482

ATF7 protein. After a preliminary clearing step on protein A-Sepharose to adsorb nonspecific binding proteins, extracts were incubated with glutathione (GSH)-Sepharose beads for 2 h at 4°C. Then, the beads were washed with PBS buffer containing 0.5% Nonidet P-40 and NaCl adjusted to 250 mM to minimize nonspecific interactions. Retained proteins were analysed by SDS–PAGE and visualized by WB using specific antibodies.

Luciferase assay

Transfected cells were harvested, in ice-cold PBS, pelleted, washed once in PBS and resuspended in lysis buffer (100 mM potassium phosphate, pH 7.8). After three freeze–thawing steps in liquid nitrogen, the resulting cell lysate was cleared by centrifugation. Aliquots of the extracts (normalized by protein concentration) were assayed for luciferase activity using a Berthold 'Centro LB 960' luminometer, as previously described (de Wet et al., 1987; Steghens et al., 1998). In all cases, at least five independent transfections were carried out and the results always agreed within 10%. The results of typical experiments are shown in the figures.

Abbreviations

ATF, activating transcription factor; TBP, TATA-binding protein; TAF, TBP-associated factor; HFD, histone fold domain; TFIID, transcription factor IID; IP, immunoprecipitation; MAP kinase, mitogen-activated protein kinase; JNK, Jun N-terminal kinase; CREB, cyclic AMP responsive binding protein; b-LZ, basic region leucine zipper; CRE, cyclic AMP responsive binding; SAGA, SPT-ADA-GCN5-acetyltransferase; STAGA, SPT3-TAF9-GCN5-L acetyltransferase; PCAF, p300/CREB-binding protein-associated factor; TFTC, TBP-free TAF-containing complex; CMV, cytomegalovirus; TK, thymidine kinase; GST, glutathione S-transferase; HA, hemaglutinin; WB, Western blot; ChIP, chromatin-immunoprecipitation.

Acknowledgements

We thank L Tora, YG Gangloff, G Mengus, T Oegelschläger and M Vigneron for gifts and helpful discussions. This work was supported by funds and/or fellowships from the Centre National de la Recherche Scientifique, the Institut National de la Recherche Médicale, the Université Louis Pasteur de Strasbourg, the French Ministry of Research, the Association pour la Recherche sur le Cancer (contracts 5701 and 4521) and the Ligue Nationale contre le Cancer – Comités Alsace et Vosges.

References

Acker J, de Graaff M, Cheynel I, Khazak V, Kedinger C and Vigneron M. (1997). *J. Biol. Chem.*, **272**, 16815–16821.
Albright SR and Tjian R. (2000). *Gene*, **242**, 1–13.
Bell B and Tora L. (1999). *Exp. Cell Res.*, **246**, 11–19.
Bhaumik SR and Green MR. (2002). *Mol. Cell. Biol.*, **22**, 7365–7371.
Bocco JL, Bahr A, Goetz J, Hauss C, Kallunki T, Kedinger C and Chatton B. (1996). *Oncogene*, **12**, 1971–1980.
Brand M, Leurent C, Mallouh V, Tora L and Schultz P. (1999). *Science*, **286**, 2151–2153.
Chang CI, Xu BE, Akella R, Cobb MH and Goldsmith EJ. (2002). *Mol. Cell*, **9**, 1241–1249.
Chatton B, Bahr A, Acker J and Kedinger C. (1995). *Biotechniques*, **18**, 142–145.
Chatton B, Bocco JL, Gaire M, Hauss C, Reimund B, Goetz J and Kedinger C. (1993). *Mol. Cell. Biol.*, **13**, 561–570.
Chatton B, Bocco JL, Goetz J, Gaire M, Lutz Y and Kedinger C. (1994). *Oncogene*, **9**, 375–385.
Cline J, Braman JC and Hogrefe HH. (1996). *Nucleic Acids Res.*, **24**, 3546–3551.
Dedon PC, Soults JA, Allis CD and Gorovsky MA. (1991). *Anal. Biochem.*, **197**, 83–90.
De Graeve F, Bahr A, Sabapathy KT, Hauss C, Wagner EF, Kedinger C and Chatton B. (1999). *Oncogene*, **18**, 3491–3500.
de Wet JR, Wood KV, DeLuca M, Helinski DR and Subramani S. (1987). *Mol. Cell. Biol.*, **7**, 725–737.
Derijard B, Hibi M, Wu IH, Barrett T, Su B, Deng T, Karin M and Davis RJ. (1994). *Cell*, **76**, 1025–1037.
Dikstein R, Zhou S and Tjian R. (1996). *Cell*, **87**, 137–146.
Freiman RN, Albright SR, Zheng S, Sha WC, Hammer RE and Tjian R. (2001). *Science*, **293**, 2084–2087.
Gaire M, Chatton B and Kedinger C. (1990). *Nucleic Acids Res.*, **18**, 3467–3473.
Gangloff YG, Romier C, Thuault S, Werten S and Davidson I. (2001). *Trends Biochem. Sci.*, **26**, 250–257.
Gangloff YG, Werten S, Romier C, Carre L, Poch O, Moras D and Davidson I. (2000). *Mol. Cell. Biol.*, **20**, 340–351.
Goetz J, Chatton B, Mattei MG and Kedinger C. (1996). *J. Biol. Chem.*, **271**, 29589–29598.

Ho DT, Bardwell AJ, Abdollahi M and Bardwell L. (2003). *J. Biol. Chem.*, **278**, 32662–32672.
Hoffmann A, Chiang CM, Oelgeschlager T, Xie X, Burley SK, Nakatani Y and Roeder RG. (1996). *Nature*, **380**, 356–359.
Hoffmann A, Oelgeschlager T and Roeder RG. (1997). *Proc. Natl. Acad. Sci. USA*, **94**, 8928–8935.
Hoffmann A and Roeder RG. (1996). *J. Biol. Chem.*, **271**, 18194–18202.
Ivashkiv LB, Liou HC, Kara CJ, Lamph WW, Verma IM and Glimcher LH. (1990). *Mol. Cell. Biol.*, **10**, 1609–1621.
Jacq X, Brou C, Lutz Y, Davidson I, Chambon P and Tora L. (1994). *Cell*, **79**, 107–117.
Kaszubska W, van Huijsduijnen RH, Ghersa P, De Raemy-Schenk AM, Chen BP, Hai T, De Lamarter JF and Whelan J. (1993). *Mol. Cell. Biol.*, **13**, 7180–7190.
Kumar V and Chambon P. (1988). *Cell*, **55**, 145–156.
Lavigne AC, Gangloff YG, Carre L, Mengus G, Birck C, Poch O, Romier C, Moras D and Davidson I. (1999). *Mol. Cell. Biol.*, **19**, 5050–5060.
Leurent C, Sanders S, Ruhlmann C, Mallouh V, Weil PA, Kirschner DB, Tora L and Schultz P. (2002). *EMBO J.*, **21**, 3424–3433.
Leurent C, Sanders SL, Demeny MA, Garbett KA, Ruhlmann C, Weil PA, Tora L and Schultz P. (2004). *EMBO J.*, **23**, 719–727.
Liu F and Green MR. (1990). *Nature*, **345**, 361–364.
Livingstone C, Patel G and Jones N. (1995). *EMBO J.*, **14**, 1785–1797.
Maekawa T, Sakura H, Kanei-Ishii C, Sudo T, Yoshimura T, Fujisawa J, Yoshida M and Ishii S. (1989). *EMBO J.*, **8**, 2023–2028.
Martinez E. (2002). *Plant Mol. Biol.*, **50**, 925–947.
Martinez E, Palhan VB, Tjernberg A, Lymar ES, Gamper AM, Kundu TK, Chait BT and Roeder RG. (2001). *Mol. Cell. Biol.*, **21**, 6782–6795.
Mazzarelli JM, Mengus G, Davidson I and Ricciardi RP. (1997). *J. Virol.*, **71**, 7978–7983.
Mencia M, Moqtaderi Z, Geisberg JV, Kuras L and Struhl K. (2002). *Mol. Cell*, **9**, 823–833.

Mengus G, Gangloff YG, Carre L, Lavigne AC and Davidson I. (2000). *J. Biol. Chem.*, **275**, 10064–10071.
Mengus G, May M, Carre L, Chambon P and Davidson I. (1997). *Genes Dev.*, **11**, 1381–1395.
Mengus G, May M, Jacq X, Staub A, Tora L, Chambon P and Davidson I. (1995). *EMBO J.*, **14**, 1520–1531.
Munz C, Psichari E, Mandilis D, Lavigne AC, Spiliotaki M, Oehler T, Davidson I, Tora L, Angel P and Pintzas A. (2003). *J. Biol. Chem.*, **278**, 21510–21516.
Perletti L, Dantonel JC and Davidson I. (1999). *J. Biol. Chem.*, **274**, 15301–15304.
Pham AD, Muller S and Sauer F. (1998). *Mech. Dev.*, **84**, 3–16.
Pollard H, Remy JS, Loussouarn G, Demolombe S, Behr JP and Escande D. (1998). *J. Biol. Chem.*, **273**, 7507–7511.
Purrello M, Di Pietro C, Viola A, Rapisarda A, Stevens S, Guermah M, Tao Y, Bonaiuto C, Arcidiacono A, Messina A, Sichel G, Grzeschik KH and Roeder R. (1998). *Oncogene*, **16**, 1633–1638.
Shen WC, Bhaumik SR, Causton HC, Simon I, Zhu X, Jennings EG, Wang TH, Young RA and Green MR. (2003). *EMBO J.*, **22**, 3395–3402.

Steghens JP, Min KL and Bernengo JC. (1998). *Biochem. J.*, **336** (Part 1), 109–113.
Timmers HT and Tora L. (2005). *Trends Biochem. Sci.*, **30**, 7–10.
Tora L. (2002). *Genes Dev.*, **16**, 673–675.
van Dam H, Wilhelm D, Herr I, Steffen A, Herrlich P and Angel P. (1995). *EMBO J.*, **14**, 1798–1811.
Walker AK, Rothman JH, Shi Y and Blackwell TK. (2001). *EMBO J.*, **20**, 5269–5279.
Wang EH, Zou S and Tjian R. (1997). *Gene Dev.*, **11**, 2658–2669.
Werten S, Mitschler A, Romier C, Gangloff YG, Thuault S, Davidson I and Moras D. (2002). *J. Biol. Chem.*, **277**, 45502–45509.
Whelan J, Ghersa P, Hooft van Huijsduijnen R, Gray J, Chandra G, Talabot F and DeLamarter JF. (1991). *Nucleic Acids Res.*, **19**, 2645–2653.
Xiao JH, Davidson I, Matthes H, Garnier JM and Chambon P. (1991). *Cell*, **65**, 551–568.
Xie X, Kokubo T, Cohen SL, Mirza UA, Hoffmann A, Chait BT, Roeder RG, Nakatani Y and Burley SK. (1996). *Nature*, **380**, 316–322.

II. PUBLICATION 2 : LE ROLE DE LA SUMOYLATION D'ATF7

« Regulation of ATF7 activity and subcellular localization by SUMOylation. Pierre-Jacques HAMARD, Michael BOYER-GUITTAUT, Charlotte HAUSS, Thomas OELGESCHLÄGER, Claude KEDINGER and Bruno CHATTON (2005). *Manuscrit en préparation.* »

Suite à la caractérisation d'Ubc9 comme partenaire potentiel d'ATF7 par la technique de double-hybride dans la levure (voir Introduction, paragraphe II.1.3.2), et après avoir identifié dans la partie amino-terminale d'ATF7 (centré sur le résidu lysine 118) le motif consensus d'un site de SUMOylation, nous avons décidé d'étudier le rôle de cette modification post-traductionnelle sur l'activité d'ATF7.

Nous avons ainsi montré qu'ATF7 était SUMOylé *in vitro* et *in vivo*, et établi un lien entre sa localisation intracellulaire et sa SUMOylation : nos résultats suggèrent qu'ATF7 ne serait présent dans le noyau qu'à l'état dé-SUMOylé ; la SUMOylation d'ATF7 induirait sa séquestration au niveau du complexe du pore nucléaire. Nous avons notamment mis en évidence par des expériences d'immunomarquage une colocalisation d'ATF7 avec une protéine du complexe du pore nucléaire, RanBP2, une enzyme E3 de la voie de SUMOylation (Pichler et coll., 2002). Nous avons donc testé cette activité sur ATF7 et il s'est avéré que RanBP2 participait de manière spécifique à la SUMOylation d'ATF7, *in vitro*.

Ces résultats sont en accord avec le fait que dans des expériences de transfection transitoire, une protéine ATF7 non SUMOylable (mutée au niveau de son site de SUMOylation) présente une activité transcriptionnelle nettement supérieure à celle de la protéine sauvage. De même, grâce à la technique d'immunoprécipitation de la chromatine (Chromatin IP ou ChIP), nous avons montré que l'occupation d'un promoteur cible d'ATF7 in vivo augmente lorsque la protéine ATF7 n'est pas SUMOylée, alors qu'aucune différence de propriétés de liaison à l'ADN n'a pu être observée entre la protéine sauvage et la protéine non SUMOylable.

Nous pouvons donc supposer qu'ATF7 est séquestré au niveau de la membrane nucléaire sous sa forme SUMOylée (grâce à RanBP2) et que suite à sa déSUMOylation, la protéine peut migrer vers les promoteurs de ses gènes cibles et en activer la transcription (paragraphe II.1). D'autres résultats attendus pour compléter cette étude ainsi que la discussion de ce futur article seront présentés dans la dernière partie de ce manuscrit (partie discussion).

II.1. RÉSULTATS

II.1.1. ATF7 est SUMOylé

Comme nous l'avons mentionné dans l'introduction (voir paragraphes II.1.3.2 et II.1.3.2.4), un test double-hybride dans la levure a permis d'identifier un certain nombre de protéines interagissant avec ATF7, parmi lesquelles Ubc9, l'enzyme de conjugaison (E2) de la voie de SUMOylation (voir paragraphe II.2.2.2 de l'introduction). D'autre part, l'analyse de la séquence d'ATF7 a révélé la présence d'une séquence consensus de SUMOylation centrée sur la lysine 118 (voir figure 36A). Nous avons donc voulu savoir si ATF7 pouvait être SUMOylé. Dans un premier temps, nous avons testé la SUMOylation d'ATF7 *in vitro*. La protéine ATF7 et son homologue ATF2, utilisée comme contrôle, ont été transcrites et traduites *in vitro* (figure 36B lignes 3 et 5) et incubées avec un système de SUMOylation minimal composé de protéines recombinantes E1 (SAE1/2), E2 (Ubc9) et SUMO-1 maturé (aa 1-97) (Desterro et coll., 1999; Tatham et coll., 2001; Boyer-Guittaut et coll., 2005). L'analyse par western-blot a révélé une bande supplémentaire de plus grand poids moléculaire, seulement présente quand la protéine sauvage (wild-type ou ATF7wt) est utilisée comme substrat (figure 36B ligne 4). Le mutant ATF7K118R, c'est-à-dire la protéine mutée au niveau de la lysine 118 (la lysine est remplacée par une arginine, ce qui permet de changer l'acide aminé tout en conservant la charge originale), ainsi qu'ATF2 qui ne possède pas de motif consensus de SUMOylation dans sa séquence, ne sont pas SUMOylés dans ce test (figure 36B lignes 2 et 6).

136

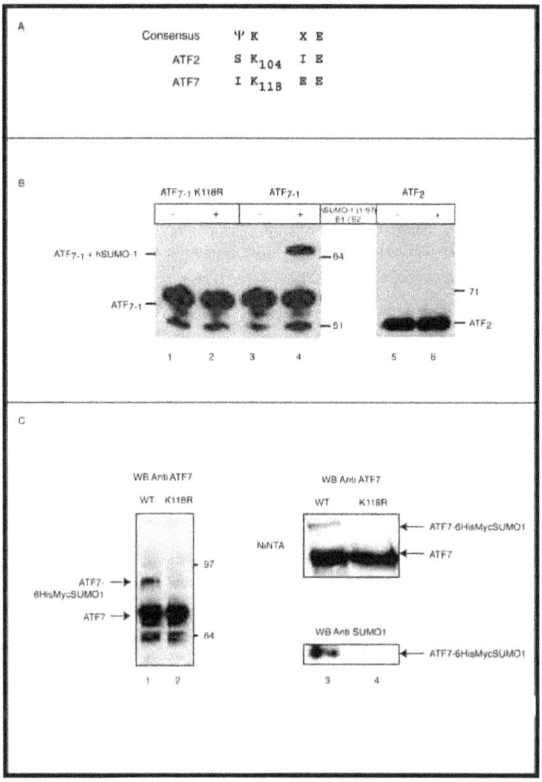

Figure 36 : ATF7 est SUMOylé *in vitro* et *in vivo*. A) Un site consensus de SUMOylation est présent dans la séquence d'ATF7 et absent dans celle d'ATF2. **B)** 50 ng d'ATF7wt ou K118R recombinant et purifié est incubé en présence d'un mélange d'enzymes de la voie de SUMOylation et de SUMO-1 recombinants et purifiés (lignes 2 et 4) qui induisent sa SUMOylation *in vitro*, après incubation d'une heure à 37°C. ATF2 est transcrit, traduit et marqué à l'ATP radioactif *in vitro* et soumis à la même expérience (lignes 5 et 6). ATF7 est révélé avec un anticorps spécifique tandis qu'ATF2 est révélé par autoradiographie. **C)** Les cellules HeLa-SUMO sont transfectées avec 4 µg de plasmides px-ATF7wt (ligne 1 et 3) ou K118R (lignes 2 et 4). 24h après transfection, les extraits cellulaires sont séparés sur gel d'électrophorèse en conditions dénaturantes (lignes 1 et 2) ou incubés avec une résine d'agarose Ni-NTA (lignes 3 et 4). ATF7 est révélé avec un anticorps monoclonal (2F10) dilué au 1/2000 et sa forme SUMOylée avec un anti-SUMO1 dilué au 1/500.

Pour savoir si ATF7 était SUMOylé dans un contexte cellulaire, nous avons transfecté une lignée cellulaire humaine, qui exprime constitutivement de hauts niveaux de protéine SUMO-1

137

étiquetée avec l'épitope Myc et six histidines (Bailey et O'Hare, 2002), avec des plasmides codant pour ATF7wt ou la forme mutée ATF7K118R. Les cellules transfectées ont été lysées en présence de SDS et de N-éthylmaléimide (NEM), un inhibiteur spécifique des protéases SUMO. Une partie de l'extrait a été soumise à un gel d'électrophorèse dénaturant (SDS-PAGE) (figure 36C, ligne 1 et 2) et l'autre partie de l'extrait a été incubée avec une résine d'agarose-nickel (Ni-NTA agarose, Qiagen) afin de n'y retenir que les protéines conjuguées 6His-Myc-SUMO-1. L'analyse des fractions liées à la résine Ni-NTA par SDS-PAGE puis par western-blot en utilisant des anticorps spécifiques d'ATF7 a mis en évidence une bande de plus haut poids moléculaire présente avec ATF7wt et absente avec le mutant ATF7K118R (figure 36C lignes 3 et 4). Cette bande est minoritaire par rapport à la bande correspondant à ATF7 non SUMOylé qui est retenu par la résine Ni-NTA grâce à son élément zinc-finger présent dans sa moitié amino-terminale. Pour vérifier que cette bande minoritaire correspondait bien à la forme SUMOylée d'ATF7, les membranes ont été incubées avec un anticorps anti-SUMO. Comme indiqué sur la figure 36C (ligne 3 et 4), la bande minoritaire correspond effectivement à ATF7 SUMOylé.

II.1.2. La SUMOylation d'ATF7 affecte sa localisation intracellulaire

D'autres études ont montré que la SUMOylation était corrélée au recrutement des protéines cibles dans des domaines subnucléaires spécialisés comme les corps PML ou les corps PcG (Seeler et Dejean, 2001, 2003; Verger et coll., 2003; Gill, 2004). Afin de vérifier si ATF7 est recruté dans de telles structures, nous avons transfecté ATF7wt et ATF7K118R dans les cellules HeLa-6his-Myc-SUMO-1 et examiné leur localisation intracellulaire par microscopie à fluorescence. Le marquage d'ATF7 dans les cellules transfectées par un anticorps spécifique marqué avec un fluorochrome a révélé deux types de localisations.

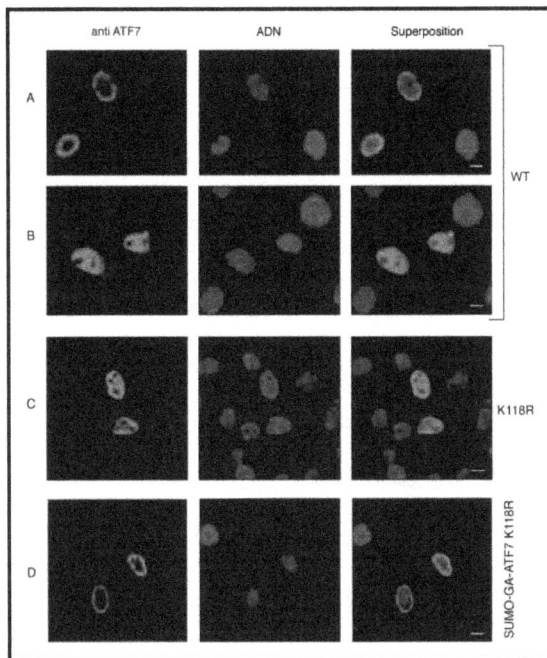

Figure 37 : La SUMOylation d'ATF7 affecte sa localisation intracellulaire. Les cellules HeLa-SUMO sont transfectées avec 200 ng de plasmide px-ATF7 WT (A et B) px-ATF7K118R (C) ou px-SUMO-GA-ATF7K118R (D) et fixées au PFA 4% 48h post-transfection. ATF7 est révélé par l'anticorps monoclonal 1A7 (dilution 1/1000) et l'anticorps secondaire couplé au fluorochrome rouge CY3 (dilution 1/2000). L'ADN du noyau est coloré au Hoechst 33258. La superposition des deux couleurs est présentée dans le troisième panneau de chaque ligne.

L'une, correspondant à 80% des cellules transfectées, montre une protéine ATF7 principalement localisée dans le noyau, avec une distribution nucléaire diffuse excluant les nucléoles (figure 37B). De manière très intéressante, les autres 20% montrent une distribution spécifique limitée à la périphérie du noyau (figure 37A). En revanche, les cellules transfectées avec ATF7K118R présentent une distribution de cette protéine strictement nucléaire (figure 37C). Ces résultats suggèrent que la SUMOylation d'ATF7 pourrait altérer sa localisation dans le noyau. Pour appuyer cette hypothèse, nous avons construit une forme d'ATF7 constitutivement SUMOylée, en fusionnant SUMO-1 (aa 1-97) à la partie amino-terminale d'ATF7K118R. Afin d'éviter que cette fusion ne soit clivée par les protéases SUMO, nous avons muté leur séquence cible, la double glycine (G96G97), en glycine-alanine (G96-A97) (Ross et coll., 2002). Comme on peut le voir sur la figure 37D, cette construction est strictement localisée à la périphérie du noyau, ce qui démontre clairement que la SUMOylation d'ATF7 affecte sa localisation subnucléaire.

II.1.3. RanBP2 est une SUMO E3 ligase pour ATF7

La localisation périnucléaire observée pour la forme SUMOylée d'ATF7 suggère fortement que cette modification pourrait avoir lieu au niveau de la membrane nucléaire. Plusieurs études ont montré que la protéine RanBP2 du complexe du pore nucléaire (NPC) augmentait de manière significative la SUMOylation de plusieurs protéines comme Sp100 (Pichler et coll., 2002) ou HDAC4 (Kirsh et coll., 2002), et pouvait être considérée par conséquent comme une enzyme E3 ligase de la voie de SUMOylation. Nous avons donc cherché à savoir si RanBP2 pouvait être une E3 ligase pour ATF7. Pour vérifier cette hypothèse, nous avons utilisé le même système de SUMOylation reconstitué *in vitro* que précédemment en ajoutant dans ce cas une fusion GST-RanBP2ΔFG produite dans la bactérie, correspondant au domaine de RanBP2 ayant l'activité E3 fusionné à la protéine GST (Pichler et coll., 2002).

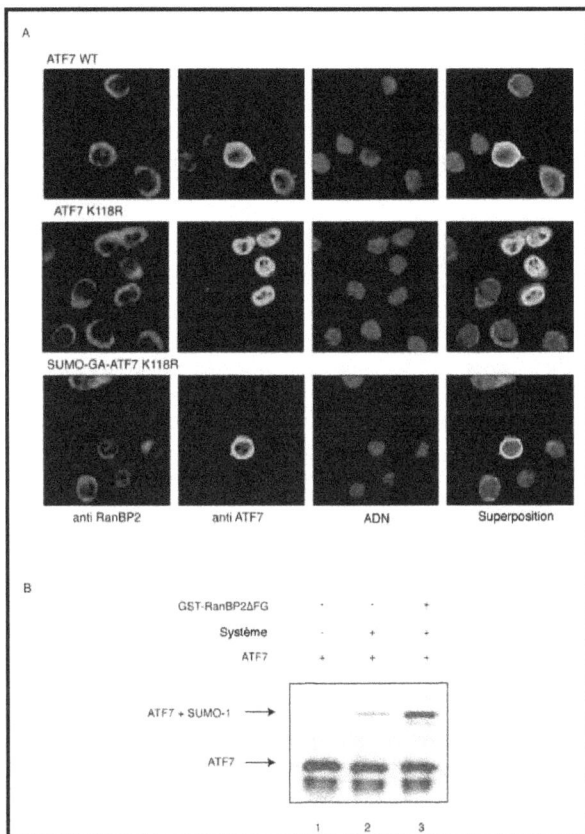

Figure 38 : RanBP2 est une E3 ligase spécifique d'ATF7 et colocalise avec sa forme SUMOylée. A) 2.10^4 cellules HeLa-SUMO sont transfectées avec 200 ng de plasmide px-ATF7wt (lignes 1), ATF7K118R (ligne 2) ou SUMO-GA-ATF7K118R (ligne 3). Après fixation des cellules au PFA 4%, ATF7 est révélé avec un anticorps polyclonal dilué au 1/2000 (et par un anticorps secondaire vert) et la membrane nucléaire par un anticorps monoclonal dirigé contre des protéines de la structure centrale du complexe des pores nucléaires dilué au 1/500 (rouge). Le noyau est révélé par coloration de l'ADN au hoechst 33258 (bleu). Une superposition des trois couleurs est présentée dans le quatrième panneau. **B)** 50 ng d'ATF7 recombinant et purifié (ligne 1) est incubé en présence d'un mélange d'enzymes de la voie de SUMOylation (« système ») avec (ligne 3) ou sans (ligne 2) 50 ng d'une fusion GST-RanBP2ΔFG, qui induisent sa SUMOylation *in vitro*, après incubation d'une heure à 37°C.

141

Tandis que la SUMOylation d'ATF7 est possible sans E3 ligase (figure 38B ligne 2), la réaction est fortement stimulée en présence de RanBP2 (figure 38B, ligne 3). Nous avons également réalisé cette expérience avec GST-PIAS1, une autre E3 ligase notamment impliquée dans la SUMOylation de c-Jun, un autre membre de la famille des facteurs de transcription b-ZIP (Schmidt et Muller, 2002). Contrairement à RanBP2, PIAS1 n'augmente pas la SUMOylation d'ATF7 (résultat non montré).

En outre, en utilisant un anticorps anti-RanBP2 dans une expérience d'immunofluorescence, nous avons montré que RanBP2 colocalisait avec ATF7 seulement lorsque ATF7wt ou SUMO-GA-ATF7K118R étaient exprimés (figure 38A).

II.1.4. La SUMOylation d'ATF7 induit sa relocalisation dans la zone périnucléaire interne

D'après nos résultats de comarquage par immunofluorescence, il semble que seule la forme SUMOylée d'ATF7 colocalise avec le NPC. Malgré tout, avec ATF7wt, on observe une localisation périnucléaire qui n'est pas parfaitement corrélée à celle de RanBP2 (voir figure 38A, première ligne) et nous avons voulu vérifier de quel côté de la membrane nucléaire se situait ATF7wt dans ce cas. Pour ce faire nous avons utilisé un anticorps monoclonal reconnaissant une famille de protéines qui composent la structure centrale des NPC, et qui permet donc de marquer avec précision la membrane nucléaire dans des expériences d'immunofluorescence (anticorps mAb414). Outre la localisation nucléaire diffuse qu'on retrouve dans 80% des cas (figure 39, ligne B), nous avons pu observer que le profil périnucléaire de la protéine sauvage correspondait en fait à une localisation intranucléaire comme on peut le voir sur la figure 39 ligne A ainsi que sur l'agrandissement. La fusion SUMO-GA-ATF7K118R est au contraire strictement colocalisée avec la membrane nucléaire (figure 39, ligne D) tandis que la protéine non SUMOylable est strictement nucléaire (figure 39, ligne C). Il semblerait que seule la forme SUMOylée d'ATF7 soit colocalisée avec la membrane nucléaire et que la protéine pourrait donc être déSUMOylée après son entrée dans le noyau.

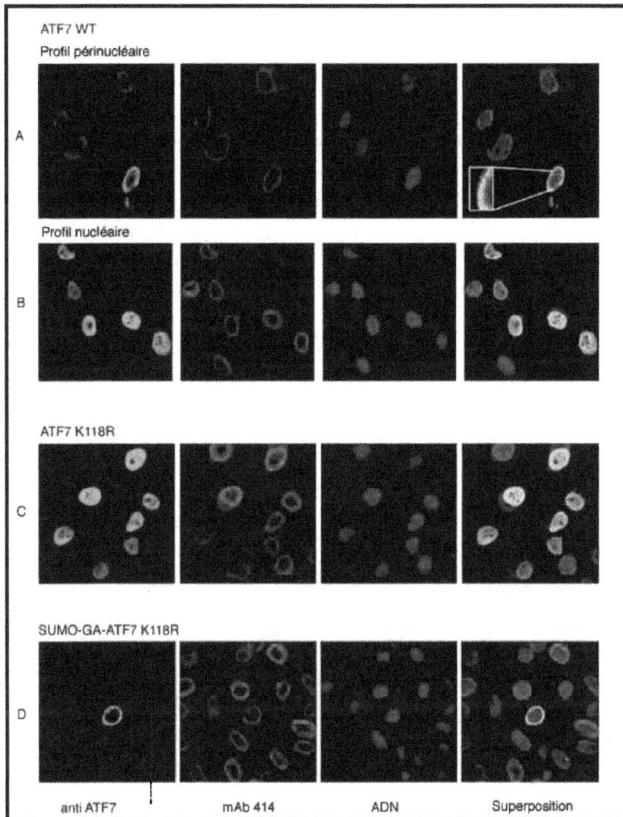

Figure 39 : Seule la forme SUMOylée d'ATF7 colocalise avec la membrane nucléaire. 2.10^4 cellules HeLa-SUMO sont transfectées avec 200 ng de plasmide px-ATF7wt (lignes A et B), ATF7K118R (ligne C) ou SUMO-GA-ATF7K118R (ligne D). Après fixation des cellules au PFA 4%, ATF7 est révélé avec un anticorps polyclonal dilué au 1/2000 (et par un anticorps secondaire vert) et la membrane nucléaire par un anticorps monoclonal dirigé contre des protéines de la structure centrale du complexe des pores nucléaires (mAb414) dilué au 1/500 (rouge). Le noyau est révélé par coloration de l'ADN au hoechst 33258 (bleu). La superposition des 3 couleurs est présentée dans le quatrième panneau de chaque ligne.

II.1.5. La SUMOylation d'ATF7 affecte son activité transcriptionnelle

Nous avons par ailleurs décidé d'analyser les effets éventuels de la SUMOylation d'ATF7 sur son activité transcriptionnelle. Nous avons pour cela utilisé le système de fusion à la protéine Gal4 de levure (Liu et Green, 1990a) dans lequel la protéine ATF7-1 est fusionnée au domaine de liaison à l'ADN de Gal4 (1-147). L'activité des chimères a été testée dans des expériences de cotransfection transitoire dans des cellules COS-1 avec un gène rapporteur luciférase dont le promoteur contient cinq sites de liaison à Gal4 (Liu et Green, 1990a). Les cellules COS-1 sont transfectées avec le vecteur pG4-ATF7wt ou ses dérivés, et le rapporteur luciférase (figure 40A). Les résultats d'une expérience typique sont représentés dans la figure 40A. Dans des conditions où des quantités équivalentes de fusions G4-ATF7-1 sont exprimées (vérifié par western-blot en utilisant des anticorps spécifiques – non montré), et où leur localisation intracellulaire est la même que les protéines non fusionnées (figure 40A), le mutant K118R stimule la transcription du gène rapporteur deux fois plus que la protéine sauvage. Inversement, la fusion Gal4-SUMO-VG-ATF7 K118R (où la séquence glycine-glycine [G96G97] est mutée en valine-glycine [V96G97] pour éviter le clivage par les SUMO protéases) est environ quatre fois moins active que la protéine sauvage, ce qui indique qu'une grande partie de l'activité de la protéine sauvage est due à sa forme non SUMOylée.

Les mêmes résultats ont été obtenus avec les trois isoformes d'ATF7, ATF7-1, ATF7-2 et ATF7-3 (résultats non montrés) indiquant clairement que dans ces conditions expérimentales, la SUMOylation joue un rôle négatif dans la transactivation induite par les protéines ATF7 en séquestrant les protéines à la périphérie du noyau.

144

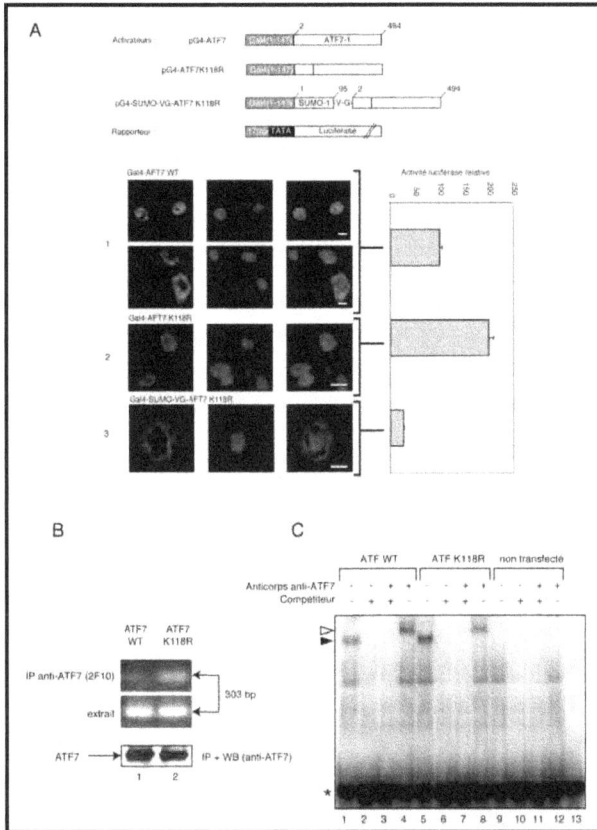

Figure 40 : L'activité transcriptionnelle d'ATF7 est affectée par la SUMOylation. A) La structure des trois plasmides pG4-ATF7 et celle du rapporteur sont représentées. Pour l'expérience d'activité luciférase, 2.10^6 cellules Cos-1 sont transfectées avec 0,25 μg du vecteur d'expression pG4-ATF7wt (ou dérivés) et 2 μg du rapporteur luciférase. Les résultats sont représentés à droite en unités arbitraires. 2.10^4 cellules HeLa-SUMO ont été transfectées avec 200 ng des mêmes plasmides pour visualiser leur localisation (voir matériel et méthodes). B) Analyse de l'occupation du promoteur de la sélectine E par ATF7wt ou ATF7K118R par ChIP. 10^7 cellules HeLa-SUMO ont été transfectées avec 4 μg de px-ATF7wt (ligne 1) ou de px-ATF7K118R (ligne 2) et utilisées deux jours plus tard pour l'expérience de ChIP en utilisant des anticorps monoclonaux dirigés contre ATF7. Le promoteur endogène de la sélectine E coimmunoprécipité est amplifié par PCR (voir matériel et méthodes). Une partie des extraits est utilisée pour vérifier la quantité d'ATF7 par immunoprécipitation puis western-blot (dernière ligne). C) Les protéines ATF7wt ou ATF7K118R, ou un extrait provenant de cellules non transfectées, sont incubées avec une sonde contenant un site de fixation à l'ADN spécifique d'ATF7, marquée au ^{32}P ou en présence d'une sonde froide (compétiteur), et/ou un anticorps monoclonal anti-ATF7 (2D10). La flèche noire indique le complexe [sonde marquée-ATF7] et la flèche blanche les complexes [sonde marquée-ATF7-anticorps]. L'astérisque indique la sonde libre en excès.

145

Dans le but d'éclaircir le mécanisme moléculaire sous-tendant cet effet différentiel sur la transcription, nous avons réalisé des expériences d'immunoprécipitation de la chromatine (ChIP) sur le gène de la sélectine E, dont le promoteur contient un motif de type CRE appelé NF-ELAM1 sur lequel se fixe ATF7 (Kaszubska et coll., 1993) en association avec TAF12 (Hamard et coll., 2005). Les cellules HeLa-6His-Myc-SUMO-1 ont été transfectées soit avec ATF7wt soit avec ATF7K118R. Dans des conditions où des quantités équivalentes des deux constructions sont exprimées (figure 40B), les anticorps anti-ATF7 immunoprécipitent plus efficacement le promoteur de la sélectine E avec ATF7K118R qu'avec ATF7wt (comparer lignes 1 et 2 figure 40B). Il semble donc que dans le contexte d'un promoteur naturel, seule la forme non SUMOylée d'ATF7 soit associée à la chromatine.

Nous avons ensuite voulu savoir si l'effet observé au niveau de l'activation transcriptionnelle et au niveau de l'occupation de ses promoteurs cibles était uniquement dû à la relocalisation de d'ATF7 induite par sa SUMOylation ou à une différence de propriété de liaison à l'ADN entre la protéine sauvage et la protéine mutante. Pour cela nous avons réalisé des expériences de « gel retard » en utilisant une sonde contenant un site de fixation à l'ADN spécifique d'ATF7, marquée au ^{32}P (figure 40C). Nos résultats indiquent qu'ATF7wt et ATF7K118R ne présentent pas de différence de liaison à l'ADN en absence (figure 40C lignes 1 et 5) ou en présence (figure 40C lignes 4 et 8) d'un anticorps anti-ATF7. Après une préincubation avec un compétiteur (la même sonde que précédemment mais non marquée), ni ATF7wt, ni ATF7K118R ne sont retenus sur l'ADN (figure 40C, lignes 2-3 et 6-7).

II.2. MATÉRIELS ET MÉTHODES

II.2.1. Vecteurs d'expression recombinants

L'isoforme recombinante utilisée dans la présente étude est ATF7-1. Dans un souci de simplication, elle est appelée ATF7 et les numéros des acides aminés utilisés se réfèrent à l'isoforme la plus large (ATF7-3, 494 résidus).

Le plasmide recombinant pG4-ATF7-1 et ses dérivés correspondants codent pour le domaine de liaison à l'ADN de la protéine Gal4 de levure fusionné à la protéine sauvage (wt) ou mutée d'ATF7 comme décrit auparavant (Chatton et coll., 1994). L'ADNc d'ATF7-1 et de ses dérivés ainsi que l'ADNc d'ATF2 ont été insérés dans le vecteur pXJ (Xiao et coll., 1991), sous le contrôle du promoteur CMV, pour donner les plasmides px-ATF7 et px-ATF2. ATF7-1 a également été inséré dans le plasmide d'expression bactérien pDB, en phase avec la protéine MBP, permettant la production d'une fusion MBP-ATF7 clivable en MBP+ATF7 grâce à un site de coupure à la protéase TEV situé entre ces deux protéines. Le plasmide pDB nous a été donné par les Dr D.Busso et R.Kim.

146

Le rapporteur (17m5)-TK-Luciferase contient le gène de la luciférase sous le contrôle du promoteur de la thymidine kinase et de cinq sites de liaison à Gal4 (voir figure 40A).

Les mutations ponctuelles et délétions créées dans ATF7-1 (à la fois dans les vecteurs px et pG4) l'ont été par mutagenèse dirigée en utilisant l'ADN polymérase Pfu, par amplification des fragments d'ADN appropriés par PCR ou par délétion d'un fragment en utilisant des enzymes de restriction. Toutes les constructions ont été vérifiées par séquençage.

II.2.2. Transfection des cellules et préparation des extraits

Les cellules HeLa-6His-Myc-SUMO-1 nous ont été données par le Dr P. O'Hare. Elles ont été cultivées en monocouche dans du milieu Dulbecco supplémenté en glucose (1g/L), en sérum de veau fœtal (10%) et en acides aminés non essentiels (AANE), puis transfectées avec les plasmides recombinants en utilisant le réactif Transfectin (BioRad, USA) avec les quantités d'ADN indiquées dans la légende des figures. Après 36h, les cellules sont récoltées dans un tampon phosphate (phosphate-buffered saline ou PBS) et resuspendues dans le tampon RIPA (150 mM NaCl, 10 mM Tris pH 7.2, 0.1% SDS, 1% Triton X-100, 1% déoxycholate, 5 mM EDTA, 0.4 mM PMSF, 2.5 ng/mL pour chacun des inhibiteurs de protéases leupeptine, pepstatine, aprotinine, antipaïne et chymostatine). Après 30 minutes dans la glace, la suspension résultante est centrifugée à 10 000 g pendant 20 minutes.

Les cellules COS-1, cultivées en monocouche dans du milieu Dulbecco supplémenté en glucose (1g/L) et en sérum de veau fœtal (5%), sont transfectées avec les plasmides recombinants en utilisant le réactif ExGen 500 (Euromedex, France), avec les quantités d'ADN recombinant indiqué dans la légende des figures. Après 48h, les cellules sont récoltées dans un tampon phosphate (PBS) et resuspendues dans un tampon de lyse (0.4 M KCl, 20 mM Tris-HCl, pH 7.5, 20% glycérol, 5 mM dithiothréitol, 0.4 mM PMSF, 2.5 ng/mL pour chacun des inhibiteurs de protéases leupeptine, pepstatine, aprotinine, antipaïne et chymostatine). Après 3 cycles de congélation-décongélation dans l'azote liquide, la suspension résultante est centrifugée à 10000 x g pendant 5 minutes (Kumar et Chambon, 1988).

II.2.3. Anticorps

L'antiserum de lapin contre ATF7 et les anticorps monoclonaux reconnaissant spécifiquement les isoformes d'ATF7 (2F10, 2D10 et 1A7), la protéine GST (1D10), les épitopes FLAG (Hopp et coll., 1988), et HA (12CA5) ont été décrits auparavant (Bocco et coll., 1996). L'antiserum de lapin contre RanBP2 (PA1-082) et l'anticorps monoclonal dirigé contre SUMO-1 sont commercialisés par Affinity

BioReagent et par ZYmed respectivement tandis que l'anticorps monoclonal dirigé contre les protéines du complexe du pore nucléaire (mAb414) est commercialisé par COVANCE.

II.2.4. Système de SUMOylation *in vitro*

Le système de SUMOylation *in vitro* a été décrit auparavant (Boyer-Guittaut et coll., 2005). Brièvement, la réaction de SUMOylation a lieu dans un tampon contenant un système de régénération de l'ATP (50 mM Tris HCl pH7.6, 5 mM MgCl2, 10 mM créatine phosphate, 3.5 unités / mL de créatine kinase, 0.6 unités / mL de pyrophosphate inorganique et 2 mM d'ATP). 20 µL d'une réaction contiennent 100 ng de hsSAE1/2 (E1) recombinante purifiée, 400 ng de hsUbc9 (E2) recombinante purifiée, 1 µg de 6His:Myc:SUMO-1(1-97) humain recombinant purifié et soit 100 ng d'ATF7 recombinant purifié, soit 5 µL d'une réaction de transcription/traduction *in vitro* pour ATF2. Les réactions ont lieu à 37°C pendant 1 à 2h.

II.2.5. Chromatographie d'affinité avec la résine NiNTA agarose et immunoblotting

Des aliquots d'extraits cellulaires sont incubés (1h à 4°C) avec 50 µL d'une suspension de billes d'agarose NiNTA (Qiagen) dans un tampon PBS. Les billes sont lavées trois fois avec 1 mL de PBS, 0.5% Nonidet P-40 et ajusté à 250 mM NaCl. Les protéines sont ensuite dissociées des billes en les faisant bouillir 5 minutes dans 20 µL de tampon d'échantillon (62.5 mM Tris-HCl pH 6.8, SDS 10%, 0.1 M DTT, Bleu de Bromophénol 0.15%, Glycérol 50%) puis soumises à un gel d'électrophorèse en conditions dénaturantes (SDS-PAGE) à 8%. L'analyse des protéines par western-blot a été réalisée comme décrit précédemment (Bocco et coll., 1996). Brièvement, les protéines sont électrotransférées sur une membrane de nitrocellulose qui est ensuite incubée avec les anticorps primaires spécifiques (voir plus haut). Les protéines sont révélées par l'incubation de la membrane avec des anticorps de chèvre liés à la peroxydase, anti-chaîne légère d'immunoglobulines de souris ou anti-immunoglobulines de lapin (Santa-Cruz) et en utilisant le système ECL (Amersham) suivant les recommandations du fabricant.

II.2.6. Essai luciférase

Les cellules transfectées sont récoltées dans une solution tampon PBS froid, culottées, lavées une fois dans le même tampon, puis resuspendues dans un tampon de lyse (100 mM phosphate de potassium, pH 7.8). Après trois cycles de congélation-décongélation dans l'azote liquide, le lysat cellulaire résultant est centrifugé. Des aliquots du surnageant (normalisés par la concentration protéique) sont testés pour l'activité luciférase grâce à un luminomètre Berthold « Centro LB 960 », comme décrit précédemment (de Wet et coll., 1987; Steghens et coll., 1998). Dans tous les cas, au moins cinq transfections indépendantes ont été réalisées et les résultats normalisés. Les résultats d'expériences typiques sont présentés dans les figures

II.2.7. RNAi, ChIP et PCR Quantitative en temps réel

Les cellules HeLa-SUMO sont transfectées soit avec le plasmide recombinant px-AFT7wt soit avec px-ATF7K118R. 48h après transfection, l'immunoprécipitation de la chromatine (ChIP) est réalisée en utilisant un kit ChIP Assay (Upstate Biotechnology, USA) en suivant les recommandations du fabricant.

La PCR quantitative en temps réel est réalisée sur un LightCycler (Roche Diagnostics, Suisse) comme indiqué par le fabriquant en utilisant les réactifs du kit « LightCycler FastStart DNA Master SYBR Green I » dans une réaction en 3 étapes pendant 45 cycles. Les séquences 5'-3' des amorces utilisées dans la PCR sont : Sens- GTCATATTAATAAAATTGCATATACGATAT ; Antisens-TCTCAGGTGGGTATCACTGCTGCCTCTGTC. Après la PCR, l'ADN amplifié est collecté et migré sur un gel d'agarose 1%.

II.2.8. Immunofluorescence

Les expériences de marquage en immunofluorescence ont été réalisées comme décrit précédemment. Brièvement, 48h après transfection, les cellules HeLa-SUMO sont fixées avec du paraformaldéhyde (4% vol/vol dans du PBS) et perméabilisées avec du PBS 0.1% Triton X-100. Les anticorps primaires sont dilués dans du PBS 0.1% Triton X-100 aux concentrations suivantes : 1/2000 pour l'anti-ATF7 monoclonal (2F10) et l'anti-ATF7 polyclonal ; 1/500 pour l'anti-RanBP2 polyclonal et le mAb414. Après incubation pendant 1h, les lames sont lavées plusieurs fois avec du PBS 0.1% Triton X-100 puis incubées avec des anticorps d'âne anti-lapin ou anti-souris conjugués à CY3 et/ou des anticorps d'âne anti-lapin couplés à Alexa588 (Sigma) aux concentrations recommandées par le fabricant. Les noyaux sont colorés avec du Hoechst 33258. Après le marquage, les lames sont montées et analysées grâce à un microscope confocal (Leica). Un logiciel de traitement d'image est utilisé pour ajuster le signal et le séparer du bruit de fond.

II.2.9. Expression des protéines et purification

La protéine ATF7 entière et sauvage (ATF7wt) ou son mutant K118R sont exprimés dans *Escherichia coli* (Souche BL21 Rosetta 2) en utilisant les plasmides recombinants pDB-ATF7 ou pDB-ATF7K118R. Les bactéries sont cultivées en présence de kanamycine pendant environ 1h pour atteindre une DO de 0.5 et induites avec de l'IPTG 1mM pendant 3 heures à 37°C. Elles sont ensuite culottées, resuspendues dans un tampon R (10mM Tris pH 7.8, 0.5M NaCl, 10mM β-Mercaptoéthanol, 0.1% Nonidet P-40 et un cocktail d'inhibiteurs de protéases) puis lysées par sonication.

Après centrifugation, les protéines présentes dans la fraction soluble sont purifiées par chromatographie d'affinité au moyen d'une résine d'amylose (Biolabs). Un volume de tampon « amylose » (20 mM Tris pH 7.4, 0.2M NaCl, 10 mM β-Mercaptoéthanol) sans NaCl est ajouté pour obtenir une concentration finale de 0.2 M NaCl puis la résine est lavée 3 fois par le tampon « amylose » avec 1M NaCl. La protéine MBP fusionnée à la partie amino-terminale d'ATF7 ou de GFP-ATF7 est clivée en incubant la résine avec une solution de protéase recombinante 6His-TEV dans le tampon (50 mM Tris pH 8, 1mM DTT, 20% glycérol) pendant 3 à 4 heures à 19°C. L'éluat est purifié par chromatographie d'affinité sur résine d'agarose NiNTA (Qiagen) ce qui permet d'éliminer les protéines 6His-MBP et 6His-TEV de l'extrait. Les protéines ATF7 sont finalement concentrées en utilisant des colonnes Amycon 100 (Millipore).

II.2.10. Expérience de « gel retard »

Elle a été réalisée dans un volume de 10 μL final comme décrit précédemment (Chatton et coll., 1994). Brièvement, environ 0.3 ng (5000 cpm) d'une sonde oligonucléotidique double brin marquée au ^{32}P ont été incubés avec 5 μL d'un extrait protéique enrichi en ATF7wt ou ATF7K118R en présence de spermidine comme compétiteur non spécifique. Pour la compétition, les fractions protéiques ont été préincubées avec 50ng d'oligonucléotides non marqués avant l'ajout de la sonde marquée. Après 10min à 25°C, les complexes formés ont été séparés par électrophorèse sur gel de polyacrylamide non dénaturant à 4.5%. Un anticorps monoclonal anti-ATF7 (2D10) a été utilisé pour repérer le complexe [ATF7-sonde] spécifique.

DISCUSSION ET PERSPECTIVES

I. ATF7, ACTIVATEUR OU REPRESSEUR DE LA TRANSCRIPTION ?

Historiquement ATF7 est un facteur de transcription qui a été défini comme un activateur. Il a été isolé et caractérisé lors de l'étude du promoteur du gène E2 de l'adénovirus comme un facteur cellulaire pouvant se fixer sur des motifs consensus présents dans ce promoteur (Gaire et coll., 1990). Par suite, il a été montré qu'ATF7 était capable de relayer la transactivation du gène E2 par la protéine E1A (Chatton et coll., 1993), tout comme son homologue ATF2 (Liu et Green, 1990b). De plus, ATF7 est capable d'activer la transcription du gène de la sélectine E après stimulation des cellules par l'interleukine 1 (IL-1) (Kaszubska et coll., 1993), et du gène codant pour le facteur de croissance transformant (Transforming Growth Factor ou TGFβ) (Li et Wicks, 2001).

Durant ma thèse, j'ai démontré que l'activation transcriptionnelle relayée par ATF7 était un mécanisme impliquant le facteur de transcription TAF12. Nos résultats indiquent qu'ATF7 interagit directement avec TAF12, *in vitro* et *in vivo*, et que TAF12 augmente spécifiquement et de manière significative l'activité transcriptionnelle d'ATF7 dans un contexte de gène rapporteur contrôlé par un promoteur artificiel. Mais qu'en est-il de cette activation dans le contexte physiologique ? Nos expériences d'immunoprécipitation de chromatine (Chromatin ImmunoPrecipitation ou ChIP) ont permis d'apporter un premier élément de réponse à cette question puisqu'en utilisant des anticorps spécifiques de TAF12, nous avons montré que cette protéine était associée au promoteur de la sélectine E seulement lorsque qu'ATF7 était exprimé dans les cellules. Il avait en effet été préalablement montré qu'ATF7 activait la transcription du gène de la sélectine E en réponse à différentes cytokines, en synergie avec le facteur de transcription NF-κB avec lequel il interagissait (Kaszubska et coll., 1993).

Le résultat de ChIP a été obtenu en utilisant une lignée cellulaire où ATF7 est bien exprimé : la lignée RAJI, qui correspond en fait à des cellules de lymphoblastome (lymphome de Burkitt). Or nous montrons également que l'action de TAF12 est systématiquement inhibée par TAF4, son partenaire d'hétérodimérisation dans de nombreuses lignées cellulaires, mais par TAF4b, un homologue de TAF4 seulement exprimé dans les lymphocytes B ou les gonades (Dikstein et coll., 1996; Freiman et coll., 2001; Falender et coll., 2005). Tout cela semble indiquer qu'ATF7 ne pourrait activer ses gènes cibles que dans certains tissus, dont les lymphocytes B. L'observation selon laquelle les lymphocytes B peuvent produire du TGFβ (Lebman et Edmiston, 1999), dont le gène est activé par ATF7 (Li et Wicks, 2001), et surtout le fait que NF-κB soit un facteur de transcription majeur de ces lymphocytes (Aggarwal, 2004), accréditent également cette hypothèse.

Outre son association à TAF4 et ses homologues au sein des complexes TFIID, TAF12 est présent dans d'autres complexes multiprotéiques comme STAGA, l'équivalent humain du complexe SAGA de levure, ou PCAF (Martinez, 2002). TAF12 interagit notamment avec STAF42, l'homologue humain de la protéine Ada1 de levure (Martinez et coll., 2001), et il conviendrait de tester ses effets sur l'activité du couple ATF7-TAF12. En effet, à ce jour, rien n'est connu sur les liens éventuels entre le complexe STAGA et ATF7.

ATF7 est une protéine appartenant à la famille b-ZIP et à ce titre, elle est capable de s'homodimériser ou de s'hétérodimériser avec d'autres membres de cette famille (Chatton et coll., 1994; Chatton et coll., 1995). Tous les résultats obtenus dans notre laboratoire depuis sa découverte indiquent que l'activité transcriptionnelle potentielle d'ATF7 ne s'exprime que sous forme d'hétérodimères. En effet il semble que le domaine activateur d'ATF7 soit masqué dans la protéine native (Chatton et coll., 1993; Chatton et coll., 1994) comme cela a été démontré pour son homologue ATF2 (Abdel-Hafiz et coll., 1993; Li et Green, 1996). La dimérisation d'ATF7 avec ses partenaires entraînerait le démasquage du domaine activateur et lui permettrait d'activer ses gènes cibles. Par ailleurs notre laboratoire a montré que malgré sa capacité à s'homodimériser sur les sites CRE (Chatton et coll., 1993; Chatton et coll., 1994), ATF7 est incapable d'activer seul la transcription d'un gène rapporteur. Pour être transcriptionnellement actif, ATF7 doit s'hétérodimériser avec une protéine de la famille Jun, augmentant ainsi le répertoire d'action des protéines Jun, normalement incapables de se fixer sur des sites CRE (Gaire et coll., 1990). ATF7 interagit également avec la protéine kinase JNK2 de la famille JNK (Jun Kinase), mais n'est pas phosphorylé par elle (Bocco et coll., 1996). Cette interaction permet d'ancrer la kinase à ATF7 permettant à son partenaire d'hétérodimérisation comme c-Jun ou JunD d'être phosphorylé et donc actif transcriptionnellement (De Graeve et coll., 1999).

Mais tous ces résultats liant activation transcriptionnelle et ATF7 ne doivent pas éclipser ceux qui, au contraire, semblent indiquer qu'ATF7 pourrait être impliqué dans la répression de la transcription. En effet, comme indiqué dans l'introduction (voir paragraphes II.1.3.2.2 et II.1.3.2.5), plusieurs protéines impliquées dans la répression de la transcription interagissent avec ATF7. Par exemple la protéine hAM/MCAF/ATF7IP est associée à la méthylation de l'ADN et des histones (Fujita et coll., 2003; Wang et coll., 2003; Ichimura et coll., 2005), deux mécanismes connus pour inhiber la transcription en rendant la chromatine inactive. hAM/MCAF/ATF7IP interagit également avec ZHX1, un corépresseur de la transcription (Yamada et coll., 2003), et avec MBD1 une protéine se liant à l'ADN méthylé et qui recrute des HDACs qui induisent la répression de la transcription (Fujita et coll., 2003). Tout cela indique qu'ATF7 pourrait induire la répression de la transcription en recrutant hAM sur ses promoteurs cibles.

ATF7 interagit également avec Fiz1, une protéine dont la fonction a été peu étudiée à ce jour. Mais les quelques résultats disponibles indiquent qu'elle interagit avec une autre protéine de la famille b-ZIP, NRL, et inactive spécifiquement la transactivation de ces gènes cibles (Mitton et coll., 2003). NRL est un facteur de transcription appartenant à la sous-famille MAF. Or il a été montré récemment qu'ATF7 était un partenaire privilégié de ces protéines MAF (Newman et Keating, 2003). L'hétérodimérisation de NRL et d'ATF7 permettrait donc de recruter Fiz1 au niveau du promoteur des gènes cibles de NRL et d'induire leur inhibition. NRL est un facteur de transcription activant plusieurs gènes spécifiques de certaines cellules de la rétine (Mitton et coll., 2003), tissu dans lequel ATF7 est exprimé (Lee et coll., 2004). De plus, ATF7 interagit avec Rb (Li et Wicks, 2001), un corépresseur dont certaines mutations entraînent des tumeurs de la rétine ou rétinoblastomes (Liu et coll., 2004). Outre le fait qu'ils associent ATF7 et répression transcriptionnelle, tous ces résultats indiquent que ce facteur de transcription pourrait jouer un rôle dans le développement et la fonction de l'œil chez l'homme, même si cela reste purement spéculatif.

Les autres protéines interagissant avec ATF7 et impliquées dans la répression transcriptionnelle sont Mi-2, la sous-unité p150 du complexe CAF-1 et le facteur de transcription YY1. Mi-2 fait partie d'un complexe de remodelage de la chromatine dépendant de l'ATP dont l'activité remodelante permet à ses sous-unités HDACs de déacétyler les histones et donc d'induire la répression de la transcription (Bowen et coll., 2004). Et tout comme hAM/MCAF/ATF7IP, p150 interagit avec MBD1 (Reese et coll., 2003). ATF7 interagit également avec YY1, un facteur de transcription avec qui il agit en synergie pour réprimer l'expression du gène c-Fos (Zhou et coll., 1995).

D'après tous les résultats précédents, on pourrait imaginer un modèle selon lequel ATF7 recruterait ou même intégrerait un complexe de remodelage de la chromatine et de répression de la transcription composé de hAM/MCAF1-MBD1-CAF1/p150-Fiz1, complexe qui serait recruté au niveau des promoteurs des gènes cibles d'ATF7 ou de ses partenaires d'hétérodimérisation. Évidemment cette hypothèse est en contradiction avec nos résultats obtenus avec E1A, les protéines Jun et TAF12. Une manière de réconcilier ces deux rôles antagonistes d'ATF7 serait d'envisager un modèle selon lequel, en fonction de son partenaire de dimérisation, ATF7 recruterait ou non le complexe de répression cité plus haut et induirait l'activation ou la répression de ses gènes cibles. Par exemple, sous forme d'homodimère ou hétérodimérisé à NRL, il jouerait le rôle de répresseur en recrutant le complexe mentionné plus haut, alors qu'en cas d'hétérodimérisation avec les protéines Jun il pourrait relayer l'activation de la transcription via TAF12, NF-κB ou E1A. Nous verrons plus loin que la localisation intranucléaire d'ATF7 et sa SUMOylation pourraient également permettre d'envisager un modèle réconciliant ses rôles dans la répression et l'activation de la transcription (voir chapitre III de la discussion).

II. ATF7, UNE PHOSPHOPROTEINE.

Outre son interaction fonctionnelle avec la protéine E1A de l'adénovirus, une des premières caractéristiques découverte chez ATF7 était sa capacité à interagir *in vivo* avec la kinase JNK2 (Bocco et coll., 1996). Par la suite, il a été démontré qu'ATF7 n'était pas phosphorylé par JNK2, mais servait de transporteur à cette kinase pour ses partenaires d'hétérodimérisation comme JunD (De Graeve et coll., 1999), comme cela avait déjà été démontré pour c-Jun (Gupta et coll., 1996; Kallunki et coll., 1996). JNK2 se fixe sur ATF7 grâce à une séquence d'amarrage appelée « docking-site » présente dans la partie amino-terminale d'ATF7 (voir introduction, paragraphe II.2.1.7.2). En effet, contrairement à c-Jun et ATF7, la protéine JunD ne possède pas de site de fixation pour JNK2, mais elle contient le motif peptidique responsable de sa phosphorylation par cette kinase (Gupta et coll., 1996; Kallunki et coll., 1996). Donc lorsqu'elle s'hétérodimérise à ATF7, la protéine JunD peut être phosphorylée par JNK2 qui est amarrée au dimère grâce au site de fixation présent sur ATF7 (De Graeve et coll., 1999).

Nous avons montré que ce site de fixation avait également un rôle dans l'activation de la transcription relayée par TAF12 (Hamard et coll., 2005). Des mutations affectant le docking-site d'ATF7 diminue son activité transcriptionnelle d'un facteur 4. De plus nous avons montré que des mutations affectant certains résidus potentiellement phosphorylables dans le domaine activateur d'ATF7 pouvaient inhiber l'activation de la transcription relayée par ATF7 avec ou sans TAF12 (De Graeve et coll., 1999; Hamard et coll., 2005). Nous pourrions donc envisager un modèle selon lequel, après stimulation de la cellule et activation des cascades de MAP kinases, certaines d'entre elles pourraient se lier au docking-site d'ATF7 et phosphoryler, non plus le partenaire d'ATF7 mais ATF7 lui-même, conduisant à une forme activée de la protéine. Cette forme activée pourrait alors interagir avec la machinerie transcriptionnelle via TAF12.

Nous savons qu'ATF7 est une protéine phosphorylée *in vivo* (De Graeve et coll., 1999), mais rien n'est pour le moment connu sur ses kinases spécifiques. Or, les expériences de double hybride menées sur ATF7 ont permis d'isoler une protéine kinase de la famille HIPK, HIPK3 (voir introduction paragraphe II.1.3.2.1). Une autre kinase de cette famille, HIPK2, est capable de phosphoryler le suppresseur de tumeur p53 sur une thréonine située dans une séquence consensus conservée. Cette séquence consensus est retrouvée à la fois dans ATF7 (T_{112}) et c-Jun (S_{63} et S_{73}) où elle correspond aussi au site de phosphorylation par les JNK. De plus, dans ATF7, ce site est voisin d'un site de SUMOylation centré sur le résidu lysine 118 (voir figure 41).

mm p53	D L L L	**P Q** D V E E	
hs p53	L M L S$_{46}$	**P D** D I E Q	
hs ATF7	L P S T$_{112}$	**P D** I K I K$_{118}$ E E	
hs Jun	D L L S$_{63}$	**P D** V N S D	
hs Jun	K L A S$_{73}$	**P E** L E R I	

Figure 41 : **Alignement des protéines ATF7, p53 de souris (mm p53) et humaine (hs p53), et c-Jun centré sur le site potentiel de phosphorylation par les protéines HIPK.** Ce site n'existe pas chez la protéine p53 de souris (résidu leucine au lieu d'une sérine chez l'homme). Le résidu cible de la SUMOylation est indiqué en bleu (lysine 118) chez ATF7.

Nous avons donc entrepris d'étudier l'effet de la phosphorylation d'ATF7 et des protéines Jun par HIPK3 dans une lignée cellulaire de fibroblastes de souris où les gènes codant pour les protéines-kinases JNK1 et JNK2 ont été invalidés, de manière à ne prendre en compte que l'effet d'HIPK3 sur l'activité d'ATF7 et de ses protéines associées (en collaboration avec le docteur K. Sabapathy, Université de Singapour). Sachant que cette lignée de fibroblastes invalidée pour les JNKs est résistante à l'apoptose (Hochedlinger et coll., 2002) et que la protéine p53 murine ne possède pas le site consensus de phosphorylation par HIPK, il est donc ainsi possible de tester, dans des expériences de transfection transitoire, l'effet de HIPK3 avec des constructions exprimant différents variants d'ATF7 et de Jun, en absence ou en présence de p53 humaine. Par ailleurs ATM (la protéine-kinase codée par le gène muté dans l'ataxie télangiectasie) phosphoryle également p53 au niveau de la sérine 46. En réponse à des radiations ionisantes, cette phosphorylation serait l'évènement initiateur de l'apoptose dans les lymphoblastes humains H1299 (Saito et coll., 2002). Il serait donc intéressant d'étudier, dans ce type cellulaire, le patron et le rôle de la phosphorylation des protéines ATF7 et Jun par ATM. De plus ATF7 phosphorylée est fortement surexprimée dans plusieurs lignées lymphoblastiques cancéreuses (comme les cellules K562 issues de leucémie chronique myéloïde chez l'homme, les cellules RAJI issues de lymphomes de Burkitt humains). Il serait donc important de vérifier si la dérégulation des événements de phosphorylation des protéines ATF7 et Jun est un événement clé dans les processus de transformation maligne de ces lymphocytes.

Toutes ces études ont été amorcées il y a peu de temps, et pour le moment aucun résultat préliminaire ne permet de tirer de conclusions définitives. Par contre, durant cette étude, il est apparu que la phosphorylation d'ATF7 avait une incidence sur sa SUMOylation, même si les mécanismes impliqués ne sont pas encore connus.

III. ATF7 EST REGULE PAR LA SUMOYLATION

Récemment, nous avons établi que la protéine ATF7 était SUMOylée *in vitro* et *in vivo* (voir résultats, publication 2, manuscrit en préparation) et que sa SUMOylation affectait à la fois son activité trasncriptionnelle mais également sa localisation intracellulaire. Lorsque nous mutons la lysine cible de SUMO dans ATF7 (Lys 118), l'activité transcriptionnelle d'ATF7 augmente et la protéine possède une localisation strictement nucléaire, avec une distribution diffuse exclue des nucléoles. La protéine sauvage présente en revanche deux types de localisation : la même que la protéine mutante (dans 80% des cas) correspondant très probablement à la protéine non SUMOylée, et une localisation périnucléaire qu'on retrouve dans environ 20% des cas. Cette localisation périnucléaire coïncide avec le fait qu'ATF7 soit SUMOylé par la E3 ligase RanBP2, une protéine du complexe des pores nucléaires, avec laquelle elle colocalise. La localisation d'ATF7 est donc affectée par sa SUMOylation comme cela a déjà été montré pour d'autres facteurs de transcription comme Sp3 (Ross et coll., 2002), CtBP (Kagey et coll., 2003) ou Elk-1 (Salinas et coll., 2004). Mais en utilisant un anticorps marquant spécifiquement les NPC, nous avons montré que seule la forme SUMOylée d'ATF7 colocalise avec la membrane nucléaire. Donc, suite à sa SUMOylation qui a lieu au niveau du NPC, ATF7wt pourrait être déSUMOylé après son entrée dans le noyau, par exemple au niveau de la zone périnucléaire qui contient des SUMO protéases comme SENP1 (Bailey et O'Hare, 2002, 2004) ou SENP2 (Hang et Dasso, 2002; Zhang et coll., 2002).

Mais comment expliquer dans ce cas les différences observées entre la protéine sauvage et la protéine mutée non SUMOylable, en termes d'activité transcriptionnelle ou d'occupation de ses promoteurs cibles ? Une hypothèse a été récemment développée qui permet de concilier la contradiction apparente soulevée dans la plupart des études sur la SUMOylation des facteurs de transcription : pourquoi l'effet de la SUMOylation ou de la déSUMOylation sur leur activité est souvent très important alors que la proportion du facteur de transcription SUMOylé par rapport à la forme native est toujours très faible. Plusieurs hypothèses pourraient permettre d'expliquer ce phénomène. Par exemple, le facteur de transcription SUMOylé pourrait être incorporé dans un complexe de répression de manière SUMO dépendante. Ensuite, il pourrait être déSUMOylé, mais resterait associé au complexe de répression, cette fois de manière SUMO indépendante (voir figure 42 A). Dans ce modèle, SUMO est nécessaire pour initier la répression mais pas pour la maintenir (Hay, 2005).

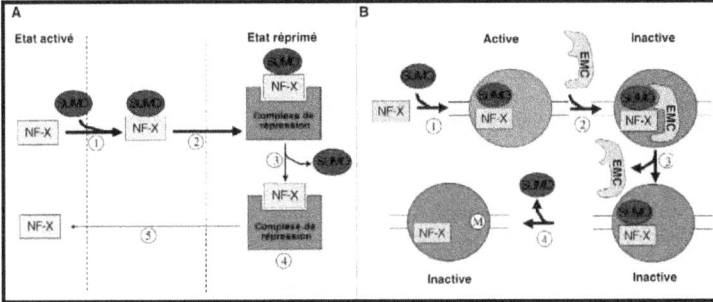

Figure 42 : Modèles expliquant la répression de la transcription par SUMO. A) Un facteur de transcription nucléaire (NF-X) est SUMOylé (1) et recruté dans un complexe de répression de la transcription (2) par l'action d'un facteur d'assemblage spécifique de SUMO (non représenté). Une fois le complexe de répression formé, le facteur d'assemblage se dissocie et le facteur de transcription est déSUMOylé (3) grâce à une protéase spécifique de SUMO. Le facteur de transcription reste dans le complexe de manière SUMO indépendante (4). Sa dissociation du complexe (5) peut se faire lentement au cours de la vie cellulaire ou être induite et facilitée par d'autres modifications post-traductionnelles. Ce phénomène pourrait impliquer un facteur de déassemblage (non représenté). **B)** Le facteur de transcription NF-X est SUMOylé (1) et se lie à la chromatine active (en vert). Il permet le recrutement d'enzymes de modification de la chromatine (EMC) qui induisent son changement vers l'état inactif. L'EMC se dissocie (3) et le facteur de transcription est déSUMOylé par des protéases spécifiques de SUMO (4). La chromatine ainsi modifiée reste inactive. D'après (Hay, 2005).

Une fois que l'état réprimé est établi, il est probable qu'il existe des mécanismes pour réactiver le facteur de transcription. Ceci pourrait être relayé par le désassemblage du complexe de répression induit par une voie de signalisation et permettrait le relargage du facteur de transcription sous forme activée. Ce mécanisme pourrait également être couplé à une augmentation de la déSUMOylation, induisant une diminution de la formation du complexe de répression. Ce modèle semble s'appliquer au facteur de transcription Elk-1 dont la phosphorylation via la voie des MAP kinases est concomitante à sa déSUMOylation et à l'activation de la transcription (Yang et coll., 2003).

Bien que le modèle précédent permette de réconcilier les faibles taux de protéines SUMOylées observés avec l'importance des effets de cette modification, on peut également envisager une variation de ce modèle où un facteur de transcription SUMOylé recrute des enzymes de modification de la chromatine (voir figure 42 B) qui l'inactivent puis s'en dissocient. Le facteur de transcription est alors déSUMOylé et se dissocie à son tour de la chromatine inactive.

Le fait qu'ATF7 interagisse avec des corepresseurs impliqués dans la modification de la chromatine tels que hAM/MCAF1/ATF7IP (De Graeve et coll., 2000; Wang et coll., 2003; Ichimura et coll., 2005) ou Mi2 (voir paragraphe II.1.3.2.5) semble accréditer ce type de modèle. Il conviendrait dès lors de vérifier si l'interaction d'ATF7 avec de telles protéines est dépendante de son état de SUMOylation ou pas. De plus, le fait que la zone périnucléaire ait été montrée comme essentiellement hétérochromatinienne (Misteli, 2004) est cohérent avec le fait que la protéine ATF7 sauvage peut être localisée dans cette zone et qu'elle est moins active transcriptionnellement que la protéine non

157

SUMOylable. Comme notre résultat de ChIP montre que la SUMOylation d'ATF7 induit une différence d'occupation de ses promoteurs cible *in vivo*, nous pourrions établir le modèle suivant (voir figure 43) :

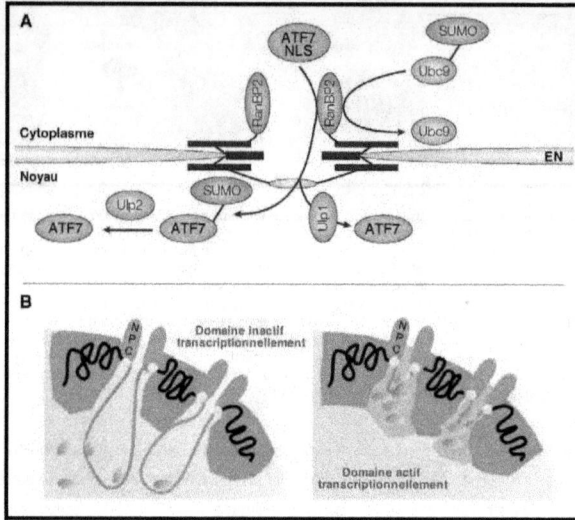

Figure 43 : Modèle de régulation de la localisation et de l'activité transcriptionnelle d'ATF7 par sa SUMOylation. A) Le NLS d'ATF7 cible la protéine vers le complexe du pore nucléaire (NPC) où elle est SUMOylée pendant son import dans le noyau grâce à la E3 ligase RanBP2. ATF7 est ensuite déSUMOylé soit par une protéase de type Ulp1 (SENP2) qui est localisée au niveau des NPC, soit par une protéase de type Ulp2 (SENP1) présente dans le nucléoplasme. D'après (Seeler et Dejean, 2003). **B)** À gauche : les domaines inactifs transcriptionnellement contenant l'hétérochromatine condensée (en noir) sont représentés en rouge, tandis que des boucles de chromatine contenant des locus actifs facilement accessibles aux facteurs de transcription (en bleu) sont représentées en vert. Ces boucles sont ancrées par des composants du NPC (en jaune). À droite : selon un autre modèle, la périphérie pourrait être constituée de domaines actifs (en vert) et inactifs (en rouge) distincts, enrichis en activateurs et en répresseurs respectivement. D'après (Misteli, 2004).

ATF7 est une protéine qui possède un NLS, et qui par conséquent est dirigée vers les complexes des pores nucléaires suite à sa traduction dans le cytoplasme. Lors de son import, ATF7 serait SUMOylé par RanBP2, une protéine du NPC. Une fois dans le noyau, ATF7 pourrait interagir avec plusieurs protéines impliquées dans la répression de la transcription (voir plus haut) et/ou être déSUMOylé au niveau de la zone périnucléaire riche en protéases. Bien que la zone située sous le NPC soit active transcriptionnellement (Misteli, 2004), nos résultats indiquent qu'ATF7 serait plutôt redistribué dans le nucléoplasme pour aller activer ces gènes cibles via TAF12, nous rapprochant ainsi du modèle présenté figure 43B à gauche.

Ce modèle permettrait de réconcilier les rôles apparemment antinomiques d'ATF7 dans la régulation de la transcription (voir chapitre I de la discussion).

Cependant, nos résultats soulèvent une autre question dont la réponse nous permettrait de considérer ce modèle comme véritablement satisfaisant. Elle concerne l'import d'ATF7 dans le noyau. Puisque l'on observe une séquestration d'ATF7 au niveau de la membrane nucléaire dans 20% des cas, alors que la protéine non SUMOylable est strictement nucléaire, n'existe-t-il pas une différence dans la dynamique d'import entre les deux protéines ? Pour répondre à cette question nous avons dans un premier temps développé la stratégie suivante : nous voulions suivre la localisation de protéines de fusion fluorescentes (GFP-ATF7wt ou K118R) en temps réel dans la cellule après microinjection de ces fusions surexprimées dans des bactéries puis purifiées (selon la technique présentée paragraphe II.2.9 de la partie résultats) dans des cellules HeLa-SUMO. Un certain nombre d'expériences ont été réalisées, mais nous nous sommes heurtés à des problèmes d'ordre technique rendant impossible l'exploitation des résultats, et notamment durant les étapes de production et de purification des fusions GFP-ATF7, dont la stabilité et la solubilité dans le tampon de microinjection n'étaient pas satisfaisantes.

Nous avons donc décidé de changer de stratégie en utilisant un plasmide recombinant permettant de fusionner ATF7 à un signal de localisation nucléaire inductible et à la GFP. Nous avons donc cloné ATF7 en phase devant cette séquence signal inductible et muté le NLS endogène d'ATF7. Grâce à cette construction, nous allons pouvoir transfecter des cellules HeLa-SUMO et visualiser la localisation cytoplasmique d'ATF7 en absence de toute induction. Grâce à un microscope à fluorescence possédant une chambre où la température et le taux de CO_2 sont maintenus constants, nous pouvons visualiser la fluorescence dans des cellules vivantes. Après l'induction du NLS recombinant, nous pourrons alors suivre en direct l'import d'ATF7 ou de ses mutants dans le noyau, et par suite quantifier leur vitesse d'importation. Ces travaux sont également en cours et les résultats obtenus permettront, nous l'espérons, de savoir si la SUMOylation d'ATF7 est simplement un signal d'adressage intranucléaire, ou si elle influence également la vitesse d'import de la protéine dans le noyau, comme cela a déjà été montré pour le facteur de transcription Elk-1 (Salinas et coll., 2004).

CONCLUSION

Après 15 années d'études sur le facteur de transcription ATF7, nous commençons seulement à entrevoir l'ambivalence du rôle de cette protéine dans la régulation de la transcription. En l'état actuel de nos connaissances, il semblerait qu'ATF7 soit impliqué à la fois dans l'activation de la transcription, à travers ses interactions fonctionnelles avec certains proto-oncogènes comme les protéines de la famille Jun ou des protéines de la machinerie transcriptionnelle de base comme TAF12 et TAF4b, mais également dans la répression de la transcription, en interagissant avec des protéines impliquées dans le remodelage et l'inactivation de la chromatine, comme hAM ou Mi-2.

Ce double rôle d'ATF7 pourrait être lié à sa localisation intracellulaire et plus particulièrement intranucléaire, qui est régulée par sa SUMOylation, laquelle intervient au cours de son import dans le noyau. ATF7 est également une phosphoprotéine dont les kinases spécifiques sont encore relativement inconnues, même si de nombreux indices préliminaires nous ont permis d'identifier p38β et HIPK3 comme kinases spécifiques d'ATF7 potentielles.

De nombreuses zones d'ombres subsistent quant au rôle d'ATF7, et notamment au niveau physiologique. Dans les prochaines années, il conviendra de déterminer quels sont les gènes cibles d'ATF7 dans la cellule et si ces gènes varient en fonction du tissu, du cycle cellulaire ou au cours du développement de l'organisme. Il conviendra également d'étudier les connexions entre les différentes modifications post-traductionnelles affectant ce facteur ainsi que les voies de signalisation conduisant à la régulation de son activité transcriptionnelle.

ANNEXES

Nouveau Nom	S. cerevisiae[a]	S. pombe	C. elegans Ancien nom[b]	C. elegans Nouveau nom	D. melanogaster[c]	H. sapiens[d] TRAP/SMCC	ARC/DRIP	CRSP	PC2	AUTRES
MED1	Med1	Pmc2	SOP-3*	MDT-1.1	Trap220*	TRAP220	ARC/DRIP205	CRSP200	TRAP220	PBP
MED1L			T23C6.1*	MDT-1.2						
MED2	Med2									
MED3	Pgd1/Hrs1/Med3									
MED4	Med4	Pmc4/SpMed4	ZK546.13*	MDT-4	Trap36	TRAP36	ARC/DRIP36		TRAP36	p34
MED5	Nut1									
MED6	Med6	Pmc5/SpMed6	LET-425/MED-6	MDT-6	Med6	hMed6	ARC/DRIP33		hMed6	p32
MED7	Med7	SpMed7	LET-49/MED-7	MDT-7	Med7*	hMed7	ARC/DRIP34	CRSP33	hMed7	p36
MED8	Med8	Sep15/SpMed8	Y62F5A.1b*	MDT-8	Arc32*		ARC32			mMed8
MED9	Cse2/Med9				CG5134*					Med25
MED10	Nut2/Med10	SpNut2	T09A5.6	MDT-10	Nut2*	hNut2	hMed10		hNut2	
MED11	Med11	R144.9*	MDT-11	Med21	HSPC296					
MED12	Srb8	SpSrb8	DPY-22/SOP-1*	MDT-12	Kto*	TRAP230	ARC/DRIP240			
MED12L										
MED13	Ssn2/Srb9	SpTrap240	LET-19*	MDT-13	Skd/Pap/Bli*	TRAP240	ARC/DRIP250			TRALPUSH*
MED13L										PROSIT240
MED14	Rgr1	Pmc1/SpRgr1	RGR-1*	MDT-14	Trap170	TRAP170	ARC/DRIP150	CRSP150	TRAP170	p110
MED15	Gal11	SpGal11*	R12B2.5b*	MDT-15	Arc105*		ARC105		PCQAP	TiG-1
MED16	Sin4				Trap95*	TRAP95	DRIP92			p96b
MED17	Srb4	SpSrb4	Y113G7B.18*	MDT-17	Trap80	TRAP80	ARC/DRIP77	CRSP77	TRAP80	p78
MED18	Srb5	Pmc6/Sep11	C55B7.9*	MDT-18	p28/CG14802					p28b
MED19	Rox3	SpRox3	Y71H2B.6*	MDT-19	CG5546*					LCMR1
MED20	Srb2	SPAC17G8.05*	Y104H12D.1*	MDT-20	Trfp	hTRFP			hTRFP	p28a
MED21	Srb7	SpSrb7	C24H11.9*	MDT-21	Trap19	hSrb7	hSrb7		hSrb7	p21
MED22	Srb6	SpSrb6	ZK970.3*	MDT-22	Med24					Surf5
MED23			SUR-2*	MDT-23	Trap150B*	TRAP150B*	ARC/DRIP130	CRSP130	TRAP150B*	hSur2
MED24					Trap100*	TRAP100	ARC/DRIP100	CRSP100	TRAP100	ACID1
MED25					Arc92*		ARC92			
MED26					Arc70*		ARC70	CRSP70		
MED27		Pmc3	T18H9.6*	MDT-27	Trap37*	TRAP37		CRSP34	TRAP37	Fksg20
MED28			W01A8.1*	MDT-28	Med23					
MED29			K08E3.8*	MDT-29	Intersex*					Hintersex
MED30					Trap25	TRAP25				
MED31	Soh1*	SpSoh1/Sep10*	F32H2.2*	MDT-31	Trap18	hSoh1			hSoh1	
CDK8	Srb10/Ssn3/Ume5	SpSrb10	CDK-8*		Cdk8	hSrb10	CDK8			
CycC	Srb11/Ssn8/Ume3	SpSrb11	H14E04.5*	CIC-1	CycC	hSrb11	CycC			

Nouvelle nomenclature des sous-unités des complexes de type Médiateur. Les orthologues ou paralogues connus sont indiqués. [a] données provenant de la base de données SGD. [b] données provenant de la base de données WormBase. [c] données provenant de la base de données FlyBase. [d] acronymes donnés aux sous-unités des complexes de type Médiateur chez les mammifères <Malik, 2000 #2494$. Beaucoup des sous-unités listées dans la colonne « Autres » ont été trouvées à la fois dans les plus grands et les plus petits complexes. Cependant, MED12, MED13, CDK8 et CycC ne sont pas présents dans les plus petits complexes. Les astérisques indiquent que les protéines correspondantes n'ont pas encore été identifiées dans des complexes MED purifiés. D'après <Bourbon, 2004 #2492$.

LISTE DES ABBREVIATIONS

aa :	acide aminé
AD :	activating domain
Ad :	adénovirus
ADA :	adaptator
ADN :	acide désoxyribonucléique
ADNc :	ADN complémentaire
AMPc :	adénosine monophosphate cyclique
AOS1 :	activation of Smt3p protein 1
AP-1 :	activating protein 1 (complexe formé des facteurs Fos et Jun)
APC/C :	anaphase promoting complex / cyclosome
APG :	autophagy protein
AR :	androgen receptor
ARF :	ADP-ribosylation factor
ARIP :	androgen receptor-interacting protein
ARN :	acide ribonucléique
ARNm :	ARN messager
ARNr :	ARN ribosomique
ARNt :	ARN de transfert
ARN Pol :	ARN polymérase
ASK :	activator of S phase kinase
ATF :	activating transcription factor
ATF7IP :	ATF7 interacting protein
ATM :	ataxia telangiectasia mutated
ATP :	adénosine tri-phosphate
ATX :	ataxin
BACH :	BTB and CNC homology
BATF :	basic leucine zipper transcription factor, ATF-like
BER :	base-excision repair
BLM :	la protéine du syndrome de Bloom
BR :	région basique d'un motif b-ZIP
BRE :	TFIIB recognition element
BTB :	broad complex, tramtrack, bric-a-brac (domaine protéique caractérisé à l'origine chez ces trois protéines de drosophile)
b-ZIP :	basic region and leucin zipper (région basique suivie d'un motif « leucine-zipper »)
CAF :	chromatin assembly factor
CAK :	CDK activating kinase
CARM1 :	coactivator-associated arginine methyltransferase 1
CBP :	CREB binding protein
CD :	cluster differentiation
cdc :	cell division cycle
CDK :	cyclin dependent kinase
C/EBP :	CCAAT/enhancer binding protein
CELO :	chicken embryo lethal orphan
ChIP :	chromatin immunoprecipitation
CHOP :	C/EBP homologous protein
CHRAC :	chromatin remodelling and ATPase complex
CLLL :	chronic lymphocytic leukemia like
CMV :	cytomegalovirus
CNC :	cap'n'collar
Cot :	cancer Osaka thyroid oncogene

CPSF :	cleavage and polyadenylation specific factor
CR :	conserved region (protéines E1A)
CRD :	corepressor domain
CRD1 :	cell cycle regulated domain 1
CRE :	cyclic AMP responsive element
CREB :	cyclic AMP response element binding protein
CRE-BP1 :	cyclic AMP responsive element binding protein 1 (ou ATF2)
CRE-BPa :	CRE binding protein a
CREM :	CREB modulator
CS :	syndrome de Cockayne
CtBP :	C-terminal binding protein
CTD :	carboxy-terminal domain
CTF :	CCAAT-binding transcription factor
DAB :	complexe formé par TFIIA, TFIIB et TFIID
DBD :	DNA binding domain
DBP :	D site of albumin promoter binding protein
DLK :	DAP(Death-associated protein)-like kinase
DNase I :	désoxyribonucléase pancréatique I
DNMT :	DNA methyl transferase
DPE :	downstream promoter element
DYRK :	dual specificity Yak1 related kinase
E1A :	protéine très précoce de l'adénovirus
EGF :	epidermal growth factor
ELAM :	endothelial leukocyte adhesion molecule
Elp3 :	elongation protein 3
ER :	estrogen receptor
ERBB :	erythroblastosis virus gene B
ERCC :	excision repair cross-complementing
ERK :	extracellular signal regulated kinase (ou extracellular stimulus responsive kinase)
Esa1 :	essential Sas2-related acetyltransferase-1
ESET :	ERG-associated protein with SET domain
EST :	expressed sequence tag
Ets :	erythroblastosis virus E26 oncogene
e(y)2 :	enhancer of yellow gene 2 (drosophile)
FADD :	fas associated death domain
Fcp1 :	TFIIF-associating CTD phosphatase 1
Fiz1 :	Flt3 interacting zinc finger protein 1
Flt3 :	Fms-related tyrosine kinase 3
Fms :	McDonough feline sarcoma viral (v-fms) oncogene homolog
Fos :	FBJ (Finkel-Biskis-Jinkins) ostéosarcome
FRA :	Fos-related antigen
FXFP :	motif peptidique Phe-X-Phe-Pro où X est n'importe quel acide aminé
GAP :	voir RanGAP1
GCN :	general control of amino acid synthesis
GDP :	guanosine di-phosphate
GLUT :	glucose transporter
GMP1 :	GAP modifying protein 1
GNAT :	GCN5 related N-acétyltransférase
GR :	glucocorticoid receptor
GST :	glutathion S transferase
GSH :	glutathion
GTF :	general transcription factor (facteur général de transcription)
GTP :	guanosine tri-phosphate
hAM :	human ATF7 modulator
HAT :	histone acétyltransférase
HCF :	host cell factor
HDAC :	histone déacétylase

HFD :	histone fold domain
HIPK :	homeodomain interacting protein kinase
HLF :	hepatic leukemia factor
HMG :	high mobility group
HMT :	histone méthyltransférase
HP1 :	heterochromatin protein 1
HSF :	heat shock factor
HSV :	herpes simplex virus
IFN :	interféron
IkB :	NFkB inhibitor
IKK :	IkB kinase
IL :	interleukine (cytokine)
Inr :	intitiateur
IR/ID :	inhibitory region / domain
ISG :	interferon-stimulated gene
ISWI :	imitation SWI
JDP :	Jun dimerization protein
JIP :	JNK interacting protein
JNK :	Jun N-terminal kinase (kinase appartenant à la famille SAPK)
JNKK1 :	JNK activating kinase 1, également dénommée SEK1 ou MKK4
Jun :	du japonnais « ju nanna », qui signifie 17
KAP1 :	KRAB-associated protein 1
KChAP :	K$^+$ channel associated protein
KLF3 :	krüppel like factor 3
KRAB :	krüppel-associated box
kDa :	kilodalton
Kb :	kilobase
KO :	knock out
LEF1 :	lymphoid enhancer binding factor 1
MCAF :	MBD1-containing chromatin associated factor
mAIF :	murine ATF7 interacting factor
MAF :	musculoaponeurotic fibrosarcoma
MAK :	male germ cell associated kinase
mAM :	murine ATF7 modulator
MAP :	mitogen-activated protein
MAPK :	MAP kinase
MAPKK :	MAP kinase kinase
MAPKKK :	MAP kinase kinase kinase
MAT1 :	protéine du complexe CAK (« ménage à trois »)
MBD :	Methyl-CpG-Binding Domain-containing protein
MEF2 :	myocyte-specific enhancer factor 2
MEK :	MAPK or ERK kinase (ou MKK)
MEKK :	MEK kinase
Mi2 :	dermatomyositis antigens
Mif :	mitotic fidelity of chromosome transmission
Miz :	Msx-interacting-zinc finger
MK :	MAPK-activated protein kinase
MKK :	MAPK kinase (ou MEK)
MLK :	mixed-lineage kinase
MLL :	mixed-lineage leukemia
MM :	masse moléculaire
Mms :	methyl methanesulfonate sensitivity
MOF :	males absent on the first (drosophile)
MOK :	MAPK/MAK/MRK overlapping kinase
MORF :	MOZ related factor
Mos :	Moloney murine sarcoma viral oncogene
MOZ :	monocytic leukemia zinc finger protein
MRK :	MAK-related kinase

MSL :	male-specific lethality (drosophile)
MyoD :	facteur de transcription impliqué dans la différenciation en myotubes
MYST :	MOZ, Ybf2/sas3, Sas2, Tip60
NB :	nuclear body
NC :	negative cofactor
ND :	nuclear domain 10
N-CoA :	nuclear receptor coactivator
N-CoR :	nuclear receptor corepressor
NEDD :	neural precursor cell expressed, developmentally downregulated
NEMO :	NFkB essential modulator
NER :	nuclear excision repair (réparation par excision-resynthèse de nucléotides)
NFAT :	nuclear factor of activated T cells
NFATc :	NFAT cytoplasmic
NFE :	nuclear factor erythroid
NFIL3 :	nuclear factor, interleukin 3 regulated
NFkB :	nuclear factor of kappa light chain gene enhancer in B-cells
NGF :	nerve growth factor
NK :	facteur de transcription à homéodomaine du nom de leurs découvreurs Nirenberg and Kim
NLK :	nemo like kinase
NLS :	nuclear localization signal
nNOS :	neuronal nitric oxide synthase
NPC :	nuclear pore complex
NRF :	NFkB repressing factor
NRL :	neural retina-specific leucine zipper protein
NS :	non structural
NTP :	ribonucléoside triphosphate
NuA :	nucleosome acetyltransferase
Nup :	Nuclear pore complex protein ou nucleoporin
Nut :	negative regulation of URS2 (upstream repressing sites 2)
NuRD/NURD/NRD :	nucleosome remodeling and deacetylase complex
NURF :	nucleosome remodeling factor
OCA-B/OBF-1 :	Oct coactivator in lymphocytes B / Oct binding factor 1
Pax :	paired box gene
pb :	paires de bases
PC :	positive cofactor
Pc :	polycomb
PCAF :	p300/CREB-binding protein associated factor
PCNA :	proliferating cell nuclear antigen
PCR :	polymerase chain reaction
PDGF :	platelet-derived growth factor
Pds :	precocious dissociation of sisters (levure)
PEST :	séquence peptidique riche en proline (P), acide glutamique (E), sérine (S) et thréonine (T)
PIAS :	protein inhibitor of activated STAT
PIC :	complexe de préinitiation
PIC1 :	PML interacting clone 1
PINIT :	Proline Isoleucine Asparagine Isoleucine Threonine
PKA :	protein kinase A (cAMP-dependent protein kinase)
PKY :	homolog of protein kinase YAK1
PML :	promyelocytic leukemia protein
Pmt3 :	*Schizosaccharomyces pombe* homologue of *SMT3*
POD :	PML oncogenic domain
protéine G :	protéine liant le GTP
PRMT :	protein arginine methyltransferase
R :	résidu ou acide aminé (ex : E1A 289R)
RAD :	radiation sensitive
RanBP :	ran binding protein

RanGAP1 :	ran-GTPase activating protein 1
RAP :	RNA Pol II associated protein
RAR :	retinoic acid receptor
Ras :	rat sarcoma viral oncogene
Rb :	protéine du rétinoblastome
RING :	really interesting new genes (domaine protéique impliqué dans la voie d'ubiquitination)
RPB :	RNA polymerase B subunit
RSC :	remodelling of the structure of chromatin
RSK :	pp90 ribosomal S6 kinase
RXR :	retinoid X receptor
S :	constante de sédimentation (ex : E1A 12S)
SAE1 :	SUMO-1 activating enzyme subunit 1
SAE2 :	SUMO-1 activating enzyme subunit 2
SAGA :	Spt-Ada-Gcn5-acétyltransférase
SALSA/SLIK :	SAGA altered, Spt8 absent / SAGA-like
SAM :	S-adenosyl-L-methionine
SAP :	spliceosome associated protein
Sap-1 :	serum response factor accessory protein 1
SAPK :	stress-activated protein kinase (ex : JNK)
Sas :	something about silencing (levure)
SBMA :	spinla and bulbar muscular atrophy
SC :	synergy control motif
SCE :	sister chromatid exchange
SCN :	suprachiasmatic nucleus
SDS-PAGE :	SDS-polyacrylamide gel electrophoresis (électrophorèse sur gel de polyacrylamide en conditions dénaturantes
SEK :	SAPK or ERK kinase (également appelée MKK4 ou JNKK)
SENP :	sentrin protease
Sentrin :	de sentry, sentinelle en anglais
SET :	domaine protéique originellement trouvé dans trois protéines de drosophile, Su(var)3-9, 'Enhancer of zeste' et Trithorax
Sgf :	SAGA-associated factor
SIRT/Sirtuin :	silent mating type information regulation 2 homolog
Siz :	SAP and MIZ-finger domain protein
Smc :	structural maintenance of chromosomes
SMCC :	SRB and MED containing cofactor complex
SMRT :	silencing mediator of retinoic acid and thyroid hormone receptor
Smt :	suppressor of Mif two
SNF :	sucrose non-fermenting
snRNA :	small nuclear RNA
SOP :	suppressor of pal
SOS :	son of sevenless
SP-RING :	Siz/PIAS-RING domain
Sp100 :	speckled 100 kDa
SPT :	suppressor of Ty transposon insertion mutations phenotype
SRB :	suppressor of RNA Pol II (protéines de l'holoenzyme ARN Pol II)
SRC-1 :	steroid receptor coactivator-1
SRE :	serum response element
SRF :	serum response factor
SRS :	speckle retention signal
SSB :	single strand binding protein
STAF :	Spt3 associated factor
STAGA :	Spt3-TAF9-Gcn5L-acétyltransférase
STAT :	signal transducer and activator of transcription
STE :	sterile (levure)
SUG1 :	suppressor of gal4D lesions
SUMO :	small ubiquitin like modifier

SuPr :	sumo protease
Sus1 :	sl gene upstream of Ysa1
SWI :	switch (levure)
SYK :	spleen tyrosine kinase
TAB1 :	TAK1-binding protein 1
TAF :	TBP-associated factor
TAK1 :	TGFß activated kinase 1
TAO :	thousand and one amino acid protein kinase
Tax :	protéine très précoce du virus HTLV-I
TBP :	TATA-binding protein
TCF :	ternary complex factor (le complexe ternaire correspond à un site SRE lié simultanément par le facteur SRF et un membre de la famille TCF tel que Elk-1 ou SAP-1)
TCR :	T cell receptor
TDG :	thymine DNA glycosylase
TEF :	thyrotroph embryonic factor
TFII :	transcription factor of RNA polymerase II
TFTC :	TBP-free TAF-containing complex
TGFß :	transforming growth factor ß
TGIF :	5'-TG-3' interacting factor
TIF :	transcription intermediary factor
Tip60 :	Tat-interactive protein 60
TLF :	TBP-like factor
TNF :	tumor necrosis factor (cytokine)
Topo II :	topoisomérase II
TPA :	12-O-tetradecanoyl phorbol acetate
Tpl2 :	tumor progression locus 2
TR :	thyroid hormone receptor
TRAP :	thyroid hormone receptor-associated protein complex
TRRAP :	Transformation/transcription domain-associated protein
TRE :	TPA responsive element (site AP1)
TRF :	TBP-related factor
TTD :	trichothiodystrophie
Uba2 :	ubiquitin activating enzyme 2
Ubc9 :	ubiquitin-conjugating enzyme 9 homolog
UBL :	ubiquitin-like protein
Ubp8 :	ubiquitin protease 8
UDP :	ubiquitin-domain protein
Ulp :	ubiquitin like protease
USF :	upstream stimulatory factor
U.V. :	rayonnement ultraviolet
VDR :	vitamin D repector
VP16 :	viral protein 16
Wnt :	Wingless-type
WRN :	protéine du syndrome de Werner
WS :	syndrome de Werner (maladie génétique)
XBP1 :	X box binding protein-1
XP :	xeroderma pigmentosum (maladie génétique)
XPB, XPD :	XP complementation group B or D (gènes)
XP-C :	XP complementation group C (cellules)
YopJ :	*Yersinia* outer proteins J
YY1 :	yin yang 1 (facteur inhibiteur ou activateur de transcription)
Zn-F, ZF :	zinc-finger (motif en doigt de zinc)

REFERENCES BIBLIOGRAPHIQUES

Abdel-Hafiz H.A., Chen C.Y., Marcell T., Kroll D.J., et Hoeffler J.P. (1993) Structural determinants outside of the leucine zipper influence the interactions of CREB and ATF-2: interaction of CREB with ATF-2 blocks E1a-ATF-2 complex formation, *Oncogene.* 8, 1161-1174

Abe M.K., Kuo W.L., Hershenson M.B., et Rosner M.R. (1999) Extracellular signal-regulated kinase 7 (ERK7), a novel ERK with a C-terminal domain that regulates its activity, its cellular localization, and cell growth, *Mol Cell Biol* 19(2), 1301-1312

Acker J., de Graaff M., Cheynel I., Khazak V., Kedinger C., et Vigneron M. (1997) Interactions between the human RNA polymerase II subunits, *J.Biol.Chem.* 272, 16815-16821

Aggarwal B.B. (2004) Nuclear factor-kappaB: the enemy within, *Cancer Cell* 6(3), 203-208

al-Khodairy F., Enoch T., Hagan I.M., et Carr A.M. (1995) The Schizosaccharomyces pombe hus5 gene encodes a ubiquitin conjugating enzyme required for normal mitosis, *J Cell Sci* 108 (Pt 2), 475-486

Allison L.A., Moyle M., Shales M., et Ingles C.J. (1985) Extensive homology among the largest subunits of eukaryotic and prokaryotic RNA polymerases, *Cell.* 42, 599-610

Apionishev S., Malhotra D., Raghavachari S., Tanda S., et Rasooly R.S. (2001) The Drosophila UBC9 homologue lesswright mediates the disjunction of homologues in meiosis I, *Genes Cells* 6(3), 215-224

Apone L.M., Virbasius C.M., Reese J.C., et Green M.R. (1996) Yeast TAF(II)90 is required for cell-cycle progression through G2/M but not for general transcription activation, *Genes Dev* 10(18), 2368-2380

Aranda A., et Pascual A. (2001) Nuclear hormone receptors and gene expression, *Physiol Rev* 81(3), 1269-1304

Aravind L., et Koonin E.V. (2000) SAP - a putative DNA-binding motif involved in chromosomal organization, *Trends Biochem Sci* 25(3), 112-114

Armache K.J., Kettenberger H., et Cramer P. (2003) Architecture of initiation-competent 12-subunit RNA polymerase II, *Proc Natl Acad Sci U S A* 100(12), 6964-6968

Armache K.J., Mitterweger S., Meinhart A., et Cramer P. (2005) Structures of complete RNA polymerase II and its subcomplex, Rpb4/7, *J Biol Chem* 280(8), 7131-7134

Austen M., Luscher B., et LuscherFirzlaff J.M. (1997) Characterization of the transcriptional regulator YY1 - The bipartite transactivation domain is independent of interaction with the TATA box-binding protein, transcription factor IIB, TAF(II)55, or cAMP- responsive element-binding protein (CBP)-binding protein, *J.Biol.Chem.* Vol 272, Iss 3, 1709-1717

Bachand F., et Silver P.A. (2004) PRMT3 is a ribosomal protein methyltransferase that affects the cellular levels of ribosomal subunits, *Embo J* 23(13), 2641-2650

Bachant J., Alcasabas A., Blat Y., Kleckner N., et Elledge S.J. (2002) The SUMO-1 isopeptidase Smt4 is linked to centromeric cohesion through SUMO-1 modification of DNA topoisomerase II, *Mol Cell* 9(6), 1169-1182

Bahr A., De Graeve F., Kedinger C., et Chatton B. (1998) Point mutations causing Bloom's syndrome abolish ATPase and DNA helicase activities of the BLM protein, *Oncogene*. 17, 2565-2571

Bailey D., et O'Hare P. (2002) Herpes simplex virus 1 ICP0 co-localizes with a SUMO-specific protease, *J Gen Virol* 83(Pt 12), 2951-2964

Bailey D., et O'Hare P. (2004) Characterization of the localization and proteolytic activity of the SUMO-specific protease, SENP1, *J Biol Chem* 279(1), 692-703

Bannister A.J., Zegerman P., Partridge J.F., Miska E.A., Thomas J.O., Allshire R.C., et Kouzarides T. (2001) Selective recognition of methylated lysine 9 on histone H3 by the HP1 chromo domain, *Nature* 410(6824), 120-124

Bayley S.T., et Mymryk J.S. (1994) Adenovirus E1A proteins and transformation (Review), *Int.J.Oncol.* 5, 425-444

Beato M., et Eisfeld K. (1997) Transcription factor access to chromatin, *Nucleic Acids Res* 25(18), 3559-3563

Begley D.A., Berkenpas M.B., Sampson K.E., et Abraham I. (1997) Identification and sequence of human PKY, a putative kinase with increased expression in multidrug-resistant cells, with homology to yeast protein kinase Yak1, *Gene* 200(1-2), 35-43

Ben-Levy R., Hooper S., Wilson R., Paterson H.F., et Marshall C.J. (1998) Nuclear export of the stress-activated protein kinase p38 mediated by its substrate MAPKAP kinase-2, *Curr Biol* 8(19), 1049-1057

Bencsath K.P., Podgorski M.S., Pagala V.R., Slaughter C.A., et Schulman B.A. (2002) Identification of a multifunctional binding site on Ubc9p required for Smt3p conjugation, *J Biol Chem* 277(49), 47938-47945

Bernier-Villamor V., Sampson D.A., Matunis M.J., et Lima C.D. (2002) Structural basis for E2-mediated SUMO conjugation revealed by a complex between ubiquitin-conjugating enzyme Ubc9 and RanGAP1, *Cell* 108(3), 345-356

Betz A., Lampen N., Martinek S., Young M.W., et Darnell J.E., Jr. (2001) A Drosophila PIAS homologue negatively regulates stat92E, *Proc Natl Acad Sci U S A* 98(17), 9563-9568

Bhaumik S.R., Raha T., Aiello D.P., et Green M.R. (2004) In vivo target of a transcriptional activator revealed by fluorescence resonance energy transfer, *Genes Dev* 18(3), 333-343

Bird A. (2002) DNA methylation patterns and epigenetic memory, *Genes Dev* 16(1), 6-21

Bocco J.L., Bahr A., Goetz J., Hauss C., Kallunki T., Kedinger C., et Chatton B. (1996) In vivo association of ATFa with JNK/SAP kinase activities, *Oncogene*. Vol 12, Iss 9, 1971-1980

Boddy M.N., Howe K., Etkin L.D., Solomon E., et Freemont P.S. (1996) PIC 1, a novel ubiquitin-like protein which interacts with the PML component of a multiprotein complex that is disrupted in acute promyelocytic leukaemia, *Oncogene* 13(5), 971-982

Boggio R., Colombo R., Hay R.T., Draetta G.F., et Chiocca S. (2004) A mechanism for inhibiting the SUMO pathway, *Mol Cell* 16(4), 549-561

Bohmann D., Bos T.J., Admon A., Nishimura T., Vogt P.K., et Tjian R. (1987) Human proto-oncogene c-jun encodes a DNA binding protein with structural and functional properties of transcription factor AP-1, *Science* 238(4832), 1386-1392

172

Bohren K.M., Nadkarni V., Song J.H., Gabbay K.H., et Owerbach D. (2004) A M55V polymorphism in a novel SUMO gene (SUMO-4) differentially activates heat shock transcription factors and is associated with susceptibility to type I diabetes mellitus, *J Biol Chem* 279(26), 27233-27238

Borden K.L. (2000) RING domains: master builders of molecular scaffolds? *J Mol Biol* 295(5), 1103-1112

Bourbon H.M., Aguilera A., Ansari A.Z., Asturias F.J., Berk A.J., Bjorklund S., Blackwell T.K., Borggrefe T., Carey M., Carlson M., Conaway J.W., Conaway R.C., Emmons S.W., Fondell J.D., Freedman L.P., Fukasawa T., Gustafsson C.M., Han M., He X., Herman P.K., Hinnebusch A.G., Holmberg S., Holstege F.C., Jaehning J.A., Kim Y.J., Kuras L., Leutz A., Lis J.T., Meisterernst M., Naar A.M., Nasmyth K., Parvin J.D., Ptashne M., Reinberg D., Ronne H., Sadowski I., Sakurai H., Sipiczki M., Sternberg P.W., Stillman D.J., Strich R., Struhl K., Svejstrup J.Q., Tuck S., Winston F., Roeder R.G., et Kornberg R.D. (2004) A unified nomenclature for protein subunits of mediator complexes linking transcriptional regulators to RNA polymerase II, *Mol Cell* 14(5), 553-557

Bowen N.J., Fujita N., Kajita M., et Wade P.A. (2004) Mi-2/NuRD: multiple complexes for many purposes, *Biochim Biophys Acta* 1677(1-3), 52-57

Boyer T.G., et Berk A.J. (1993) Functional interaction of adenovirus E1A with holo-TFIID, *Genes.Dev.* 7, 1810-1823

Boyer-Guittaut M., Birsoy K., Potel C., Elliott G., Jaffray E., Desterro J.M., Hay R.T., et Oelgeschlager T. (2005) Sumo-1 modification of human TFIID complex subunits: Inhibition of TFIID promoter binding activity through sumo-1 modification of hsTAF5, *J Biol Chem*

Brancho D., Tanaka N., Jaeschke A., Ventura J.J., Kelkar N., Tanaka Y., Kyuuma M., Takeshita T., Flavell R.A., et Davis R.J. (2003) Mechanism of p38 MAP kinase activation in vivo, *Genes Dev* 17(16), 1969-1978

Brand M., Leurent C., Mallouh V., Tora L., et Schultz P. (1999) Three-dimensional structures of the TAFII-containing complexes TFIID and TFTC, *Science* 286(5447), 2151-2153

Brand M., Moggs J.G., Oulad-Abdelghani M., Lejeune F., Dilworth F.J., Stevenin J., Almouzni G., et Tora L. (2001) UV-damaged DNA-binding protein in the TFTC complex links DNA damage recognition to nucleosome acetylation, *Embo J* 20(12), 3187-3196

Branscombe T.L., Frankel A., Lee J.H., Cook J.R., Yang Z., Pestka S., et Clarke S. (2001) PRMT5 (Janus kinase-binding protein 1) catalyzes the formation of symmetric dimethylarginine residues in proteins, *J Biol Chem* 276(35), 32971-32976

Breathnach R., et Chambon P. (1981) Organization and expression of eucaryotic split genes coding for proteins, *Annu.Rev.Biochem.* 50, 349-383

Brott B.K., Pinsky B.A., et Erikson R.L. (1998) Nlk is a murine protein kinase related to Erk/MAP kinases and localized in the nucleus, *Proc Natl Acad Sci U S A* 95(3), 963-968

Brown C.E., Howe L., Sousa K., Alley S.C., Carrozza M.J., Tan S., et Workman J.L. (2001) Recruitment of HAT complexes by direct activator interactions with the ATM-related Tra1 subunit, *Science* 292(5525), 2333-2337

Brown K.E., Guest S.S., Smale S.T., Hahm K., Merkenschlager M., et Fisher A.G. (1997) Association of transcriptionally silent genes with Ikaros complexes at centromeric heterochromatin, *Cell* 91(6), 845-854

Buratowski S., Hahn S., Sharp P.A., et Guarente L. (1988) Function of a yeast TATA element-binding protein in a mammalian transcription system, *Nature* 334(6177), 37-42

Burke L.J., et Baniahmad A. (2000) Co-repressors 2000, *Faseb J* 14(13), 1876-1888

Burley S.K. (1996) The TATA box binding protein, *Curr.Opin.Struct.Biol.* Vol 6, Iss 1, 69-75

Burley S.K., et Roeder R.G. (1996) Biochemistry and structural biology of transcription factor IID (TFIID), *Annu Rev Biochem* 65, 769-799

Bushnell D.A., Cramer P., et Kornberg R.D. (2002) Structural basis of transcription: alpha-amanitin-RNA polymerase II cocrystal at 2.8 A resolution, *Proc Natl Acad Sci U S A* 99(3), 1218-1222

Bushnell D.A., et Kornberg R.D. (2003) Complete, 12-subunit RNA polymerase II at 4.1-A resolution: implications for the initiation of transcription, *Proc Natl Acad Sci U S A* 100(12), 6969-6973

Bylebyl G.R., Belichenko I., et Johnson E.S. (2003) The SUMO isopeptidase Ulp2 prevents accumulation of SUMO chains in yeast, *J Biol Chem* 278(45), 44113-44120

Caron C., Mengus G., Dubrowskaya V., Roisin A., Davidson I., et Jalinot P. (1997) Human TAF(II)28 interacts with the human T cell leukemia virus type I Tax transactivator and promotes its transcriptional activity, *Proceedings of the National Academy of Sciences of the United States of America* 94(8), 3662-3667

Carrozza M.J., Utley R.T., Workman J.L., et Cote J. (2003) The diverse functions of histone acetyltransferase complexes, *Trends Genet* 19(6), 321-329

Chan H.M., et La Thangue N.B. (2001) p300/CBP proteins: HATs for transcriptional bridges and scaffolds, *J Cell Sci* 114(Pt 13), 2363-2373

Chan H.Y., Warrick J.M., Andriola I., Merry D., et Bonini N.M. (2002) Genetic modulation of polyglutamine toxicity by protein conjugation pathways in Drosophila, *Hum Mol Genet* 11(23), 2895-2904

Chao T.H., Hayashi M., Tapping R.I., Kato Y., et Lee J.D. (1999) MEKK3 directly regulates MEK5 activity as part of the big mitogen-activated protein kinase 1 (BMK1) signaling pathway, *J Biol Chem* 274(51), 36035-36038

Chardin P., Camonis J.H., Gale N.W., van Aelst L., Schlessinger J., Wigler M.H., et Bar-Sagi D. (1993) Human Sos1: a guanine nucleotide exchange factor for Ras that binds to GRB2, *Science* 260(5112), 1338-1343

Chatton B., Bahr A., Acker J., et Kedinger C. (1995) Eukaryotic GST fusion vector for the study of protein- protein associations in vivo: Application to interaction of ATFa with Jun and Fos, *Biotechniques.* 18, 142-145

Chatton B., Bocco J.L., Gaire M., Hauss C., Reimund B., Goetz J., et Kedinger C. (1993) Transcriptional activation by the adenovirus larger E1a product is mediated by members of the cellular transcription factor ATF family which can directly associate with E1a, *Mol.Cell Biol.* 13, 561-570

Chatton B., Bocco J.L., Goetz J., Gaire M., Lutz Y., et Kedinger C. (1994) Jun and Fos heterodimerize with ATFa, a member of the ATF/CREB family and modulate its transcriptional activity, *Oncogene.* 9, 375-385

Chen D., Ma H., Hong H., Koh S.S., Huang S.M., Schurter B.T., Aswad D.W., et Stallcup M.R. (1999) Regulation of transcription by a protein methyltransferase, *Science* 284(5423), 2174-2177

Chen Y.R., Wang X.P., Templeton D., Davis R.J., et Tan T.H. (1996) The role of c-Jun N-terminal kinase (JNK) in apoptosis induced by ultraviolet C and gamma radiation - Duration of JNK activation may determine cell death and proliferation, *J.Biol.Chem.* Vol 271, Iss 50, 31929-31936

Chen Z., Gibson T.B., Robinson F., Silvestro L., Pearson G., Xu B., Wright A., Vanderbilt C., et Cobb M.H. (2001) MAP kinases, *Chem Rev* 101(8), 2449-2476

Cheng M., Boulton T.G., et Cobb M.H. (1996) ERK3 is a constitutively nuclear protein kinase, *J Biol Chem* 271(15), 8951-8958

Cheung P., Tanner K.G., Cheung W.L., Sassone-Corsi P., Denu J.M., et Allis C.D. (2000) Synergistic coupling of histone H3 phosphorylation and acetylation in response to epidermal growth factor stimulation, *Mol Cell* 5(6), 905-915

Chi T., Lieberman P., Ellwood K., et Carey M. (1995) A general mechanism for transcriptional synergy by eukaryotic activators, *Nature* 377(6546), 254-257

Chi Y., Huddleston M.J., Zhang X., Young R.A., Annan R.S., Carr S.A., et Deshaies R.J. (2001) Negative regulation of Gcn4 and Msn2 transcription factors by Srb10 cyclin-dependent kinase, *Genes Dev* 15(9), 1078-1092

Chiang C.M., et Roeder R.G. (1995) Cloning of an intrinsic human TFIID subunit that interacts with multiple transcriptional activators, *Science* 267, 531-536

Chiariello M., Marinissen M.J., et Gutkind J.S. (2000) Multiple mitogen-activated protein kinase signaling pathways connect the cot oncoprotein to the c-jun promoter and to cellular transformation, *Mol Cell Biol* 20(5), 1747-1758

Choi C.Y., Kim Y.H., Kwon H.J., et Kim Y. (1999) The homeodomain protein NK-3 recruits Groucho and a histone deacetylase complex to repress transcription, *J Biol Chem* 274(47), 33194-33197

Choi K.Y., Satterberg B., Lyons D.M., et Elion E.A. (1994) Ste5 tethers multiple protein kinases in the MAP kinase cascade required for mating in S. cerevisiae, *Cell* 78(3), 499-512

Chong H., Vikis H.G., et Guan K.L. (2003) Mechanisms of regulating the Raf kinase family, *Cell Signal* 15(5), 463-469

Chrivia J.C., Kwok R.P., Lamb N., Hagiwara M., Montminy M.R., et Goodman R.H. (1993) Phosphorylated CREB binds specifically to the nuclear protein CBP, *Nature* 365, 855-859

Chun T.H., Itoh H., Subramanian L., Iniguez-Lluhi J.A., et Nakao K. (2003) Modification of GATA-2 transcriptional activity in endothelial cells by the SUMO E3 ligase PIASy, *Circ Res* 92(11), 1201-1208

Chung C.D., Liao J., Liu B., Rao X., Jay P., Berta P., et Shuai K. (1997) Specific inhibition of Stat3 signal transduction by PIAS3, *Science* 278(5344), 1803-1805

Cobb M.H., Hepler J.E., Cheng M., et Robbins D. (1994) The mitogen-activated protein kinases, ERK1 and ERK2, *Semin Cancer Biol* 5(4), 261-268

Coin F., et Egly J.M. (1998) Ten years of TFIIH, *Cold Spring Harb Symp Quant Biol* 63, 105-110

Coin F., Marinoni J.C., Rodolfo C., Fribourg S., Pedrini A.M., et Egly J.M. (1998) Mutations in the XPD helicase gene result in XP and TTD phenotypes, preventing interaction between XPD and the p44 subunit of TFIIH, *Nat Genet* 20(2), 184-188

Conaway R.C., et Conaway J.W. (1993) General initiation factors for RNA polymerase II, *Annu.Rev.Biochem.* 62, 161-190

Cosma M.P., Tanaka T., et Nasmyth K. (1999) Ordered recruitment of transcription and chromatin remodeling factors to a cell cycle- and developmentally regulated promoter, *Cell* 97(3), 299-311

Cramer P. (2002) Multisubunit RNA polymerases, *Curr Opin Struct Biol* 12(1), 89-97

Cramer P., Bushnell D.A., Fu J., Gnatt A.L., Maier-Davis B., Thompson N.E., Burgess R.R., Edwards A.M., David P.R., et Kornberg R.D. (2000) Architecture of RNA polymerase II and implications for the transcription mechanism, *Science* 288(5466), 640-649

Cramer P., Bushnell D.A., et Kornberg R.D. (2001) Structural basis of transcription: RNA polymerase II at 2.8 angstrom resolution, *Science* 292(5523), 1863-1876

Crowley T.E., Hoey T., Liu J.K., Jan Y.N., Jan L.Y., et Tjian R. (1993) A new factor related to TATA-binding protein has highly restricted expression patterns in Drosophila, *Nature* 361, 557-561

Cuthbert G.L., Daujat S., Snowden A.W., Erdjument-Bromage H., Hagiwara T., Yamada M., Schneider R., Gregory P.D., Tempst P., Bannister A.J., et Kouzarides T. (2004) Histone deimination antagonizes arginine methylation, *Cell* 118(5), 545-553

D'Orazi G., Cecchinelli B., Bruno T., Manni I., Higashimoto Y., Saito S., Gostissa M., Coen S., Marchetti A., Del Sal G., Piaggio G., Fanciulli M., Appella E., et Soddu S. (2002) Homeodomain-interacting protein kinase-2 phosphorylates p53 at Ser 46 and mediates apoptosis, *Nat Cell Biol* 4(1), 11-19

Dantonel J.C., Wurtz J.M., Poch O., Moras D., et Tora L. (1999) The TBP-like factor: an alternative transcription factor in metazoa? *Trends Biochem Sci* 24(9), 335-339

Davidson I., Martianov I., et Viville S. (2004) [TBP, a universal transcription factor?], *Med Sci (Paris)* 20(5), 575-579

Davis R.J. (2000) Signal transduction by the JNK group of MAP kinases, *Cell* 103(2), 239-252

De Graeve F., Bahr A., Chatton B., et Kedinger C. (2000) A murine ATFa-associated factor with transcriptional repressing activity, *Oncogene* 19(14), 1807-1819

De Graeve F., Bahr A., Sabapathy K.T., Hauss C., Wagner E.F., Kedinger C., et Chatton B. (1999) Role of the ATFa/JNK2 complex in Jun activation, *Oncogene* 18(23), 3491-3500

de Ruijter A.J., van Gennip A.H., Caron H.N., Kemp S., et van Kuilenburg A.B. (2003) Histone deacetylases (HDACs): characterization of the classical HDAC family, *Biochem J* 370(Pt 3), 737-749

de Wet J.R., Wood K.V., DeLuca M., Helinski D.R., et Subramani S. (1987) Firefly luciferase gene: structure and expression in mammalian cells, *Mol Cell Biol* 7(2), 725-737

Decesare D., Vallone D., Caracciolo A., Sassonecorsi P., Nerlov C., et Verde P. (1995) Heterodimerization of c-Jun with ATF-2 and c-Fos is required for positive and negative regulation of the human urokinase enhancer, *Oncogene*. Vol 11, Iss 2, 365-376

Derijard B., Hibi M., Wu I.H., Barrett T., Su B., Deng T., Karin M., et Davis R.J. (1994) JNK1: a protein kinase stimulated by UV light and Ha-Ras that binds and phosphorylates the c-Jun activation domain, *Cell* 76, 1025-1037

Desterro J.M., Rodriguez M.S., et Hay R.T. (1998) SUMO-1 modification of IkappaBalpha inhibits NF-kappaB activation, *Mol Cell* 2(2), 233-239

Desterro J.M., Rodriguez M.S., Kemp G.D., et Hay R.T. (1999) Identification of the enzyme required for activation of the small ubiquitin-like protein SUMO-1, *J Biol Chem* 274(15), 10618-10624

Desterro J.M., Thomson J., et Hay R.T. (1997) Ubch9 conjugates SUMO but not ubiquitin, *FEBS Lett* 417(3), 297-300

176

Dieckhoff P., Bolte M., Sancak Y., Braus G.H., et Irniger S. (2004) Smt3/SUMO and Ubc9 are required for efficient APC/C-mediated proteolysis in budding yeast, *Mol Microbiol* 51(5), 1375-1387

Dikstein R., Zhou S., et Tjian R. (1996) Human TAFII 105 is a cell type-specific TFIID subunit related to hTAFII130, *Cell* 87, 137-146

Dotson M.R., Yuan C.X., Roeder R.G., Myers L.C., Gustafsson C.M., Jiang Y.W., Li Y., Kornberg R.D., et Asturias F.J. (2000) Structural organization of yeast and mammalian mediator complexes, *Proc Natl Acad Sci U S A* 97(26), 14307-14310

Downward J. (2003) Targeting RAS signalling pathways in cancer therapy, *Nat Rev Cancer* 3(1), 11-22

Drapkin R., Le Roy G., Cho H., Akoulitchev S., et Reinberg D. (1996) Human cyclin-dependent kinase-activating kinase exists in three distinct complexes, *Proc Natl Acad Sci U S A* 93(13), 6488-6493

Du W., et Maniatis T. (1994) The high mobility group protein HMG I(Y) can stimulate or inhibit DNA binding of distinct transcription factor ATF-2 isoforms, *Proc.Natl.Acad.Sci.USA.* 91, 11318-11322

Dubaele S., Proietti De Santis L., Bienstock R.J., Keriel A., Stefanini M., Van Houten B., et Egly J.M. (2003) Basal transcription defect discriminates between xeroderma pigmentosum and trichothiodystrophy in XPD patients, *Mol Cell* 11(6), 1635-1646

Duprez E., Saurin A.J., Desterro J.M., Lallemand-Breitenbach V., Howe K., Boddy M.N., Solomon E., de The H., Hay R.T., et Freemont P.S. (1999) SUMO-1 modification of the acute promyelocytic leukaemia protein PML: implications for nuclear localisation, *J Cell Sci* 112 (Pt 3), 381-393

Duval D., Duval G., Kedinger C., Poch O., et Boeuf H. (2003) The 'PINIT' motif, of a newly identified conserved domain of the PIAS protein family, is essential for nuclear retention of PIAS3L, *FEBS Lett* 554(1-2), 111-118

Dvir A., Conaway J.W., et Conaway R.C. (2001) Mechanism of transcription initiation and promoter escape by RNA polymerase II, *Curr Opin Genet Dev* 11(2), 209-214

Eckner R., Ewen M.E., Newsome D., Gerdes M., De Caprio J.A., Lawrence J.B., et Livingston D.M. (1994) Molecular cloning and functional analysis of the adenovirus E1A-associated 300-kD protein (p300) reveals a protein with properties of a transcriptional adaptor, *Genes.Dev.* 8, 869-884

Egly J.M. (2001) The 14th Datta Lecture. TFIIH: from transcription to clinic, *FEBS Lett* 498(2-3), 124-128

Eisen J.A., Sweder K.S., et Hanawalt P.C. (1995) Evolution of the SNF2 family of proteins: subfamilies with distinct sequences and functions, *Nucleic Acids Res.* 23, 2715-2723

Eisenmann D.M., Arndt K.M., Ricupero S.L., Rooney J.W., et Winston F. (1992) SPT3 interacts with TFIID to allow normal transcription in Saccharomyces cerevisiae, *Genes Dev* 6(7), 1319-1331

Elfring L.K., Deuring R., McCallum C.M., Peterson C.L., et Tamkun J.W. (1994) Identification and characterization of Drosophila relatives of the yeast transcriptional activator SNF2/SWI2, *Mol Cell Biol* 14(4), 2225-2234

Ellis N.A., Groden J., Ye T.Z., Straughen J., Lennon D.J., Ciocci S., Proytcheva M., et German J. (1995a) The Bloom's syndrome gene product is homologous to RecQ helicases, *Cell* Vol 83, Iss 4, 655-666

Ellis N.A., Lennon D.J., Proytcheva M., Alhadeff B., Henderson E.E., et German J. (1995b) Somatic intragenic recombination within the mutated locus BLM can correct the high sister-chromatid exchange phenotype of bloom syndrome cells, *Am.J.Hum.Genet.* Vol 57, Iss 5, 1019-1027

Engelhardt O.G., Boutell C., Orr A., Ullrich E., Haller O., et Everett R.D. (2003) The homeodomain-interacting kinase PKM (HIPK-2) modifies ND10 through both its kinase domain and a SUMO-1 interaction motif and alters the posttranslational modification of PML, *Exp Cell Res* 283(1), 36-50

English J.M., Pearson G., Baer R., et Cobb M.H. (1998) Identification of substrates and regulators of the mitogen-activated protein kinase ERK5 using chimeric protein kinases, *J Biol Chem* 273(7), 3854-3860

Enslen H., Brancho D.M., et Davis R.J. (2000) Molecular determinants that mediate selective activation of p38 MAP kinase isoforms, *Embo J* 19(6), 1301-1311

Epps J.L., et Tanda S. (1998) The Drosophila semushi mutation blocks nuclear import of bicoid during embryogenesis, *Curr Biol* 8(23), 1277-1280

Everett R.D. (2000a) ICP0 induces the accumulation of colocalizing conjugated ubiquitin, *J Virol* 74(21), 9994-10005

Everett R.D. (2000b) ICP0, a regulator of herpes simplex virus during lytic and latent infection, *Bioessays* 22(8), 761-770

Fahrenkrog B., et Aebi U. (2003) The nuclear pore complex: nucleocytoplasmic transport and beyond, *Nat Rev Mol Cell Biol* 4(10), 757-766

Fairley J.A., Evans R., Hawkes N.A., et Roberts S.G. (2002) Core promoter-dependent TFIIB conformation and a role for TFIIB conformation in transcription start site selection, *Mol Cell Biol* 22(19), 6697-6705

Falender A.E., Freiman R.N., Geles K.G., Lo K.C., Hwang K., Lamb D.J., Morris P.L., Tjian R., et Richards J.S. (2005) Maintenance of spermatogenesis requires TAF4b, a gonad-specific subunit of TFIID, *Genes Dev* 19(7), 794-803

Farmer G., Colgan J., Nakatani Y., Manley J.L., et Prives C. (1996) Functional interaction between p53, the TATA-binding protein (TBP), and TBP-associated factors in vivo, *Mol.Cell Biol.* Vol 16, Iss 8, 4295-4304

Felinski E.A., et Quinn P.G. (2001) The coactivator dTAF(II)110/hTAF(II)135 is sufficient to recruit a polymerase complex and activate basal transcription mediated by CREB, *Proc Natl Acad Sci U S A* 98(23), 13078-13083

Feng Q., et Zhang Y. (2001) The MeCP1 complex represses transcription through preferential binding, remodeling, and deacetylating methylated nucleosomes, *Genes Dev* 15(7), 827-832

Fields S., et Song O. (1989) A novel genetic system to detect protein-protein interactions, *Nature* 340, 245-246

Frankel A., Yadav N., Lee J., Branscombe T.L., Clarke S., et Bedford M.T. (2002) The novel human protein arginine N-methyltransferase PRMT6 is a nuclear enzyme displaying unique substrate specificity, *J Biol Chem* 277(5), 3537-3543

Freiman R.N., Albright S.R., Zheng S., Sha W.C., Hammer R.E., et Tjian R. (2001) Requirement of tissue-selective TBP-associated factor TAFII105 in ovarian development, *Science* 293(5537), 2084-2087

Frisch S.M., et Mymryk J.S. (2002) Adenovirus-5 E1A: paradox and paradigm, *Nat Rev Mol Cell Biol* 3(6), 441-452

Frye R.A. (2000) Phylogenetic classification of prokaryotic and eukaryotic Sir2-like proteins, *Biochem Biophys Res Commun* 273(2), 793-798

Fu J., Gnatt A.L., Bushnell D.A., Jensen G.J., Thompson N.E., Burgess R.R., David P.R., et Kornberg R.D. (1999) Yeast RNA polymerase II at 5 A resolution, *Cell* 98(6), 799-810

Fujita N., Watanabe S., Ichimura T., Ohkuma Y., Chiba T., Saya H., et Nakao M. (2003) MCAF mediates MBD1-dependent transcriptional repression, *Mol Cell Biol* 23(8), 2834-2843

Fuks F., Hurd P.J., Wolf D., Nan X., Bird A.P., et Kouzarides T. (2003) The methyl-CpG-binding protein MeCP2 links DNA methylation to histone methylation, *J Biol Chem* 278(6), 4035-4040

Gaire M., Chatton B., et Kedinger C. (1990) Isolation and characterization of two novel, closely related ATF cDNA clones from HeLa cells, *Nucleic Acids Res.* 18, 3467-3473

Gale N.W., Kaplan S., Lowenstein E.J., Schlessinger J., et Bar-Sagi D. (1993) Grb2 mediates the EGF-dependent activation of guanine nucleotide exchange on Ras, *Nature* 363(6424), 88-92

Gallimore P.H., et Turnell A.S. (2001) Adenovirus E1A: remodelling the host cell, a life or death experience, *Oncogene* 20(54), 7824-7835

Gan-Erdene T., Nagamalleswari K., Yin L., Wu K., Pan Z.Q., et Wilkinson K.D. (2003) Identification and characterization of DEN1, a deneddylase of the ULP family, *J Biol Chem* 278(31), 28892-28900

Gangloff Y., Romier C., Thuault S., Werten S., et Davidson I. (2001) The histone fold is a key structural motif of transcription factor TFIID, *Trends Biochem Sci* 26(4), 250-257.

Gangloff Y.G., Werten S., Romier C., Carre L., Poch O., Moras D., et Davidson I. (2000) The human TFIID components TAF(II)135 and TAF(II)20 and the yeast SAGA components ADA1 and TAF(II)68 heterodimerize to form histone-like pairs, *Mol Cell Biol* 20(1), 340-351.

Gaston K., et Jayaraman P.S. (2003) Transcriptional repression in eukaryotes: repressors and repression mechanisms, *Cell Mol Life Sci* 60(4), 721-741

Ge B., Gram H., Di Padova F., Huang B., New L., Ulevitch R.J., Luo Y., et Han J. (2002) MAPKK-independent activation of p38alpha mediated by TAB1-dependent autophosphorylation of p38alpha, *Science* 295(5558), 1291-1294

Geisberg J.V., Lee W.S., Berk A.J., et Ricciardi R.P. (1994) The zinc finger region of the adenovirus E1A transactivating domain complexes with the TATA box binding protein, *Proc.Natl.Acad.Sci.U.S.A.* 91, 2488-2492

Georgel P.T., Tsukiyama T., et Wu C. (1997) Role of histone tails in nucleosome remodeling by Drosophila NURF, *Embo J* 16(15), 4717-4726

Georgieva S., Nabirochkina E., Dilworth F.J., Eickhoff H., Becker P., Tora L., Georgiev P., et Soldatov A. (2001) The novel transcription factor e(y)2 interacts with TAF(II)40 and potentiates transcription activation on chromatin templates, *Mol Cell Biol* 21(15), 5223-5231

Georgopoulos K., Morgan B.A., et Moore D.D. (1992) Functionally distinct isoforms of the CRE-BP DNA-binding protein mediate activity of a T-cell-specific enhancer, *Mol.Cell Biol.* 12, 747-757

Geyer M., et Wittinghofer A. (1997) GEFs, GAPs, GDIs and effectors: taking a closer (3D) look at the regulation of Ras-related GTP-binding proteins, *Curr Opin Struct Biol* 7(6), 786-792

179

Giglia-Mari G., Coin F., Ranish J.A., Hoogstraten D., Theil A., Wijgers N., Jaspers N.G., Raams A., Argentini M., van der Spek P.J., Botta E., Stefanini M., Egly J.M., Aebersold R., Hoeijmakers J.H., et Vermeulen W. (2004) A new, tenth subunit of TFIIH is responsible for the DNA repair syndrome trichothiodystrophy group A, *Nat Genet* 36(7), 714-719

Gilfillan S., Stelzer G., Piaia E., Hofmann M.G., et Meisterernst M. (2005) Efficient binding of NC2.TATA-binding protein to DNA in the absence of TATA, *J Biol Chem* 280(7), 6222-6230

Gill G. (2004) SUMO and ubiquitin in the nucleus: different functions, similar mechanisms? *Genes Dev* 18(17), 2046-2059

Gill G., Pascal E., Tseng Z., et Tjian R. (1994) A glutamin-rich hydrophobic patch in transcription factor SP1 contacts the dTAF$_{II}$110 component of the Drosophila TFIID complex and mediates transcriptional activation, *Proc.Natl.Acad.Sci.U.S.A.* 91, 192-196

Girdwood D., Bumpass D., Vaughan O.A., Thain A., Anderson L.A., Snowden A.W., Garcia-Wilson E., Perkins N.D., et Hay R.T. (2003) P300 transcriptional repression is mediated by SUMO modification, *Mol Cell* 11(4), 1043-1054

Gnatt A.L., Cramer P., Fu J., Bushnell D.A., et Kornberg R.D. (2001) Structural basis of transcription: an RNA polymerase II elongation complex at 3.3 A resolution, *Science* 292(5523), 1876-1882

Goetz J., Chatton B., Mattei M.G., et Kedinger C. (1996) Structure and expression of the ATFa gene, *J.Biol.Chem.* 271(47), 29589-29598

Gong L., Millas S., Maul G.G., et Yeh E.T. (2000) Differential regulation of sentrinized proteins by a novel sentrin-specific protease, *J Biol Chem* 275(5), 3355-3359

Gong Q.Q., Huang Z.M., et Wicks W.D. (1995) Interaction of retinoblastoma gene product with transcription factors ATFa and ATF2, *Arch.Biochem.Biophys.* Vol 319, Iss 2, 445-450

Goodrich J.A., Hoey T., Thut C.J., Admon A., et Tjian R. (1993) Drosophila TAFII40 interacts with both a VP16 activation domain and the basal transcription factor TFIIB, *Cell* 75, 5I-30

Goodson M.L., Hong Y., Rogers R., Matunis M.J., Park-Sarge O.K., et Sarge K.D. (2001) Sumo-1 modification regulates the DNA binding activity of heat shock transcription factor 2, a promyelocytic leukemia nuclear body associated transcription factor, *J Biol Chem* 276(21), 18513-18518

Gostissa M., Hengstermann A., Fogal V., Sandy P., Schwarz S.E., Scheffner M., et Del Sal G. (1999) Activation of p53 by conjugation to the ubiquitin-like protein SUMO-1, *Embo J* 18(22), 6462-6471

Grant P.A., Duggan L., Cote J., Roberts S.M., Brownell J.E., Candau R., Ohba R., Owen-Hughes T., Allis C.D., Winston F., Berger S.L., et Workman J.L. (1997) Yeast Gcn5 functions in two multisubunit complexes to acetylate nucleosomal histones: characterization of an Ada complex and the SAGA (Spt/Ada) complex, *Genes Dev* 11(13), 1640-1650

Green M.R. (2000) TBP-associated factors (TAFIIs): multiple, selective transcriptional mediators in common complexes, *Trends Biochem Sci* 25(2), 59-63

Gunther M., Laithier M., et Brison O. (2000) A set of proteins interacting with transcription factor Sp1 identified in a two-hybrid screening, *Mol Cell Biochem* 210(1-2), 131-142

Gupta S., Barrett T., Whitmarsh A.J., Cavanagh J., Sluss H.K., Derijard B., et Davis R.J. (1996) Selective interaction of JNK protein kinase isoforms with transcription factors, *EMBO J.* Vol 15, Iss 11, 2760-2770

Gupta S., Campbell D., Derijard B., et Davis R.J. (1995) Transcription factor ATF2 regulation by the JNK signal transduction pathway, *Science* 267, 389-393

Hallberg B., Rayter S.I., et Downward J. (1994) Interaction of Ras and Raf in intact mammalian cells upon extracellular stimulation, *J Biol Chem* 269(6), 3913-3916

Hamard P.J., Dalbies-Tran R., Hauss C., Davidson I., Kedinger C., et Chatton B. (2005) A functional interaction between ATF7 and TAF12 that is modulated by TAF4, *Oncogene* 24(21), 3472-3483

Hamiche A., Sandaltzopoulos R., Gdula D.A., et Wu C. (1999) ATP-dependent histone octamer sliding mediated by the chromatin remodeling complex NURF, *Cell* 97(7), 833-842

Hampsey M. (1998) Molecular genetics of the RNA polymerase II general transcriptional machinery, *Microbiol.Mol.Biol.Rev.* 62, 465-503

Han J., Lee J.D., Bibbs L., et Ulevitch R.J. (1994) A MAP kinase targeted by endotoxin and hyperosmolarity in mammalian cells, *Science* 265(5173), 808-811

Hang J., et Dasso M. (2002) Association of the human SUMO-1 protease SENP2 with the nuclear pore, *J Biol Chem* 277(22), 19961-19966

Hansen S.K., Takada S., Jacobson R.H., Lis J.T., et Tjian R. (1997) Transcription properties of a cell type-specific TATA-binding protein, TRF [see comments], *Cell* 91, 71-83

Haracska L., Torres-Ramos C.A., Johnson R.E., Prakash S., et Prakash L. (2004) Opposing effects of ubiquitin conjugation and SUMO modification of PCNA on replicational bypass of DNA lesions in Saccharomyces cerevisiae, *Mol Cell Biol* 24(10), 4267-4274

Hardeland U., Steinacher R., Jiricny J., et Schar P. (2002) Modification of the human thymine-DNA glycosylase by ubiquitin-like proteins facilitates enzymatic turnover, *Embo J* 21(6), 1456-1464

Hari K.L., Cook K.R., et Karpen G.H. (2001) The Drosophila Su(var)2-10 locus regulates chromosome structure and function and encodes a member of the PIAS protein family, *Genes Dev* 15(11), 1334-1348

Harrison S.C. (1991) A structural taxonomy of DNA-binding domains, *Nature* 353(6346), 715-719

Hay R.T. (2004) Modifying NEMO, *Nat Cell Biol* 6(2), 89-91

Hay R.T. (2005) SUMO A History of Modification, *Mol Cell* 18(1), 1-12

Hayashi F., Ishima R., Liu D., Tong K.I., Kim S., Reinberg D., Bagby S., et Ikura M. (1998) Human general transcription factor TFIIB: conformational variability and interaction with VP16 activation domain, *Biochemistry* 37(22), 7941-7951

Hayashi T., Seki M., Maeda D., Wang W., Kawabe Y., Seki T., Saitoh H., Fukagawa T., Yagi H., et Enomoto T. (2002) Ubc9 is essential for viability of higher eukaryotic cells, *Exp Cell Res* 280(2), 212-221

Helmlinger D., Abou-Sleymane G., Yvert G., Rousseau S., Weber C., Trottier Y., Mandel J.L., et Devys D. (2004) Disease progression despite early loss of polyglutamine protein expression in SCA7 mouse model, *J Neurosci* 24(8), 1881-1887

Hemelaar J., Borodovsky A., Kessler B.M., Reverter D., Cook J., Kolli N., Gan-Erdene T., Wilkinson K.D., Gill G., Lima C.D., Ploegh H.L., et Ovaa H. (2004) Specific and covalent targeting of conjugating and deconjugating enzymes of ubiquitin-like proteins, *Mol Cell Biol* 24(1), 84-95

Hershko A., et Ciechanover A. (1998) The ubiquitin system, *Annu Rev Biochem* 67, 425-479

Hertel K.J., Lynch K.W., et Maniatis T. (1997) Common themes in the function of transcription and splicing enhancers, *Curr.Opin.Cell.Biol.* 9, 350-357

Hibi M., Lin A., Smeal T., Minden A., et Karin M. (1993) Identification of an oncoprotein- and UV-responsive protein kinase that binds and potentiates the c-Jun activation domain, *Genes.Dev.* 7, 2135-2148

Hochedlinger K., Wagner E.F., et Sabapathy K. (2002) Differential effects of JNK1 and JNK2 on signal specific induction of apoptosis, *Oncogene* 21(15), 2441-2445

Hochheimer A., Zhou S., Zheng S., Holmes M.C., et Tjian R. (2002) TRF2 associates with DREF and directs promoter-selective gene expression in Drosophila, *Nature* 420(6914), 439-445

Hochstrasser M. (2001) SP-RING for SUMO: new functions bloom for a ubiquitin-like protein, *Cell* 107(1), 5-8

Hoege C., Pfander B., Moldovan G.L., Pyrowolakis G., et Jentsch S. (2002) RAD6-dependent DNA repair is linked to modification of PCNA by ubiquitin and SUMO, *Nature* 419(6903), 135-141

Hoffmann A., Chiang C.M., Oelgeschlager T., Xie X., Burley S.K., Nakatani Y., et Roeder R.G. (1996) A histone octamer-like structure within TFIID, *Nature* 380(6572), 356-359

Hofmann H., Floss S., et Stamminger T. (2000) Covalent modification of the transactivator protein IE2-p86 of human cytomegalovirus by conjugation to the ubiquitin-homologous proteins SUMO-1 and hSMT3b, *J Virol* 74(6), 2510-2524

Hofmann T.G., Moller A., Sirma H., Zentgraf H., Taya Y., Droge W., Will H., et Schmitz M.L. (2002) Regulation of p53 activity by its interaction with homeodomain-interacting protein kinase-2, *Nat Cell Biol* 4(1), 1-10

Holmes M.C., et Tjian R. (2000) Promoter-selective properties of the TBP-related factor TRF1, *Science* 288(5467), 867-870

Holmstrom S., Van Antwerp M.E., et Iniguez-Lluhi J.A. (2003) Direct and distinguishable inhibitory roles for SUMO isoforms in the control of transcriptional synergy, *Proc Natl Acad Sci U S A* 100(26), 15758-15763

Hong Y., Rogers R., Matunis M.J., Mayhew C.N., Goodson M.L., Park-Sarge O.K., et Sarge K.D. (2001) Regulation of heat shock transcription factor 1 by stress-induced SUMO-1 modification, *J Biol Chem* 276(43), 40263-40267

Hopp T.P., Prickett K.S., Price V.L., Libby R.T., March C.J., Cerretti D.P., Urdal D.L., et Conlon P.J. (1988) A short polypeptide marker sequence useful for recombinant protein identification and purification, *Biotechnology* 6, 1204-1210

Horikoshi N., Maguire K., Kralli A., Maldonado E., Reinberg D., et Weinmann R. (1991) Direct interaction between adenovirus E1A protein and the TATA box binding transcription factor IID, *Proc.Natl.Acad.Sci.U.S.A.* 88, 5124-5128

Huang T.T., Wuerzberger-Davis S.M., Wu Z.H., et Miyamoto S. (2003) Sequential modification of NEMO/IKKgamma by SUMO-1 and ubiquitin mediates NF-kappaB activation by genotoxic stress, *Cell* 115(5), 565-576

Hurst H.C. (1995) Transcription factors 1: bZIP proteins, *Protein Profile* 2(2), 101-168

Iben S., Tschochner H., Bier M., Hoogstraten D., Hozak P., Egly J.M., et Grummt I. (2002) TFIIH plays an essential role in RNA polymerase I transcription, *Cell* 109(3), 297-306

Ichimura T., Watanabe S., Sakamoto Y., Aoto T., Fujita N., et Nakao M. (2005) Transcriptional repression and heterochromatin formation by MBD1 and MCAF/AM family proteins, *J Biol Chem*

Ikeda K., Halle J.P., Stelzer G., Meisterernst M., et Kawakami K. (1998) Involvement of negative cofactor NC2 in active repression by zinc finger-homeodomain transcription factor AREB6, *Mol Cell Biol* 18(1), 10-18

Iniguez-Lluhi J.A., et Pearce D. (2000) A common motif within the negative regulatory regions of multiple factors inhibits their transcriptional synergy, *Mol Cell Biol* 20(16), 6040-6050

Ip Y.T., et Davis R.J. (1998) Signal transduction by the c-Jun N-terminal kinase (JNK)--from inflammation to development, *Curr Opin Cell Biol* 10(2), 205-219

Ishitani T., Ninomiya-Tsuji J., Nagai S., Nishita M., Meneghini M., Barker N., Waterman M., Bowerman B., Clevers H., Shibuya H., et Matsumoto K. (1999) The TAK1-NLK-MAPK-related pathway antagonizes signalling between beta-catenin and transcription factor TCF, *Nature* 399(6738), 798-802

Ishov A.M., Sotnikov A.G., Negorev D., Vladimirova O.V., Neff N., Kamitani T., Yeh E.T., Strauss J.F., 3rd, et Maul G.G. (1999) PML is critical for ND10 formation and recruits the PML-interacting protein daxx to this nuclear structure when modified by SUMO-1, *J Cell Biol* 147(2), 221-234

Jackson P.K. (2001) A new RING for SUMO: wrestling transcriptional responses into nuclear bodies with PIAS family E3 SUMO ligases, *Genes Dev* 15(23), 3053-3058

Jacq X., Brou C., Lutz Y., Davidson I., Chambon P., et Tora L. (1994) Human TAF(II)30 is present in a distinct TFIID complex and is required for transcriptional activation by the estrogen receptor, *Cell* 79, 107-117

Jawhari A., Laine J.P., Dubaele S., Lamour V., Poterszman A., Coin F., Moras D., et Egly J.M. (2002) p52 Mediates XPB function within the transcription/repair factor TFIIH, *J Biol Chem* 277(35), 31761-31767

Jenuwein T., et Allis C.D. (2001) Translating the histone code, *Science* 293(5532), 1074-1080

Johnson E.S., et Blobel G. (1997) Ubc9p is the conjugating enzyme for the ubiquitin-like protein Smt3p, *J Biol Chem* 272(43), 26799-26802

Johnson E.S., et Gupta A.A. (2001) An E3-like factor that promotes SUMO conjugation to the yeast septins, *Cell* 106(6), 735-744

Johnson G. (2002) Signal transduction. Scaffolding proteins--more than meets the eye, *Science* 295(5558), 1249-1250

Johnson P.F., Landschulz W.H., Graves B.J., et McKnight S.L. (1987) Identification of a rat liver nuclear protein that binds to the enhancer core element of three animal viruses, *Genes Dev* 1(2), 133-146

Jones D., Crowe E., Stevens T.A., et Candido E.P. (2002) Functional and phylogenetic analysis of the ubiquitylation system in Caenorhabditis elegans: ubiquitin-conjugating enzymes, ubiquitin-activating enzymes, and ubiquitin-like proteins, *Genome Biol* 3(1), RESEARCH0002

Jones D.O., Cowell I.G., et Singh P.B. (2000) Mammalian chromodomain proteins: their role in genome organisation and expression, *Bioessays* 22(2), 124-137

Kadoya T., Yamamoto H., Suzuki T., Yukita A., Fukui A., Michiue T., Asahara T., Tanaka K., Asashima M., et Kikuchi A. (2002) Desumoylation activity of Axam, a novel Axin-binding protein, is involved in downregulation of beta-catenin, *Mol Cell Biol* 22(11), 3803-3819

Kagey M.H., Melhuish T.A., Powers S.E., et Wotton D. (2005) Multiple activities contribute to Pc2 E3 function, *Embo J* 24(1), 108-119

Kagey M.H., Melhuish T.A., et Wotton D. (2003) The polycomb protein Pc2 is a SUMO E3, *Cell* 113(1), 127-137

Kahyo T., Nishida T., et Yasuda H. (2001) Involvement of PIAS1 in the sumoylation of tumor suppressor p53, *Mol Cell* 8(3), 713-718

Kallunki T., Deng T.L., Hibi M., et Karin M. (1996) c-jun Can recruit JNK to phosphorylate dimerization partners via specific docking interactions, *Cell* Vol 87, Iss 5, 929-939

Kallunki T., Su B., Tsigelny I., Sluss H.K., Derijard B., Moore G., Davis R., et Karin M. (1994) JNK2 contains a specificity-determining region responsible for efficient c-Jun binding and phosphorylation, *Genes.Dev.* 8, 2996-3007

Kamada K., Shu F., Chen H., Malik S., Stelzer G., Roeder R.G., Meisterernst M., et Burley S.K. (2001) Crystal structure of negative cofactor 2 recognizing the TBP-DNA transcription complex, *Cell* 106(1), 71-81

Kamakura S., Moriguchi T., et Nishida E. (1999) Activation of the protein kinase ERK5/BMK1 by receptor tyrosine kinases. Identification and characterization of a signaling pathway to the nucleus, *J Biol Chem* 274(37), 26563-26571

Kamitani T., Kito K., Nguyen H.P., Wada H., Fukuda-Kamitani T., et Yeh E.T. (1998a) Identification of three major sentrinization sites in PML, *J Biol Chem* 273(41), 26675-26682

Kamitani T., Nguyen H.P., Kito K., Fukuda-Kamitani T., et Yeh E.T. (1998b) Covalent modification of PML by the sentrin family of ubiquitin-like proteins, *J Biol Chem* 273(6), 3117-3120

Kaszubska W., van Huijsduijnen R.H., Ghersa P., De Raemy-Schenk A.M., Chen B.P., Hai T., De Lamarter J.F., et Whelan J. (1993) Cyclic AMP-independent ATF family members interact with NF-kappa B and function in the activation of the E-selectin promoter in response to cytokines, *Mol.Cell Biol.* 13, 7180-7190

Kato Y., Kravchenko V.V., Tapping R.I., Han J., Ulevitch R.J., et Lee J.D. (1997) BMK1/ERK5 regulates serum-induced early gene expression through transcription factor MEF2C, *Embo J* 16(23), 7054-7066

Kato Y., Tapping R.I., Huang S., Watson M.H., Ulevitch R.J., et Lee J.D. (1998) Bmk1/Erk5 is required for cell proliferation induced by epidermal growth factor, *Nature* 395(6703), 713-716

Kaufman P.D., Kobayashi R., Kessler N., et Stillman B. (1995) The p150 and p60 subunits of chromatin assembly factor I: a molecular link between newly synthesized histones and DNA replication, *Cell* 81(7), 1105-1114

Kawasaki H., Schiltz L., Chiu R., Itakura K., Taira K., Nakatani Y., et Yokoyama K.K. (2000) ATF-2 has intrinsic histone acetyltransferase activity which is modulated by phosphorylation, *Nature* 405(6783), 195-200

Kedinger C., Gniazdowski M., Mandel J.L., Jr., Gissinger F., et Chambon P. (1970) Alpha-amanitin: a specific inhibitor of one of two DNA-pendent RNA polymerase activities from calf thymus, *Biochem Biophys Res Commun* 38(1), 165-171

Kettenberger H., Armache K.J., et Cramer P. (2004) Complete RNA polymerase II elongation complex structure and its interactions with NTP and TFIIS, *Mol Cell* 16(6), 955-965

Kieffer-Kwon P., Martianov I., et Davidson I. (2004) Cell-specific nucleolar localization of TBP-related factor 2, *Mol Biol Cell* 15(10), 4356-4368

Kim E.J., Park J.S., et Um S.J. (2002) Identification and characterization of HIPK2 interacting with p73 and modulating functions of the p53 family in vivo, *J Biol Chem* 277(35), 32020-32028

Kim K.I., Baek S.H., Jeon Y.J., Nishimori S., Suzuki T., Uchida S., Shimbara N., Saitoh H., Tanaka K., et Chung C.H. (2000) A new SUMO-1-specific protease, SUSP1, that is highly expressed in reproductive organs, *J Biol Chem* 275(19), 14102-14106

Kim L.J., Seto A.G., Nguyen T.N., et Goodrich J.A. (2001) Human taf(ii)130 is a coactivator for nfatp, *Mol Cell Biol* 21(10), 3503-3513.

Kim S.J., Wagner S., Liu F., O'Reilly M.A., Robbins P.D., et Green M.R. (1992) Retinoblastoma gene product activates expression of the human TGF-beta 2 gene through transcription factor ATF-2, *Nature* 358, 331-334

Kim Y.H., Choi C.Y., et Kim Y. (1999) Covalent modification of the homeodomain-interacting protein kinase 2 (HIPK2) by the ubiquitin-like protein SUMO-1, *Proc Natl Acad Sci U S A* 96(22), 12350-12355

Kim Y.H., Choi C.Y., Lee S.J., Conti M.A., et Kim Y. (1998) Homeodomain-interacting protein kinases, a novel family of co-repressors for homeodomain transcription factors, *J Biol Chem* 273(40), 25875-25879

Kim Y.J., Bjorklund S., Li Y., Sayre M.H., et Kornberg R.D. (1994) A multiprotein mediator of transcriptional activation and its interaction with the C-terminal repeat domain of RNA polymerase II, *Cell.* 77, 599-608

Kimelman D., Miller J.S., Porter D., et Roberts B.E. (1985) E1a regions of the human adenoviruses and of the highly oncogenic simian adenovirus 7 are closely related, *J Virol* 53(2), 399-409

Kimura H., Tao Y., Roeder R.G., et Cook P.R. (1999) Quantitation of RNA polymerase II and its transcription factors in an HeLa cell: little soluble holoenzyme but significant amounts of polymerases attached to the nuclear substructure, *Mol Cell Biol* 19(8), 5383-5392

Kimura M., Suzuki H., et Ishihama A. (2002) Formation of a carboxy-terminal domain phosphatase (Fcp1)/TFIIF/RNA polymerase II (pol II) complex in Schizosaccharomyces pombe involves direct interaction between Fcp1 and the Rpb4 subunit of pol II, *Mol Cell Biol* 22(5), 1577-1588

Kipp M., Gohring F., Ostendorp T., van Drunen C.M., van Driel R., Przybylski M., et Fackelmayer F.O. (2000) SAF-Box, a conserved protein domain that specifically recognizes scaffold attachment region DNA, *Mol Cell Biol* 20(20), 7480-7489

Kirby H., Rickinson A., et Bell A. (2000) The activity of the Epstein-Barr virus BamHI W promoter in B cells is dependent on the binding of CREB/ATF factors, *J Gen Virol* 81(Pt 4), 1057-1066

Kirsh O., Seeler J.S., Pichler A., Gast A., Muller S., Miska E., Mathieu M., Harel-Bellan A., Kouzarides T., Melchior F., et Dejean A. (2002) The SUMO E3 ligase RanBP2 promotes modification of the HDAC4 deacetylase, *Embo J* 21(11), 2682-2691

Kobayashi N., Boyer T.G., et Berk A.J. (1995) A class of activation domains interacts directly with TFIIA and stimulates TFIIA-TFIID-promoter complex assembly, *Mol.Cell Biol.* 15, 6465-6473

Koh S.S., Chen D., Lee Y.H., et Stallcup M.R. (2001) Synergistic enhancement of nuclear receptor function by p160 coactivators and two coactivators with protein methyltransferase activities, *J Biol Chem* 276(2), 1089-1098

Kohno M., et Pouyssegur J. (2003) Pharmacological inhibitors of the ERK signaling pathway: application as anticancer drugs, *Prog Cell Cycle Res* 5, 219-224

Koipally J., Renold A., Kim J., et Georgopoulos K. (1999) Repression by Ikaros and Aiolos is mediated through histone deacetylase complexes, *Embo J* 18(11), 3090-3100

Kokubo T., Swanson M.J., Nishikawa J.I., Hinnebusch A.G., et Nakatani Y. (1998) The yeast TAF145 inhibitory domain and TFIIA competitively bind to TATA-binding protein, *Mol.Cell Biol.* Vol 18, Iss 2, 1003-1012

Kolch W. (2000) Meaningful relationships: the regulation of the Ras/Raf/MEK/ERK pathway by protein interactions, *Biochem J* 351 Pt 2, 289-305

Koleske A.J., et Young R.A. (1994) An RNA polymerase II holoenzyme responsive to activators [see comments], *Nature.* 368, 466-469

Kotaja N., Karvonen U., Janne O.A., et Palvimo J.J. (2002) PIAS proteins modulate transcription factors by functioning as SUMO-1 ligases, *Mol Cell Biol* 22(14), 5222-5234

Kouzarides T. (2002) Histone methylation in transcriptional control, *Curr Opin Genet Dev* 12(2), 198-209

Kraemer S.M., Ranallo R.T., Ogg R.C., et Stargell L.A. (2001) TFIIA interacts with TFIID via association with TATA-binding protein and TAF40, *Mol Cell Biol* 21(5), 1737-1746

Krebs J.E., Kuo M.H., Allis C.D., et Peterson C.L. (1999) Cell cycle-regulated histone acetylation required for expression of the yeast HO gene, *Genes Dev* 13(11), 1412-1421

Kukimoto I., Elderkin S., Grimaldi M., Oelgeschlager T., et Varga-Weisz P.D. (2004) The histone-fold protein complex CHRAC-15/17 enhances nucleosome sliding and assembly mediated by ACF, *Mol Cell* 13(2), 265-277

Kumar V., et Chambon P. (1988) The estrogen receptor binds tightly to its responsive element as a ligand-induced homodimer, *Cell* 55, 145-156

Kurepa J., Walker J.M., Smalle J., Gosink M.M., Davis S.J., Durham T.L., Sung D.Y., et Vierstra R.D. (2003) The small ubiquitin-like modifier (SUMO) protein modification system in Arabidopsis. Accumulation of SUMO1 and -2 conjugates is increased by stress, *J Biol Chem* 278(9), 6862-6872

Kutach A.K., et Kadonaga J.T. (2000) The downstream promoter element DPE appears to be as widely used as the TATA box in Drosophila core promoters, *Mol Cell Biol* 20(13), 4754-4764

Kwek S.S., Derry J., Tyner A.L., Shen Z., et Gudkov A.V. (2001) Functional analysis and intracellular localization of p53 modified by SUMO-1, *Oncogene* 20(20), 2587-2599

Kyriakis J.M., et Avruch J. (1996) Sounding the alarm: Protein kinase cascades activated by stress and inflammation, *J.Biol.Chem.* Vol 271, Iss 40, 24313-24316

Kyriakis J.M., et Avruch J. (2001) Mammalian mitogen-activated protein kinase signal transduction pathways activated by stress and inflammation, *Physiol Rev* 81(2), 807-869

Kyriakis J.M., Banerjee P., Nikolakaki E., Dai T., Rubie E.A., Ahmad M.F., Avruch J., et Woodgett J.R. (1994) The stress-activated protein kinase subfamily of c-Jun kinases, *Nature* 369, 156-160

Lachner M., O'Carroll D., Rea S., Mechtler K., et Jenuwein T. (2001) Methylation of histone H3 lysine 9 creates a binding site for HP1 proteins, *Nature* 410(6824), 116-120

Lagrange T., Kapanidis A.N., Tang H., Reinberg D., et Ebright R.H. (1998) New core promoter element in RNA polymerase II-dependent transcription: sequence-specific DNA binding by transcription factor IIB, *Genes.Dev.* 12, 34-44

Lallemand-Breitenbach V., Zhu J., Puvion F., Koken M., Honore N., Doubeikovsky A., Duprez E., Pandolfi P.P., Puvion E., Freemont P., et de The H. (2001) Role of promyelocytic leukemia (PML) sumolation in nuclear body formation, 11S proteasome recruitment, and As2O3-induced PML or PML/retinoic acid receptor alpha degradation, *J Exp Med* 193(12), 1361-1371

Lander E.S., Linton L.M., Birren B., Nusbaum C., Zody M.C., Baldwin J., Devon K., Dewar K., Doyle M., FitzHugh W., et coll. (2001) Initial sequencing and analysis of the human genome, *Nature* 409(6822), 860-921

Landschulz W.H., Johnson P.F., Adashi E.Y., Graves B.J., et McKnight S.L. (1988a) Isolation of a recombinant copy of the gene encoding C/EBP, *Genes Dev* 2(7), 786-800

Landschulz W.H., Johnson P.F., et McKnight S.L. (1988b) The leucine zipper: a hypothetical structure common to a new class of DNA binding proteins, *Science* 240, 1759-1764

Langst G., Bonte E.J., Corona D.F., et Becker P.B. (1999) Nucleosome movement by CHRAC and ISWI without disruption or trans-displacement of the histone octamer, *Cell* 97(7), 843-852

Lavigne A.C., Gangloff Y.G., Carre L., Mengus G., Birck C., Poch O., Romier C., Moras D., et Davidson I. (1999) Synergistic transcriptional activation by TATA-binding protein and hTAFII28 requires specific amino acids of the hTAFII28 histone fold, *Mol Cell Biol* 19(7), 5050-5060

Le Drean Y., Mincheneau N., Le Goff P., et Michel D. (2002) Potentiation of glucocorticoid receptor transcriptional activity by sumoylation, *Endocrinology* 143(9), 3482-3489

Le May N., Dubaele S., Proietti De Santis L., Billecocq A., Bouloy M., et Egly J.M. (2004) TFIIH transcription factor, a target for the Rift Valley hemorrhagic fever virus, *Cell* 116(4), 541-550

Lebman D.A., et Edmiston J.S. (1999) The role of TGF-beta in growth, differentiation, and maturation of B lymphocytes, *Microbes Infect* 1(15), 1297-1304

Lee D.A., Fefeu S., Edo-Ukeh A.A., Orengo C.A., et Slingsby C. (2004) EyeSite: a semi-automated database of protein families in the eye, *Nucleic Acids Res* 32(Database issue), D148-152

Lee J.C., Laydon J.T., McDonnell P.C., Gallagher T.F., Kumar S., Green D., McNulty D., Blumenthal M.J., Heys J.R., Landvatter S.W., et et al. (1994) A protein kinase involved in the regulation of inflammatory cytokine biosynthesis, *Nature* 372(6508), 739-746

Lee T.I., Causton H.C., Holstege F.C., Shen W.C., Hannett N., Jennings E.G., Winston F., Green M.R., et Young R.A. (2000) Redundant roles for the TFIID and SAGA complexes in global transcription, *Nature* 405(6787), 701-704

Lee T.I., et Young R.A. (2000) Transcription of eukaryotic protein-coding genes, *Annu Rev Genet* 34, 77-137

Lemon B., et Tjian R. (2000) Orchestrated response: a symphony of transcription factors for gene control, *Genes Dev* 14(20), 2551-2569

Lenormand P., Sardet C., Pages G., L'Allemain G., Brunet A., et Pouyssegur J. (1993) Growth factors induce nuclear translocation of MAP kinases (p42mapk and p44mapk) but not of their activator MAP kinase kinase (p45mapkk) in fibroblasts, *J Cell Biol* 122(5), 1079-1088

Leurent C., Sanders S., Ruhlmann C., Mallouh V., Weil P.A., Kirschner D.B., Tora L., et Schultz P. (2002) Mapping histone fold TAFs within yeast TFIID, *Embo J* 21(13), 3424-3433

Leurent C., Sanders S.L., Demeny M.A., Garbett K.A., Ruhlmann C., Weil P.A., Tora L., et Schultz P. (2004) Mapping key functional sites within yeast TFIID, *Embo J* 23(4), 719-727

Lewis T.S., Shapiro P.S., et Ahn N.G. (1998) Signal transduction through MAP kinase cascades, *Adv Cancer Res* 74, 49-139

Li H., et Wicks W.D. (2001) Retinoblastoma protein interacts with ATF2 and JNK/p38 in stimulating the transforming growth factor-beta2 promoter, *Arch Biochem Biophys* 394(1), 1-12

Li S.J., et Hochstrasser M. (1999) A new protease required for cell-cycle progression in yeast, *Nature* 398(6724), 246-251

Li S.J., et Hochstrasser M. (2000) The yeast ULP2 (SMT4) gene encodes a novel protease specific for the ubiquitin-like Smt3 protein, *Mol Cell Biol* 20(7), 2367-2377

Li S.J., et Hochstrasser M. (2003) The Ulp1 SUMO isopeptidase: distinct domains required for viability, nuclear envelope localization, and substrate specificity, *J Cell Biol* 160(7), 1069-1081

Li X.Y., et Green M.R. (1996) Intramolecular inhibition of activating transcription factor-2 function by its DNA-binding domain, *Genes.Dev.* 10, 517-527

Li Y., Wang H., Wang S., Quon D., Liu Y.W., et Cordell B. (2003) Positive and negative regulation of APP amyloidogenesis by sumoylation, *Proc Natl Acad Sci U S A* 100(1), 259-264

Lin W.J., Gary J.D., Yang M.C., Clarke S., et Herschman H.R. (1996) The mammalian immediate-early TIS21 protein and the leukemia-associated BTG1 protein interact with a protein-arginine N-methyltransferase, *J Biol Chem* 271(25), 15034-15044

Lin X., Sun B., Liang M., Liang Y.Y., Gast A., Hildebrand J., Brunicardi F.C., Melchior F., et Feng X.H. (2003) Opposed regulation of corepressor CtBP by SUMOylation and PDZ binding, *Mol Cell* 11(5), 1389-1396

Litt M.D., Simpson M., Gaszner M., Allis C.D., et Felsenfeld G. (2001) Correlation between histone lysine methylation and developmental changes at the chicken beta-globin locus, *Science* 293(5539), 2453-2455

Liu B., Liao J., Rao X., Kushner S.A., Chung C.D., Chang D.D., et Shuai K. (1998a) Inhibition of Stat1-mediated gene activation by PIAS1, *Proc Natl Acad Sci U S A* 95(18), 10626-10631

Liu B., et Shuai K. (2001) Induction of apoptosis by protein inhibitor of activated Stat1 through c-Jun NH2-terminal kinase activation, *J Biol Chem* 276(39), 36624-36631

Liu D., Ishima R., Tong K.I., Bagby S., Kokubo T., Muhandiram D.R., Kay L.E., Nakatani Y., et Ikura M. (1998b) Solution structure of a TBP-TAF(II)230 complex: protein mimicry of the minor groove surface of the TATA box unwound by TBP, *Cell* 94(5), 573-583

Liu F., et Green M.R. (1990a) A mechanism for synergistic activation of a mammalian gene by GAL4 derivatives, *Nature* 345, 361-364

Liu F., et Green M.R. (1990b) A specific member of the ATF transcription factor family can mediate transcription activation by the adenovirus E1a protein, *Cell* 61, 1217-1224

Liu F., et Green M.R. (1993) Eukaryotic activators function during multiple steps of preinitiation complex assembly, *Nature* 366, 531-536

Liu H., Dibling B., Spike B., Dirlam A., et Macleod K. (2004) New roles for the RB tumor suppressor protein, *Curr Opin Genet Dev* 14(1), 55-64

Lively T.N., Ferguson H.A., Galasinski S.K., Seto A.G., et Goodrich J.A. (2001) c-Jun binds the N terminus of human TAF(II)250 to derepress RNA polymerase II transcription in vitro, *J Biol Chem* 276(27), 25582-25588

Lively T.N., Nguyen T.N., Galasinski S.K., et Goodrich J.A. (2004) The basic leucine zipper domain of c-Jun functions in transcriptional activation through interaction with the N terminus of human TATA-binding protein-associated factor-1 (human TAF(II)250), *J Biol Chem* 279(25), 26257-26265

Livingstone C., Patel G., et Jones N. (1995) ATF-2 contains a phosphorylation-dependent transcriptional activation domain, *EMBO J.* Vol 14, Iss 8, 1785-1797

Lo W.S., Trievel R.C., Rojas J.R., Duggan L., Hsu J.Y., Allis C.D., Marmorstein R., et Berger S.L. (2000) Phosphorylation of serine 10 in histone H3 is functionally linked in vitro and in vivo to Gcn5-mediated acetylation at lysine 14, *Mol Cell* 5(6), 917-926

Lorch Y., Beve J., Gustafsson C.M., Myers L.C., et Kornberg R.D. (2000) Mediator-nucleosome interaction, *Mol Cell* 6(1), 197-201

Lorch Y., Cairns B.R., Zhang M., et Kornberg R.D. (1998) Activated RSC-nucleosome complex and persistently altered form of the nucleosome, *Cell* 94(1), 29-34

Lorch Y., Zhang M., et Kornberg R.D. (1999) Histone octamer transfer by a chromatin-remodeling complex, *Cell* 96(3), 389-392

Lu H., Zawel L., Fisher L., Egly J.M., et Reinberg D. (1992) Human general transcription factor IIH phosphorylates the C-terminal domain of RNA polymerase II [see comments], *Nature* 358, 641-645

Lutz P., Rosa-Calatrava M., et Kedinger C. (1997) The product of the adenovirus intermediate gene IX is a transcriptional activator, *J. Virol.* 71, 5102-5109

MacLean F.R., Skinner R., Hall A.G., English M., et Pearson A.D. (1998) Acute changes in urine protein excretion may predict chronic ifosfamide nephrotoxicity: a preliminary observation, *Cancer Chemother Pharmacol* 41(5), 413-416

Madhani H.D., et Fink G.R. (1998) The riddle of MAP kinase signaling specificity, *Trends Genet* 14(4), 151-155

Maeda D., Seki M., Onoda F., Branzei D., Kawabe Y., et Enomoto T. (2004) Ubc9 is required for damage-tolerance and damage-induced interchromosomal homologous recombination in S. cerevisiae, *DNA Repair (Amst)* 3(3), 335-341

Maekawa T., Bernier F., Sato M., Nomura S., Singh M., Inoue Y., Tokunaga T., Imai H., Yokoyama M., Reimold A., Glimcher L.H., et Ishii S. (1999) Mouse ATF-2 null mutants display features of a severe type of meconium aspiration syndrome, *J Biol Chem* 274(25), 17813-17819

Maekawa T., Sakura H., Kanei-Ishii C., Sudo T., Yoshimura T., Fujisawa J., Yoshida M., et Ishii S. (1989) Leucine zipper structure of the protein CRE-BP1 binding to the cyclic AMP response element in brain, *EMBO.J.* 8, 2023-2028

Maga G., et Hubscher U. (2003) Proliferating cell nuclear antigen (PCNA): a dancer with many partners, *J Cell Sci* 116(Pt 15), 3051-3060

Mahajan R., Delphin C., Guan T., Gerace L., et Melchior F. (1997) A small ubiquitin-related polypeptide involved in targeting RanGAP1 to nuclear pore complex protein RanBP2, *Cell* 88(1), 97-107

Malik S., Gu W., Wu W., Qin J., et Roeder R.G. (2000) The USA-derived transcriptional coactivator PC2 is a submodule of TRAP/SMCC and acts synergistically with other PCs, *Mol Cell* 5(4), 753-760

Malik S., Guermah M., et Roeder R.G. (1998) A dynamic model for PC4 coactivator function in RNA polymerase II transcription, *Proc Natl Acad Sci U S A* 95(5), 2192-2197

Malik S., et Roeder R.G. (2000) Transcriptional regulation through Mediator-like coactivators in yeast and metazoan cells, *Trends Biochem Sci* 25(6), 277-283

Mannen H., Tseng H.M., Cho C.L., et Li S.S. (1996) Cloning and expression of human homolog HSMT3 to yeast SMT3 suppressor of MIF2 mutations in a centromere protein gene, *Biochem Biophys Res Commun* 222(1), 178-180

Marcus S., Polverino A., Barr M., et Wigler M. (1994) Complexes between STE5 and components of the pheromone-responsive mitogen-activated protein kinase module, *Proc Natl Acad Sci U S A* 91(16), 7762-7766

Marinissen M.J., Chiariello M., Pallante M., et Gutkind J.S. (1999) A network of mitogen-activated protein kinases links G protein-coupled receptors to the c-jun promoter: a role for c-Jun NH2-terminal kinase, p38s, and extracellular signal-regulated kinase 5, *Mol Cell Biol* 19(6), 4289-4301

Marks P.A., Miller T., et Richon V.M. (2003) Histone deacetylases, *Curr Opin Pharmacol* 3(4), 344-351

Marks P.A., Richon V.M., Kelly W.K., Chiao J.H., et Miller T. (2004) Histone deacetylase inhibitors: development as cancer therapy, *Novartis Found Symp* 259, 269-281; discussion 281-268

Martianov I., Brancorsini S., Gansmuller A., Parvinen M., Davidson I., et Sassone-Corsi P. (2002) Distinct functions of TBP and TLF/TRF2 during spermatogenesis: requirement of TLF for heterochromatic chromocenter formation in haploid round spermatids, *Development* 129(4), 945-955

Martianov I., Fimia G.M., Dierich A., Parvinen M., Sassone-Corsi P., et Davidson I. (2001) Late arrest of spermiogenesis and germ cell apoptosis in mice lacking the TBP-like TLF/TRF2 gene, *Mol Cell* 7(3), 509-515

Martinez E. (2002) Multi-protein complexes in eukaryotic gene transcription, *Plant Mol Biol* 50(6), 925-947

Martinez E., Palhan V.B., Tjernberg A., Lymar E.S., Gamper A.M., Kundu T.K., Chait B.T., et Roeder R.G. (2001) Human STAGA complex is a chromatin-acetylating transcription coactivator that interacts with pre-mRNA splicing and DNA damage-binding factors in vivo, *Mol Cell Biol* 21(20), 6782-6795

Masquilier D., et Sassone-Corsi P. (1992) Transcriptional cross-talk: nuclear factors CREM and CREB bind to AP-1 sites and inhibit activation by Jun, *J.Biol.Chem.* 267, 22460-22466

Matsuda S., Maekawa T., et Ishii S. (1991) Identification of the functional domains of the transcriptional regulator CRE-BP1, *J.Biol.Chem.* 266, 18188-18193

Matsui T., Segall J., Weil P.A., et Roeder R.G. (1980) Multiple factors required for accurate initiation of transcription by purified RNA polymerase II, *J.Biol.Chem.* 255, 11992-11996

190

Matunis M.J., Coutavas E., et Blobel G. (1996) A novel ubiquitin-like modification modulates the partitioning of the Ran-GTPase-activating protein RanGAP1 between the cytosol and the nuclear pore complex, *J Cell Biol* 135(6 Pt 1), 1457-1470

Matunis M.J., Wu J., et Blobel G. (1998) SUMO-1 modification and its role in targeting the Ran GTPase-activating protein, RanGAP1, to the nuclear pore complex, *J Cell Biol* 140(3), 499-509

May M., Mengus G., Lavigne A.C., Chambon P., et Davidson I. (1996) Human TAF(II28) promotes transcriptional stimulation by activation function 2 of the retinoid X receptors, *EMBO Journal* 15(12), 3093-3104

Mazzarelli J.M., Mengus G., Davidson I., et Ricciardi R.P. (1997) The transactivation domain of adenovirus E1A interacts with the C terminus of human TAF(II)135, *J.Virol.* Vol 71, Iss 10, 7978-7983

McBride A.E., et Silver P.A. (2001) State of the arg: protein methylation at arginine comes of age, *Cell* 106(1), 5-8

McKinsey T.A., Zhang C.L., et Olson E.N. (2001) Control of muscle development by dueling HATs and HDACs, *Curr Opin Genet Dev* 11(5), 497-504

Meier R., Rouse J., Cuenda A., Nebreda A.R., et Cohen P. (1996) Cellular stresses and cytokines activate multiple mitogen-activated-protein kinase kinase homologues in PC12 and KB cells, *Eur J Biochem* 236(3), 796-805

Melchior F. (2000) SUMO--nonclassical ubiquitin, *Annu Rev Cell Dev Biol* 16, 591-626

Melchior F., Schergaut M., et Pichler A. (2003) SUMO: ligases, isopeptidases and nuclear pores, *Trends Biochem Sci* 28(11), 612-618

Mendoza H.M., Shen L.N., Botting C., Lewis A., Chen J., Ink B., et Hay R.T. (2003) NEDP1, a highly conserved cysteine protease that deNEDDylates Cullins, *J Biol Chem* 278(28), 25637-25643

Meneghini M.D., Ishitani T., Carter J.C., Hisamoto N., Ninomiya-Tsuji J., Thorpe C.J., Hamill D.R., Matsumoto K., et Bowerman B. (1999) MAP kinase and Wnt pathways converge to downregulate an HMG-domain repressor in Caenorhabditis elegans, *Nature* 399(6738), 793-797

Mengus G., Gangloff Y.G., Carre L., Lavigne A.C., et Davidson I. (2000) The human transcription factor IID subunit human TATA-binding protein-associated factor 28 interacts in a ligand-reversible manner with the vitamin D(3) and thyroid hormone receptors, *Journal of Biological Chemistry* 275(14), 10064-10071

Mercer K.E., et Pritchard C.A. (2003) Raf proteins and cancer: B-Raf is identified as a mutational target, *Biochim Biophys Acta* 1653(1), 25-40

Mermod N., O'Neill E.A., Kelly T.J., et Tjian R. (1989) The proline-rich transcriptional activator of CTF/NF-I is distinct from the replication and DNA binding domain, *Cell* 58, 741-753

Minty A., Dumont X., Kaghad M., et Caput D. (2000) Covalent modification of p73alpha by SUMO-1. Two-hybrid screening with p73 identifies novel SUMO-1-interacting proteins and a SUMO-1 interaction motif, *J Biol Chem* 275(46), 36316-36323

Miranda T.B., Miranda M., Frankel A., et Clarke S. (2004) PRMT7 is a member of the protein arginine methyltransferase family with a distinct substrate specificity, *J Biol Chem* 279(22), 22902-22907

Misteli T. (2004) Spatial positioning; a new dimension in genome function, *Cell* 119(2), 153-156

Mitton K.P., Swain P.K., Khanna H., Dowd M., Apel I.J., et Swaroop A. (2003) Interaction of retinal bZIP transcription factor NRL with Flt3-interacting zinc-finger protein Fiz1: possible role of Fiz1 as a transcriptional repressor, *Hum Mol Genet* 12(4), 365-373

Miyauchi Y., Yogosawa S., Honda R., Nishida T., et Yasuda H. (2002) Sumoylation of Mdm2 by protein inhibitor of activated STAT (PIAS) and RanBP2 enzymes, *J Biol Chem* 277(51), 50131-50136

Mizukami Y., Yoshioka K., Morimoto S., et Yoshida K. (1997) A novel mechanism of JNK1 activation. Nuclear translocation and activation of JNK1 during ischemia and reperfusion, *J Biol Chem* 272(26), 16657-16662

Mohr S.E., et Boswell R.E. (1999) Zimp encodes a homologue of mouse Miz1 and PIAS3 and is an essential gene in Drosophila melanogaster, *Gene* 229(1-2), 109-116

Moilanen A.M., Karvonen U., Poukka H., Yan W., Toppari J., Janne O.A., et Palvimo J.J. (1999) A testis-specific androgen receptor coregulator that belongs to a novel family of nuclear proteins, *J Biol Chem* 274(6), 3700-3704

Montminy M.R., et Bilezikjian L.M. (1987) Binding of a nuclear protein to the cyclic-AMP response element of the somatostatin gene, *Nature* 328, 175-178

Moore P.A., Ozer J., Salunek M., Jan G., Zerby D., Campbell S., et Lieberman P.M. (1999) A human TATA binding protein-related protein with altered DNA binding specificity inhibits transcription from multiple promoters and activators, *Mol Cell Biol* 19(11), 7610-7620

Moqtaderi Z., Bai Y., Poon D., Weil P.A., et Struhl K. (1996) TBP-associated factors are not generally required for transcriptional activation in yeast, *Nature* Vol 383, Iss 6596, 188-191

Mossessova E., et Lima C.D. (2000) Ulp1-SUMO crystal structure and genetic analysis reveal conserved interactions and a regulatory element essential for cell growth in yeast, *Mol Cell* 5(5), 865-876

Muller S., Berger M., Lehembre F., Seeler J.S., Haupt Y., et Dejean A. (2000) c-Jun and p53 activity is modulated by SUMO-1 modification, *J Biol Chem* 275(18), 13321-13329

Muller S., et Dejean A. (1999) Viral immediate-early proteins abrogate the modification by SUMO-1 of PML and Sp100 proteins, correlating with nuclear body disruption, *J Virol* 73(6), 5137-5143

Muller S., Hoege C., Pyrowolakis G., et Jentsch S. (2001) SUMO, ubiquitin's mysterious cousin, *Nat Rev Mol Cell Biol* 2(3), 202-210

Muller S., Ledl A., et Schmidt D. (2004) SUMO: a regulator of gene expression and genome integrity, *Oncogene* 23(11), 1998-2008

Muller S., Matunis M.J., et Dejean A. (1998) Conjugation with the ubiquitin-related modifier SUMO-1 regulates the partitioning of PML within the nucleus, *Embo J* 17(1), 61-70

Muller W.J., Dufort D., et Hassell J.A. (1988) Multiple subelements within the polyomavirus enhancer function synergistically to activate DNA replication, *Mol.Cell.Biol.* 8, 5000-5015

Munz C., Psichari E., Mandilis D., Lavigne A.C., Spiliotaki M., Oehler T., Davidson I., Tora L., Angel P., et Pintzas A. (2003) TAF7 (TAFII55) plays a role in the transcription activation by c-Jun, *J Biol Chem* 278(24), 21510-21516

Naar A.M., Lemon B.D., et Tjian R. (2001) Transcriptional coactivator complexes, *Annu Rev Biochem* 70, 475-501

Nakajima N., Horikoshi M., et Roeder R.G. (1988) Factors involved in specific transcription by mammalian RNA polymerase II: purification, genetic specificity, and TATA box-promoter interactions of TFIID, *Mol.Cell.Biol.* 8, 4028-4040

Narlikar G.J., Fan H.Y., et Kingston R.E. (2002) Cooperation between complexes that regulate chromatin structure and transcription, *Cell* 108(4), 475-487

Neuwald A.F., et Landsman D. (1997) GCN5-related histone N-acetyltransferases belong to a diverse superfamily that includes the yeast SPT10 protein, *Trends Biochem Sci* 22(5), 154-155

Nevins J.R. (1992) E2F: a link between the Rb tumor suppressor protein and viral oncoproteins, *Science* 258(5081), 424-429

Newman J.R., et Keating A.E. (2003) Comprehensive identification of human bZIP interactions with coiled-coil arrays, *Science* 300(5628), 2097-2101

Newman S.P., Bates N.P., Vernimmen D., Parker M.G., et Hurst H.C. (2000) Cofactor competition between the ligand-bound oestrogen receptor and an intron 1 enhancer leads to oestrogen repression of ERBB2 expression in breast cancer, *Oncogene* 19(4), 490-497

Nielsen S.J., Schneider R., Bauer U.M., Bannister A.J., Morrison A., O'Carroll D., Firestein R., Cleary M., Jenuwein T., Herrera R.E., et Kouzarides T. (2001) Rb targets histone H3 methylation and HP1 to promoters, *Nature* 412(6846), 561-565

Nikolov D.B., Chen H., Halay E.D., Usheva A.A., Hisatake K., Lee D.K., Roeder R.G., et Burley S.K. (1995) Crystal structure of a TFIIB-TBP-TATA-element ternary complex, *Nature.* 377, 119-128

Nishida T., Kaneko F., Kitagawa M., et Yasuda H. (2001) Characterization of a novel mammalian SUMO-1/Smt3-specific isopeptidase, a homologue of rat axam, which is an axin-binding protein promoting beta-catenin degradation, *J Biol Chem* 276(42), 39060-39066

Nishida T., Tanaka H., et Yasuda H. (2000) A novel mammalian Smt3-specific isopeptidase 1 (SMT3IP1) localized in the nucleolus at interphase, *Eur J Biochem* 267(21), 6423-6427

Nissen R.M., et Yamamoto K.R. (2000) The glucocorticoid receptor inhibits NFkappaB by interfering with serine-2 phosphorylation of the RNA polymerase II carboxy-terminal domain, *Genes Dev* 14(18), 2314-2329

Noma K., Allis C.D., et Grewal S.I. (2001) Transitions in distinct histone H3 methylation patterns at the heterochromatin domain boundaries, *Science* 293(5532), 1150-1155

Nomura N., Zu Y.L., Maekawa T., Tabata S., Akiyama T., et Ishii S. (1993) Isolation and characterization of a novel member of the gene family encoding the cAMP response element-binding protein CRE-BP1, *J.Biol.Chem.* 268, 4259-4266

Ohsumi Y. (1999) Molecular mechanism of autophagy in yeast, Saccharomyces cerevisiae, *Philos Trans R Soc Lond B Biol Sci* 354(1389), 1577-1580; discussion 1580-1571

Okuma T., Honda R., Ichikawa G., Tsumagari N., et Yasuda H. (1999) In vitro SUMO-1 modification requires two enzymatic steps, E1 and E2, *Biochem Biophys Res Commun* 254(3), 693-698

Okura T., Gong L., Kamitani T., Wada T., Okura I., Wei C.F., Chang H.M., et Yeh E.T. (1996) Protection against Fas/APO-1- and tumor necrosis factor-mediated cell death by a novel protein, sentrin, *J Immunol* 157(10), 4277-4281

Ono K., et Han J. (2000) The p38 signal transduction pathway: activation and function, *Cell Signal* 12(1), 1-13

Orphanides G., Lagrange T., et Reinberg D. (1996) The general transcription factors of RNA polymerase II, *Gene Develop.* Vol 10, Iss 21, 2657-2683

Orphanides G., et Reinberg D. (2002) A unified theory of gene expression, *Cell* 108(4), 439-451

Orth K., Xu Z., Mudgett M.B., Bao Z.Q., Palmer L.E., Bliska J.B., Mangel W.F., Staskawicz B., et Dixon J.E. (2000) Disruption of signaling by Yersinia effector YopJ, a ubiquitin-like protein protease, *Science* 290(5496), 1594-1597

Panse V.G., Kuster B., Gerstberger T., et Hurt E. (2003) Unconventional tethering of Ulp1 to the transport channel of the nuclear pore complex by karyopherins, *Nat Cell Biol* 5(1), 21-27

Parker C.S., et Topol J. (1984) A Drosophila RNA polymerase II transcription factor contains a promoter- region-specific DNA-binding activity, *Cell.* 36, 357-369

Parkinson J., et Everett R.D. (2000) Alphaherpesvirus proteins related to herpes simplex virus type 1 ICP0 affect cellular structures and proteins, *J Virol* 74(21), 10006-10017

Parthun M.R., Widom J., et Gottschling D.E. (1996) The major cytoplasmic histone acetyltransferase in yeast: links to chromatin replication and histone metabolism, *Cell* 87(1), 85-94

Parvin J.D., et Young R.A. (1998) Regulatory targets in the RNA polymerase II holoenzyme, *Curr Opin Genet Dev* 8(5), 565-570

Patrosso M.C., Repetto M., Villa A., Milanesi L., Frattini A., Faranda S., Mancini M., Maestrini E., Toniolo D., et Vezzoni P. (1994) The exon-intron organization of the human X-linked gene (FLN1) encoding actin-binding protein 280, *Genomics* 21(1), 71-76

Pearson G., Robinson F., Beers Gibson T., Xu B.E., Karandikar M., Berman K., et Cobb M.H. (2001) Mitogen-activated protein (MAP) kinase pathways: regulation and physiological functions, *Endocr Rev* 22(2), 153-183

Perdomo J., Verger A., Turner J., et Crossley M. (2005) Role for SUMO modification in facilitating transcriptional repression by BKLF, *Mol Cell Biol* 25(4), 1549-1559

Persengiev S.P., Zhu X., Dixit B.L., Maston G.A., Kittler E.L., et Green M.R. (2003) TRF3, a TATA-box-binding protein-related factor, is vertebrate-specific and widely expressed, *Proc Natl Acad Sci U S A* 100(25), 14887-14891

Pescini R., Kaszubska W., Whelan J., De Lamarter J.F., et Hooft van Huijsduijnen R. (1994) ATF-a0, a novel variant of the ATF/CREB transcription factor family, forms a dominant transcription inhibitor in ATF-a heterodimers, *J.Biol.Chem.* 269, 1159-1165

Peterson C.L., et Laniel M.A. (2004) Histones and histone modifications, *Curr Biol* 14(14), R546-551

Pichler A., Gast A., Seeler J.S., Dejean A., et Melchior F. (2002) The nucleoporin RanBP2 has SUMO1 E3 ligase activity, *Cell* 108(1), 109-120

Poglitsch C.L., Meredith G.D., Gnatt A.L., Jensen G.J., Chang W.H., Fu J., et Kornberg R.D. (1999) Electron crystal structure of an RNA polymerase II transcription elongation complex, *Cell* 98(6), 791-798

Poot R.A., Dellaire G., Hulsmann B.B., Grimaldi M.A., Corona D.F., Becker P.B., Bickmore W.A., et Varga-Weisz P.D. (2000) HuCHRAC, a human ISWI chromatin remodelling complex contains hACF1 and two novel histone-fold proteins, *Embo J* 19(13), 3377-3387

Poukka H., Karvonen U., Janne O.A., et Palvimo J.J. (2000) Covalent modification of the androgen receptor by small ubiquitin-like modifier 1 (SUMO-1), *Proc Natl Acad Sci U S A* 97(26), 14145-14150

Pountney D.L., Huang Y., Burns R.J., Haan E., Thompson P.D., Blumbergs P.C., et Gai W.P. (2003) SUMO-1 marks the nuclear inclusions in familial neuronal intranuclear inclusion disease, *Exp Neurol* 184(1), 436-446

Powell D.W., Weaver C.M., Jennings J.L., McAfee K.J., He Y., Weil P.A., et Link A.J. (2004) Cluster analysis of mass spectrometry data reveals a novel component of SAGA, *Mol Cell Biol* 24(16), 7249-7259

Pray-Grant M.G., Schieltz D., McMahon S.J., Wood J.M., Kennedy E.L., Cook R.G., Workman J.L., Yates J.R., 3rd, et Grant P.A. (2002) The novel SLIK histone acetyltransferase complex functions in the yeast retrograde response pathway, *Mol Cell Biol* 22(24), 8774-8786

Ptashne M. (1988) How eukaryotic transcriptional activators work, *Nature*. 335, 683-689

Ptashne M., et Gann A.A. (1990) Activators and targets, *Nature* 346, 329-331

Qi C., Chang J., Zhu Y., Yeldandi A.V., Rao S.M., et Zhu Y.J. (2002) Identification of protein arginine methyltransferase 2 as a coactivator for estrogen receptor alpha, *J Biol Chem* 277(32), 28624-28630

Quinn J., Fyrberg A.M., Ganster R.W., Schmidt M.C., et Peterson C.L. (1996) DNA-binding properties of the yeast SWI/SNF complex, *Nature* 379(6568), 844-847

Rabenstein M.D., Zhou S., Lis J.T., et Tjian R. (1999) TATA box-binding protein (TBP)-related factor 2 (TRF2), a third member of the TBP family, *Proc Natl Acad Sci U S A* 96(9), 4791-4796

Raingeaud J., Gupta S., Rogers J.S., Dickens M., Han J., Ulevitch R.J., et Davis R.J. (1995) Pro-inflammatory cytokines and environmental stress cause p38 mitogen-activated protein kinase activation by dual phosphorylation on tyrosine and threonine, *J Biol Chem* 270(13), 7420-7426

Raman M., et Cobb M.H. (2003) MAP kinase modules: many roads home, *Curr Biol* 13(22), R886-888

Ranish J.A., Hahn S., Lu Y., Yi E.C., Li X.J., Eng J., et Aebersold R. (2004) Identification of TFB5, a new component of general transcription and DNA repair factor IIH, *Nat Genet* 36(7), 707-713

Rea S., Eisenhaber F., O'Carroll D., Strahl B.D., Sun Z.W., Schmid M., Opravil S., Mechtler K., Ponting C.P., Allis C.D., et Jenuwein T. (2000) Regulation of chromatin structure by site-specific histone H3 methyltransferases, *Nature* 406(6796), 593-599

Reardon J.T., Ge H., Gibbs E., Sancar A., Hurwitz J., et Pan Z.Q. (1996) Isolation and characterization of two human transcription factor IIH (TFIIH)-related complexes: ERCC2/CAK and TFIIH, *Proc.Natl.Acad.Sci.USA.* Vol 93, Iss 13, 6482-6487

Reddy P., et Hahn S. (1991) Dominant negative mutations in yeast TFIID define a bipartite DNA-binding region, *Cell* 65(2), 349-357

Reese B.E., Bachman K.E., Baylin S.B., et Rountree M.R. (2003) The methyl-CpG binding protein MBD1 interacts with the p150 subunit of chromatin assembly factor 1, *Mol Cell Biol* 23(9), 3226-3236

Reimold A.M., Grusby M.J., Kosaras B., Fries J.W.U., Mori R., Maniwa S., 55/0/24 B., Collins T., Sidman R.L., Glimcher M.J., et Glimcher L.H. (1996) Chondrodysplasia and neurological abnormalities in ATF-2- deficient mice, *Nature* Vol 379, Iss 6562, 262-265

Reinberg D., Horikoshi M., et Roeder R.G. (1987) Factors involved in specific transcription in mammalian RNA polymerase II. Functional analysis of initiation factors IIA and IID and identification of a new factor operating at sequences downstream of the initiation site, *J Biol Chem* 262(7), 3322-3330

Reines D., Conaway R.C., et Conaway J.W. (1999) Mechanism and regulation of transcriptional elongation by RNA polymerase II, *Curr Opin Cell Biol* 11(3), 342-346

Risinger M.A., et Groden J. (2004) Crosslinks and crosstalk: human cancer syndromes and DNA repair defects, *Cancer Cell* 6(6), 539-545

Roberts S.G., et Green M.R. (1994) Activator-induced conformational change in general transcription factor TFIIB, *Nature.* 371, 717-720

Rochat-Steiner V., Becker K., Micheau O., Schneider P., Burns K., et Tschopp J. (2000) FIST/HIPK3: a Fas/FADD-interacting serine/threonine kinase that induces FADD phosphorylation and inhibits fas-mediated Jun NH(2)-terminal kinase activation, *J Exp Med* 192(8), 1165-1174

Rodriguez M.S., Dargemont C., et Hay R.T. (2001) SUMO-1 conjugation in vivo requires both a consensus modification motif and nuclear targeting, *J Biol Chem* 276(16), 12654-12659

Rodriguez M.S., Desterro J.M., Lain S., Midgley C.A., Lane D.P., et Hay R.T. (1999) SUMO-1 modification activates the transcriptional response of p53, *Embo J* 18(22), 6455-6461

Rodriguez-Navarro S., Fischer T., Luo M.J., Antunez O., Brettschneider S., Lechner J., Perez-Ortin J.E., Reed R., et Hurt E. (2004) Sus1, a functional component of the SAGA histone acetylase complex and the nuclear pore-associated mRNA export machinery, *Cell* 116(1), 75-86

Roeder R.G. (1996) The role of general initiation factors in transcription by RNA polymerase II, *Trends.Biochem.Sci.* 21, 327-335

Roeder R.G. (1998) Role of general and gene-specific cofactors in the regulation of eukaryotic transcription, *Cold Spring Harb Symp Quant Biol* 63, 201-218

Rogers R.S., Horvath C.M., et Matunis M.J. (2003) SUMO modification of STAT1 and its role in PIAS-mediated inhibition of gene activation, *J Biol Chem* 278(32), 30091-30097

Rosa-Calatrava M., Grave L., Puvion-Dutilleul F., Chatton B., et Kedinger C. (2001) Functional analysis of adenovirus protein IX identifies domains involved in capsid stability, transcriptional activity, and nuclear reorganization, *J Virol* 75(15), 7131-7141

Rosa-Calatrava M., Puvion-Dutilleul F., Lutz P., Dreyer D., de The H., Chatton B., et Kedinger C. (2003) Adenovirus protein IX sequesters host-cell promyelocytic leukaemia protein and contributes to efficient viral proliferation, *EMBO Rep* 4(10), 969-975

Ross S., Best J.L., Zon L.I., et Gill G. (2002) SUMO-1 modification represses Sp3 transcriptional activation and modulates its subnuclear localization, *Mol Cell* 10(4), 831-842

Rossignol M., Kolb-Cheynel I., et Egly J.M. (1997) Substrate specificity of the cdk-activating kinase (CAK) is altered upon association with TFIIH, *EMBO J.* 16, 1628-1637

Roth S.Y., Denu J.M., et Allis C.D. (2001) Histone acetyltransferases, *Annu Rev Biochem* 70, 81-120

Rouse J., Cohen P., Trigon S., Morange M., Alonso-Llamazares A., Zamanillo D., Hunt T., et Nebreda A.R. (1994) A novel kinase cascade triggered by stress and heat shock that stimulates MAPKAP kinase-2 and phosphorylation of the small heat shock proteins, *Cell* 78(6), 1027-1037

Roux P.P., et Blenis J. (2004) ERK and p38 MAPK-activated protein kinases: a family of protein kinases with diverse biological functions, *Microbiol Mol Biol Rev* 68(2), 320-344

Ruau D., Duarte J., Ourjdal T., Perriere G., Laudet V., et Robinson-Rechavi M. (2004) Update of NUREBASE: nuclear hormone receptor functional genomics, *Nucleic Acids Res* 32(Database issue), D165-167

Ryan R.F., Schultz D.C., Ayyanathan K., Singh P.B., Friedman J.R., Fredericks W.J., et Rauscher F.J., 3rd. (1999) KAP-1 corepressor protein interacts and colocalizes with heterochromatic and euchromatic HP1 proteins: a potential role for Kruppel-associated box-zinc finger proteins in heterochromatin-mediated gene silencing, *Mol Cell Biol* 19(6), 4366-4378

Sabapathy K., Jochum W., Hochedlinger K., Chang L., Karin M., et Wagner E.F. (1999) Defective neural tube morphogenesis and altered apoptosis in the absence of both JNK1 and JNK2, *Mech Dev* 89(1-2), 115-124

Sachdev S., Bruhn L., Sieber H., Pichler A., Melchior F., et Grosschedl R. (2001) PIASy, a nuclear matrix-associated SUMO E3 ligase, represses LEF1 activity by sequestration into nuclear bodies, *Genes Dev* 15(23), 3088-3103

Saito S., Goodarzi A.A., Higashimoto Y., Noda Y., Lees-Miller S.P., Appella E., et Anderson C.W. (2002) ATM mediates phosphorylation at multiple p53 sites, including Ser(46), in response to ionizing radiation, *J Biol Chem* 277(15), 12491-12494

Saitoh H., et Hinchey J. (2000) Functional heterogeneity of small ubiquitin-related protein modifiers SUMO-1 versus SUMO-2/3, *J Biol Chem* 275(9), 6252-6258

Saitoh H., Pu R., Cavenagh M., et Dasso M. (1997) RanBP2 associates with Ubc9p and a modified form of RanGAP1, *Proc Natl Acad Sci U S A* 94(8), 3736-3741

Sakai T., Ohtani N., McGee T.L., Robbins P.D., et Dryja T.P. (1991) Oncogenic germ-line mutations in Sp1 and ATF sites in the human retinoblastoma gene, *Nature* 353, 83-86

Salinas S., Briancon-Marjollet A., Bossis G., Lopez M.A., Piechaczyk M., Jariel-Encontre I., Debant A., et Hipskind R.A. (2004) SUMOylation regulates nucleo-cytoplasmic shuttling of Elk-1, *J Cell Biol* 165(6), 767-773

Sanders S.L., Jennings J., Canutescu A., Link A.J., et Weil P.A. (2002) Proteomics of the eukaryotic transcription machinery: identification of proteins associated with components of yeast TFIID by multidimensional mass spectrometry, *Mol Cell Biol* 22(13), 4723-4738

Sapetschnig A., Rischitor G., Braun H., Doll A., Schergaut M., Melchior F., et Suske G. (2002) Transcription factor Sp3 is silenced through SUMO modification by PIAS1, *Embo J* 21(19), 5206-5215

Sassone-Corsi P. (1995) Transcription factors responsive to cAMP, *Annu Rev Cell Dev Biol* 11, 355-377

Sayre M.H., Tschochner H., et Kornberg R.D. (1992) Reconstitution of transcription with five purified initiation factors and RNA polymerase II from Saccharomyces cerevisiae, *J Biol Chem* 267(32), 23376-23382

Schmidt D., et Muller S. (2002) Members of the PIAS family act as SUMO ligases for c-Jun and p53 and repress p53 activity, *Proc Natl Acad Sci U S A* 99(5), 2872-2877

Schmidt D., et Muller S. (2003) PIAS/SUMO: new partners in transcriptional regulation, *Cell Mol Life Sci* 60(12), 2561-2574

Schnitzler G., Sif S., et Kingston R.E. (1998) Human SWI/SNF interconverts a nucleosome between its base state and a stable remodeled state, *Cell* 94(1), 17-27

Schurter B.T., Koh S.S., Chen D., Bunick G.J., Harp J.M., Hanson B.L., Henschen-Edman A., Mackay D.R., Stallcup M.R., et Aswad D.W. (2001) Methylation of histone H3 by coactivator-associated arginine methyltransferase 1, *Biochemistry* 40(19), 5747-5756

Seeler J.S., et Dejean A. (2001) SUMO: of branched proteins and nuclear bodies, *Oncogene* 20(49), 7243-7249

Seeler J.S., et Dejean A. (2003) Nuclear and unclear functions of SUMO, *Nat Rev Mol Cell Biol* 4(9), 690-699

Selleck W., Howley R., Fang Q., Podolny V., Fried M.G., Buratowski S., et Tan S. (2001) A histone fold TAF octamer within the yeast TFIID transcriptional coactivator, *Nat Struct Biol* 8(8), 695-700

Seroz T., Perez C., Bergmann E., Bradsher J., et Egly J.M. (2000) p44/SSL1, the regulatory subunit of the XPD/RAD3 helicase, plays a crucial role in the transcriptional activity of TFIIH, *J Biol Chem* 275(43), 33260-33266

Seufert W., Futcher B., et Jentsch S. (1995) Role of a ubiquitin-conjugating enzyme in degradation of S- and M-phase cyclins, *Nature* 373(6509), 78-81

Shao H., Revach M., Moshonov S., Tzuman Y., Gazit K., Albeck S., Unger T., et Dikstein R. (2005) Core promoter binding by histone-like TAF complexes, *Mol Cell Biol* 25(1), 206-219

Sharrocks A.D., Yang S.H., et Galanis A. (2000) Docking domains and substrate-specificity determination for MAP kinases, *Trends Biochem Sci* 25(9), 448-453

Shayeghi M., Doe C.L., Tavassoli M., et Watts F.Z. (1997) Characterisation of Schizosaccharomyces pombe rad31, a UBA-related gene required for DNA damage tolerance, *Nucleic Acids Res* 25(6), 1162-1169

Shen Z., Pardington-Purtymun P.E., Comeaux J.C., Moyzis R.K., et Chen D.J. (1996) UBL1, a human ubiquitin-like protein associating with human RAD51/RAD52 proteins, *Genomics* 36(2), 271-279

Shenk T., et Flint J. (1991) Transcriptional and transforming activities of the adenovirus E1A proteins, *Adv Cancer Res* 57, 47-85

Shiio Y., et Eisenman R.N. (2003) Histone sumoylation is associated with transcriptional repression, *Proc Natl Acad Sci U S A* 100(23), 13225-13230

Shikama N., Lyon J., et La Thangue N.B. (1997) The p300/CBP family: integrating signals with transcription factors and chromatin, *Trends in Cell Biology* 7(6), 230-236

Shuai K. (2000) Modulation of STAT signaling by STAT-interacting proteins, *Oncogene* 19(21), 2638-2644

Smale S.T. (1994) Core promoter architecture for eukaryotic protein-coding genes. In: Conaway R.C., et Conaway J.W. (eds). *Transcription: Mechanisms and regulation.*, Raven Press, New York

Smith R.L., et Johnson A.D. (2000) Turning genes off by Ssn6-Tup1: a conserved system of transcriptional repression in eukaryotes, *Trends Biochem Sci* 25(7), 325-330

Snyder M., et Gerstein M. (2003) Genomics. Defining genes in the genomics era, *Science* 300(5617), 258-260

Stead K., Aguilar C., Hartman T., Drexel M., Meluh P., et Guacci V. (2003) Pds5p regulates the maintenance of sister chromatid cohesion and is sumoylated to promote the dissolution of cohesion, *J Cell Biol* 163(4), 729-741

Steffan J.S., Agrawal N., Pallos J., Rockabrand E., Trotman L.C., Slepko N., Illes K., Lukacsovich T., Zhu Y.Z., Cattaneo E., Pandolfi P.P., Thompson L.M., et Marsh J.L. (2004) SUMO modification of Huntingtin and Huntington's disease pathology, *Science* 304(5667), 100-104

Steghens J.P., Min K.L., et Bernengo J.C. (1998) Firefly luciferase has two nucleotide binding sites: effect of nucleoside monophosphate and CoA on the light-emission spectra, *Biochem J* 336 (Pt 1), 109-113

Stein S., Fritsch R., Lemaire L., et Kessel M. (1996) Checklist: vertebrate homeobox genes, *Mech Dev* 55(1), 91-108

Stelter P., et Ulrich H.D. (2003) Control of spontaneous and damage-induced mutagenesis by SUMO and ubiquitin conjugation, *Nature* 425(6954), 188-191

Sterner D.E., Belotserkovskaya R., et Berger S.L. (2002) SALSA, a variant of yeast SAGA, contains truncated Spt7, which correlates with activated transcription, *Proc Natl Acad Sci U S A* 99(18), 11622-11627

Sterner D.E., Grant P.A., Roberts S.M., Duggan L.J., Belotserkovskaya R., Pacella L.A., Winston F., Workman J.L., et Berger S.L. (1999) Functional organization of the yeast SAGA complex: distinct components involved in structural integrity, nucleosome acetylation, and TATA-binding protein interaction, *Mol Cell Biol* 19(1), 86-98

Sternsdorf T., Jensen K., Reich B., et Will H. (1999) The nuclear dot protein sp100, characterization of domains necessary for dimerization, subcellular localization, and modification by small ubiquitin-like modifiers, *J Biol Chem* 274(18), 12555-12566

Sternsdorf T., Jensen K., et Will H. (1997) Evidence for covalent modification of the nuclear dot-associated proteins PML and Sp100 by PIC1/SUMO-1, *J Cell Biol* 139(7), 1621-1634

Stoffler D., Fahrenkrog B., et Aebi U. (1999) The nuclear pore complex: from molecular architecture to functional dynamics, *Curr Opin Cell Biol* 11(3), 391-401

Strahl B.D., et Allis C.D. (2000) The language of covalent histone modifications, *Nature* 403(6765), 41-45

Strahl B.D., Briggs S.D., Brame C.J., Caldwell J.A., Koh S.S., Ma H., Cook R.G., Shabanowitz J., Hunt D.F., Stallcup M.R., et Allis C.D. (2001) Methylation of histone H4 at arginine 3 occurs in vivo and is mediated by the nuclear receptor coactivator PRMT1, *Curr Biol* 11(12), 996-1000

Strubin M., et Struhl K. (1992) Yeast and human TFIID with altered DNA-binding specificity for TATA elements, *Cell* 68, 721-730

Subramanian L., Benson M.D., et Iniguez-Lluhi J.A. (2003) A synergy control motif within the attenuator domain of CCAAT/enhancer-binding protein alpha inhibits transcriptional synergy through its PIASy-enhanced modification by SUMO-1 or SUMO-3, *J Biol Chem* 278(11), 9134-9141

Sun X.Q., Ma D.M., Sheldon M., Yeung K., et Reinberg D. (1994) Reconstitution of human TFIIA activity from recombinant polypeptides: A role in TFIID-mediated transcription, *Gene Develop.* 8, 2336-2348

Suzuki T., Yamakuni T., Hagiwara M., et Ichinose H. (2002) Identification of ATF-2 as a transcriptional regulator for the tyrosine hydroxylase gene, *J Biol Chem* 277(43), 40768-40774

Takahashi Y., Kahyo T., Toh E.A., Yasuda H., et Kikuchi Y. (2001a) Yeast Ull1/Siz1 is a novel SUMO1/Smt3 ligase for septin components and functions as an adaptor between conjugating enzyme and substrates, *J Biol Chem* 276(52), 48973-48977

Takahashi Y., Lallemand-Breitenbach V., Zhu J., et de The H. (2004) PML nuclear bodies and apoptosis, *Oncogene* 23(16), 2819-2824

Takahashi Y., Toh E.A., et Kikuchi Y. (2003) Comparative analysis of yeast PIAS-type SUMO ligases in vivo and in vitro, *J Biochem (Tokyo)* 133(4), 415-422

Takahashi Y., Toh-e A., et Kikuchi Y. (2001b) A novel factor required for the SUMO1/Smt3 conjugation of yeast septins, *Gene* 275(2), 223-231

Takechi S., et Nakayama T. (1999) Sas3 is a histone acetyltransferase and requires a zinc finger motif, *Biochem Biophys Res Commun* 266(2), 405-410

Tamaru H., et Selker E.U. (2001) A histone H3 methyltransferase controls DNA methylation in Neurospora crassa, *Nature* 414(6861), 277-283

Tan J.A., Hall S.H., Hamil K.G., Grossman G., Petrusz P., et French F.S. (2002) Protein inhibitors of activated STAT resemble scaffold attachment factors and function as interacting nuclear receptor coregulators, *J Biol Chem* 277(19), 16993-17001

Tanaka K., Nishide J., Okazaki K., Kato H., Niwa O., Nakagawa T., Matsuda H., Kawamukai M., et Murakami Y. (1999) Characterization of a fission yeast SUMO-1 homologue, pmt3p, required for multiple nuclear events, including the control of telomere length and chromosome segregation, *Mol Cell Biol* 19(12), 8660-8672

Tang J., Gary J.D., Clarke S., et Herschman H.R. (1998) PRMT 3, a type I protein arginine N-methyltransferase that differs from PRMT1 in its oligomerization, subcellular localization, substrate specificity, and regulation, *J Biol Chem* 273(27), 16935-16945

Tanno M., Bassi R., Gorog D.A., Saurin A.T., Jiang J., Heads R.J., Martin J.L., Davis R.J., Flavell R.A., et Marber M.S. (2003) Diverse mechanisms of myocardial p38 mitogen-activated protein kinase activation: evidence for MKK-independent activation by a TAB1-associated mechanism contributing to injury during myocardial ischemia, *Circ Res* 93(3), 254-261

Tanoue T., Adachi M., Moriguchi T., et Nishida E. (2000) A conserved docking motif in MAP kinases common to substrates, activators and regulators, *Nat Cell Biol* 2(2), 110-116

Tanoue T., et Nishida E. (2003) Molecular recognitions in the MAP kinase cascades, *Cell Signal* 15(5), 455-462

Tatham M.H., Chen Y., et Hay R.T. (2003a) Role of two residues proximal to the active site of Ubc9 in substrate recognition by the Ubc9.SUMO-1 thiolester complex, *Biochemistry* 42(11), 3168-3179

Tatham M.H., Jaffray E., Vaughan O.A., Desterro J.M., Botting C.H., Naismith J.H., et Hay R.T. (2001) Polymeric chains of SUMO-2 and SUMO-3 are conjugated to protein substrates by SAE1/SAE2 and Ubc9, *J Biol Chem* 276(38), 35368-35374

Tatham M.H., Kim S., Yu B., Jaffray E., Song J., Zheng J., Rodriguez M.S., Hay R.T., et Chen Y. (2003b) Role of an N-terminal site of Ubc9 in SUMO-1, -2, and -3 binding and conjugation, *Biochemistry* 42(33), 9959-9969

Taylor D.L., Ho J.C., Oliver A., et Watts F.Z. (2002) Cell-cycle-dependent localisation of Ulp1, a Schizosaccharomyces pombe Pmt3 (SUMO)-specific protease, *J Cell Sci* 115(Pt 6), 1113-1122

Teichmann M., Wang Z., Martinez E., Tjernberg A., Zhang D., Vollmer F., Chait B.T., et Roeder R.G. (1999) Human TATA-binding protein-related factor-2 (hTRF2) stably associates with hTFIIA in HeLa cells, *Proc Natl Acad Sci U S A* 96(24), 13720-13725

Terashima T., Kawai H., Fujitani M., Maeda K., et Yasuda H. (2002) SUMO-1 co-localized with mutant atrophin-1 with expanded polyglutamines accelerates intranuclear aggregation and cell death, *Neuroreport* 13(17), 2359-2364

Terui Y., Saad N., Jia S., McKeon F., et Yuan J. (2004) Dual role of sumoylation in the nuclear localization and transcriptional activation of NFAT1, *J Biol Chem* 279(27), 28257-28265

Tian S., Poukka H., Palvimo J.J., et Janne O.A. (2002) Small ubiquitin-related modifier-1 (SUMO-1) modification of the glucocorticoid receptor, *Biochem J* 367(Pt 3), 907-911

Timmers H.T., et Tora L. (2005) SAGA unveiled, *Trends Biochem Sci* 30(1), 7-10

Tjian R. (1996) The biochemistry of transcription in eukaryotes: a paradigm for multisubunit regulatory complexes, *Philos.Trans.R.Soc.Lond.B.Biol.Sci.* 351, 491-499

Tjian R., et Maniatis T. (1994) Transcriptional activation: a complex puzzle with few easy pieces, *Cell.* 77, 5-8

Tong H., Hateboer G., Perrakis A., Bernards R., et Sixma T.K. (1997) Crystal structure of murine/human Ubc9 provides insight into the variability of the ubiquitin-conjugating system, *J Biol Chem* 272(34), 21381-21387

Tong J.K., Hassig C.A., Schnitzler G.R., Kingston R.E., et Schreiber S.L. (1998) Chromatin deacetylation by an ATP-dependent nucleosome remodelling complex, *Nature* 395(6705), 917-921

Tora L. (2002) A unified nomenclature for TATA box binding protein (TBP)-associated factors (TAFs) involved in RNA polymerase II transcription, *Genes Dev* 16(6), 673-675

Tournier C., Hess P., Yang D.D., Xu J., Turner T.K., Nimnual A., Bar-Sagi D., Jones S.N., Flavell R.A., et Davis R.J. (2000) Requirement of JNK for stress-induced activation of the cytochrome c-mediated death pathway, *Science* 288(5467), 870-874

Tsai F.T., et Sigler P.B. (2000) Structural basis of preinitiation complex assembly on human pol II promoters, *Embo J* 19(1), 25-36

Turner B.M. (2002) Cellular memory and the histone code, *Cell* 111(3), 285-291

Ueda H., Goto J., Hashida H., Lin X., Oyanagi K., Kawano H., Zoghbi H.Y., Kanazawa I., et Okazawa H. (2002) Enhanced SUMOylation in polyglutamine diseases, *Biochem Biophys Res Commun* 293(1), 307-313

Ungureanu D., Vanhatupa S., Kotaja N., Yang J., Aittomaki S., Janne O.A., Palvimo J.J., et Silvennoinen O. (2003) PIAS proteins promote SUMO-1 conjugation to STAT1, *Blood* 102(9), 3311-3313

van Dam H., Duyndam M., Rottier R., Bosch A., de Vries-Smits L., Herrlich P., Zantema A., Angel P., et van der Eb A.J. (1993) Heterodimer formation of cJun and ATF-2 is responsible for induction of c-jun by the 243 amino acid adenovirus E1A protein, *EMBO J.* 12, 479-487

van Dam H., Wilhelm D., Herr I., Steffen A., Herrlich P., et Angel P. (1995) ATF-2 is preferentially activated by stress-activated protein kinases to mediate c-jun induction in response to genotoxic agents, *EMBO J.* 14, 1798-1811

van Drogen F., et Peter M. (2002) MAP kinase cascades: scaffolding signal specificity, *Curr Biol* 12(2), R53-55

Van Mullem V., Wery M., Werner M., Vandenhaute J., et Thuriaux P. (2002) The Rpb9 subunit of RNA polymerase II binds transcription factor TFIIE and interferes with the SAGA and elongator histone acetyltransferases, *J Biol Chem* 277(12), 10220-10225

van Ormondt H., Maat J., et Dijkema R. (1980) Comparison of nucleotide sequences of the early E1a regions for subgroups A, B and C of human adenoviruses, *Gene* 12(1-2), 63-76

Vandel L., Nicolas E., Vaute O., Ferreira R., Ait-Si-Ali S., et Trouche D. (2001) Transcriptional repression by the retinoblastoma protein through the recruitment of a histone methyltransferase, *Mol Cell Biol* 21(19), 6484-6494

Venter J.C., Adams M.D., Myers E.W., Li P.W., Mural R.J., Sutton G.G., Smith H.O., Yandell M., Evans C.A., Holt R.A., et coll. (2001) The sequence of the human genome, *Science* 291(5507), 1304-1351

Verger A., Perdomo J., et Crossley M. (2003) Modification with SUMO. A role in transcriptional regulation, *EMBO Rep* 4(2), 137-142

Verheij M., Bose R., Lin X.H., Yao B., Jarvis W.D., Grant S., Birrer M.J., Szabo E., Zon L.I., Kyriakis J.M., Haimovitz-Friedman A., Fuks Z., et Kolesnick R.N. (1996) Requirement for ceramide-initiated SAPK/JNK signalling in stress-induced apoptosis, *Nature* 380(6569), 75-79

Vermeulen W., Vanvuuren A.J., Chipoulet M., Schaeffer L., Appeldoorn E., Weeda G., Jaspers N.G.J., Priestley A., Arlett C.F., Lehmann A.R., Stefanini M., Mezzina M., Sarasin A., Bootsma D., Egly J.M., et Hoeijmakers J.H.J. (1994) Three unusual repair deficiencies associated with transcription factor BTF2(TFIIH): Evidence for the existence of a transcription syndrome, *Cold.Spring.Harb.Symp.Quant.B.* Vol 59, 317-329

Verreault A., Kaufman P.D., Kobayashi R., et Stillman B. (1996) Nucleosome assembly by a complex of CAF-1 and acetylated histones H3/H4, *Cell.* 87, 95-104

Verrijzer C.P., et Tjian R. (1996) TAFs mediate transcriptional activation and promoter selectivity, *Trends Biochem Sci* 21(9), 338-342

Vignali M., Hassan A.H., Neely K.E., et Workman J.L. (2000) ATP-dependent chromatin-remodeling complexes, *Mol Cell Biol* 20(6), 1899-1910

Vinson C., Myakishev M., Acharya A., Mir A.A., Moll J.R., et Bonovich M. (2002) Classification of human B-ZIP proteins based on dimerization properties, *Mol Cell Biol* 22(18), 6321-6335

Wade P.A., Jones P.L., Vermaak D., et Wolffe A.P. (1998) A multiple subunit Mi-2 histone deacetylase from Xenopus laevis cofractionates with an associated Snf2 superfamily ATPase, *Curr Biol* 8(14), 843-846

Walden H., Podgorski M.S., et Schulman B.A. (2003) Insights into the ubiquitin transfer cascade from the structure of the activating enzyme for NEDD8, *Nature* 422(6929), 330-334

Walker S.S., Reese J.C., Apone L.M., et Green M.R. (1996) Transcription activation in cells lacking TAFIIS, *Nature* 383(6596), 185-188

Wang E.H., Zou S., et Tjian R. (1997a) TAF(II)250-dependent transcription of cyclin A is directed by ATF activator proteins, *Gene Develop.* Vol 11, Iss 20, 2658-2669

Wang H., An W., Cao R., Xia L., Erdjument-Bromage H., Chatton B., Tempst P., Roeder R.G., et Zhang Y. (2003) mAM facilitates conversion by ESET of dimethyl to trimethyl lysine 9 of histone H3 to cause transcriptional repression, *Mol Cell* 12(2), 475-487

Wang H., Huang Z.Q., Xia L., Feng Q., Erdjument-Bromage H., Strahl B.D., Briggs S.D., Allis C.D., Wong J., Tempst P., et Zhang Y. (2001) Methylation of histone H4 at arginine 3 facilitating transcriptional activation by nuclear hormone receptor, *Science* 293(5531), 853-857

Wang Z., Harkins P.C., Ulevitch R.J., Han J., Cobb M.H., et Goldsmith E.J. (1997b) The structure of mitogen-activated protein kinase p38 at 2.1-A resolution, *Proc Natl Acad Sci U S A* 94(6), 2327-2332

Wasylyk C., Criqui-Filipe P., et Wasylyk B. (2005) Sumoylation of the net inhibitory domain (NID) is stimulated by PIAS1 and has a negative effect on the transcriptional activity of Net, *Oncogene* 24(5), 820-828

Weis L., et Reinberg D. (1992) Transcription by RNA polymerase II: initiator-directed formation of transcription-competent complexes, *FASEB.J.* 6, 3300-3309

Whitehouse I., Flaus A., Cairns B.R., White M.F., Workman J.L., et Owen-Hughes T. (1999) Nucleosome mobilization catalysed by the yeast SWI/SNF complex, *Nature* 400(6746), 784-787

Whitmarsh A.J., Cavanagh J., Tournier C., Yasuda J., et Davis R.J. (1998) A mammalian scaffold complex that selectively mediates MAP kinase activation, *Science* 281(5383), 1671-1674

Wible B.A., Wang L., Kuryshev Y.A., Basu A., Haldar S., et Brown A.M. (2002) Increased K+ efflux and apoptosis induced by the potassium channel modulatory protein KChAP/PIAS3beta in prostate cancer cells, *J Biol Chem* 277(20), 17852-17862

Wilson D.J., Fortner K.A., Lynch D.H., Mattingly R.R., Macara I.G., Posada J.A., et Budd R.C. (1996a) JNK, but not MAPK, activation is associated with Fas-mediated apoptosis in human T cells, *Eur J Immunol* 26(5), 989-994

Wilson K.P., Fitzgibbon M.J., Caron P.R., Griffith J.P., Chen W., McCaffrey P.G., Chambers S.P., et Su M.S. (1996b) Crystal structure of p38 mitogen-activated protein kinase, *J Biol Chem* 271(44), 27696-27700

Wilson V.G., et Rangasamy D. (2001) Viral interaction with the host cell sumoylation system, *Virus Res* 81(1-2), 17-27

Wolf I., et Rohrschneider L.R. (1999) Fiz1, a novel zinc finger protein interacting with the receptor tyrosine kinase Flt3, *J Biol Chem* 274(30), 21478-21484

Wood K.W., Sarnecki C., Roberts T.M., et Blenis J. (1992) ras mediates nerve growth factor receptor modulation of three signal-transducing protein kinases: MAP kinase, Raf-1, and RSK, *Cell* 68(6), 1041-1050

Woychik N.A., et Hampsey M. (2002) The RNA polymerase II machinery: structure illuminates function, *Cell* 108(4), 453-463

Wu K., Yamoah K., Dolios G., Gan-Erdene T., Tan P., Chen A., Lee C.G., Wei N., Wilkinson K.D., Wang R., et Pan Z.Q. (2003) DEN1 is a dual function protease capable of processing the C terminus of Nedd8 and deconjugating hyper-neddylated CUL1, *J Biol Chem* 278(31), 28882-28891

Wu L., Wu H., Ma L., Sangiorgi F., Wu N., Bell J.R., Lyons G.E., et Maxson R. (1997) Miz1, a novel zinc finger transcription factor that interacts with Msx2 and enhances its affinity for DNA, *Mech Dev* 65(1-2), 3-17

Wu P.Y., Ruhlmann C., Winston F., et Schultz P. (2004) Molecular architecture of the S. cerevisiae SAGA complex, *Mol Cell* 15(2), 199-208

Xia Y., Makris C., Su B., Li E., Yang J., Nemerow G.R., et Karin M. (2000) MEK kinase 1 is critically required for c-Jun N-terminal kinase activation by proinflammatory stimuli and growth factor-induced cell migration, *Proc Natl Acad Sci U S A* 97(10), 5243-5248

Xia Z., Dickens M., Raingeaud J., Davis R.J., et Greenberg M.E. (1995) Opposing effects of ERK and JNK-p38 MAP kinases on apoptosis, *Science* 270(5240), 1326-1331

Xiao J.H., Davidson I., Matthes H., Garnier J.M., et Chambon P. (1991) Cloning, expression, and transcriptional properties of the human enhancer factor TEF-1, *Cell* 65, 551-568

Xie X., Kokubo T., Cohen S.L., Mirza U.A., Hoffmann A., Chait B.T., Roeder R.G., Nakatani Y., et Burley S.K. (1996) Structural similarity between TAFs and the heterotetrameric core of the histone octamer, *Nature* 380(6572), 316-322

Xu L., Glass C.K., et Rosenfeld M.G. (1999) Coactivator and corepressor complexes in nuclear receptor function, *Curr Opin Genet Dev* 9(2), 140-147

Xue Y., Wong J., Moreno G.T., Young M.K., Cote J., et Wang W. (1998) NURD, a novel complex with both ATP-dependent chromatin-remodeling and histone deacetylase activities, *Mol Cell* 2(6), 851-861

Yamada K., Kawata H., Shou Z., Hirano S., Mizutani T., Yazawa T., Sekiguchi T., Yoshino M., Kajitani T., et Miyamoto K. (2003) Analysis of zinc-fingers and homeoboxes (ZHX)-1-interacting proteins: molecular cloning and characterization of a member of the ZHX family, ZHX3, *Biochem J* 373(Pt 1), 167-178

Yamit-Hezi A., Nir S., Wolstein O., et Dikstein R. (2000) Interaction of TAFII105 with selected p65/RelA dimers is associated with activation of subset of NF-kappa B genes, *J Biol Chem* 275(24), 18180-18187

Yang S.H., Jaffray E., Hay R.T., et Sharrocks A.D. (2003) Dynamic interplay of the SUMO and ERK pathways in regulating Elk-1 transcriptional activity, *Mol Cell* 12(1), 63-74

Yang S.H., et Sharrocks A.D. (2004) SUMO promotes HDAC-mediated transcriptional repression, *Mol Cell* 13(4), 611-617

Yasuda J., Whitmarsh A.J., Cavanagh J., Sharma M., et Davis R.J. (1999) The JIP Group of Mitogen-Activated Protein Kinase Scaffold Proteins, *Mol Cell Biol* 19(10), 7245-7254

Yeh E.T., Gong L., et Kamitani T. (2000) Ubiquitin-like proteins: new wines in new bottles, *Gene* 248(1-2), 1-14

Yujiri T., Sather S., Fanger G.R., et Johnson G.L. (1998) Role of MEKK1 in cell survival and activation of JNK and ERK pathways defined by targeted gene disruption, *Science* 282(5395), 1911-1914

Zawel L., et Reinberg D. (1993) Initiation of transcription by RNA polymerase II: a multi-step process, *Prog.Nucleic Acid.Res.Mol.Biol.* 44, 67-108

Zawel L., et Reinberg D. (1995) Common themes in assembly and function of eukaryotic transcription complexes, *Annu.Rev.Biochem.* Vol 64, 533-561

Zayzafoon M., Botolin S., et McCabe L.R. (2002) P38 and activating transcription factor-2 involvement in osteoblast osmotic response to elevated extracellular glucose, *J Biol Chem* 277(40), 37212-37218

Zhang H., Saitoh H., et Matunis M.J. (2002) Enzymes of the SUMO modification pathway localize to filaments of the nuclear pore complex, *Mol Cell Biol* 22(18), 6498-6508

Zhang H., Smolen G.A., Palmer R., Christoforou A., van den Heuvel S., et Haber D.A. (2004) SUMO modification is required for in vivo Hox gene regulation by the Caenorhabditis elegans Polycomb group protein SOP-2, *Nat Genet* 36(5), 507-511

Zhang Y., LeRoy G., Seelig H.P., Lane W.S., et Reinberg D. (1998) The dermatomyositis-specific autoantigen Mi2 is a component of a complex containing histone deacetylase and nucleosome remodeling activities, *Cell* 95(2), 279-289

Zhang Y., et Reinberg D. (2001) Transcription regulation by histone methylation: interplay between different covalent modifications of the core histone tails, *Genes Dev* 15(18), 2343-2360

Zhao X., et Blobel G. (2005) From The Cover: A SUMO ligase is part of a nuclear multiprotein complex that affects DNA repair and chromosomal organization, *Proc Natl Acad Sci U S A* 102(13), 4777-4782

Zhong S., Muller S., Ronchetti S., Freemont P.S., Dejean A., et Pandolfi P.P. (2000) Role of SUMO-1-modified PML in nuclear body formation, *Blood* 95(9), 2748-2752

Zhou Q.J., et Engel D.A. (1995) Adenovirus E1A(243) disrupts the ATF/CREB-YY1 complex at the mouse c-fos promoter, *J.Virol.* Vol 69, Iss 12, 7402-7409

Zhou Q.J., Gedrich R.W., et Engel D.A. (1995) Transcriptional repression of the c-fos gene by YY1 is mediated by a direct interaction with ATF/CREB, *J.Virol.* Vol 69, Iss 7, 4323-4330

Zu Y.L., Maekawa T., Nomura N., Nakata T., et Ishii S. (1993) Regulation of trans-activating capacity of CRE-BPa by phorbol ester tumor promoter TPA, *Oncogene.* 8, 2749-2758

www.ingramcontent.com/pod-product-compliance
Lightning Source LLC
Chambersburg PA
CBHW021043210326
41598CB00016B/1089